博士后文库
中国博士后科学基金资助出版

布尔函数间接构造的研究

张凤荣　编著

科学出版社
北京

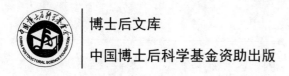

内 容 简 介

Bent 函数和 plateaued 函数是密码学和编码与设计中两类重要的布尔函数。本书较为系统地介绍了 Bent 函数的间接构造方法。给出了两种构造“谱不相交函数集”的方法，并给出了许多目前非线性度最优的奇变元弹性函数和平衡函数。同时利用间接构造方法构造出不属于“完全 Maiorana-McFarland(M-M)类”的 Bent 函数和 Bent-negabent 函数。

本书可以作为信息安全和密码学研究生的选修教材，也可以作为从事密码理论研究的科技人员的参考书。

图书在版编目(CIP)数据

布尔函数间接构造的研究/张凤荣编著. —北京：科学出版社，2019.6
(博士后文库)
ISBN 978-7-03-061542-8

I. ①布… II. ①张… III. ①布尔函数-函数构造论 IV. ①O153.2

中国版本图书馆 CIP 数据核字(2019)第 111646 号

责任编辑：陈 静 金 蓉/责任校对：郑金红
责任印制：师艳茹/封面设计：陈 敬

科学出版社 出版
北京东黄城根北街 16 号
邮政编码：100717
http://www.sciencep.com
中国科学院印刷厂 印刷

科学出版社发行 各地新华书店经销
*
2019 年 6 月第 一 版 开本：720×1000 1/16
2019 年 6 月第一次印刷 印张：10
字数：202 000

定价：68.00 元
(如有印装质量问题，我社负责调换)

《博士后文库》编委会名单

《博士后文库》序言

1985年，在李政道先生的倡议和邓小平同志的亲自关怀下，我国建立了博士后制度，同时设立了博士后科学基金。30多年来，在党和国家的高度重视下，在社会各方面的关心和支持下，博士后制度为我国培养了一大批青年高层次创新人才。在这一过程中，博士后科学基金发挥了不可替代的独特作用。

博士后科学基金是中国特色博士后制度的重要组成部分，专门用于资助博士后研究人员开展创新探索。博士后科学基金的资助，对正处于独立科研生涯起步阶段的博士后研究人员来说，适逢其时，有利于培养他们独立的科研人格、在选题方面的竞争意识以及负责的精神，是他们独立从事科研工作的“第一桶金”。尽管博士后科学基金资助金额不大，但对博士后青年创新人才的培养和激励作用不可估量。四两拨千斤，博士后科学基金有效地推动了博士后研究人员迅速成长为高水平的研究人才，“小基金发挥了大作用”。

在博士后科学基金的资助下，博士后研究人员的优秀学术成果不断涌现。2013年，为提高博士后科学基金的资助效益，中国博士后科学基金会联合科学出版社开展了博士后优秀学术专著出版资助工作，通过专家评审遴选出优秀的博士后学术著作，收入《博士后文库》，由博士后科学基金资助、科学出版社出版。我们希望，借此打造专属于博士后学术创新的旗舰图书品牌，激励博士后研究人员潜心科研，扎实治学，提升博士后优秀学术成果的社会影响力。

2015年，国务院办公厅印发了《关于改革完善博士后制度的意见》（国办发〔2015〕87号），将“实施自然科学、人文社会科学优秀博士后论著出版支持计划”作为“十三五”期间博士后工作的重要内容和提升博士后研究人员培养质量的重要手段，这更加凸显了出版资助工作的意义。我相信，我们提供的这个出版资助平台将对博士后研究人员激发创新智慧、凝聚创新力量发挥独特的作用，促使博士后研究人员的创新成果更好地服务于创新驱动发展战略和创新型国家的建设。

祝愿广大博士后研究人员在博士后科学基金的资助下早日成长为栋梁之才，为实现中华民族伟大复兴的中国梦做出更大的贡献。

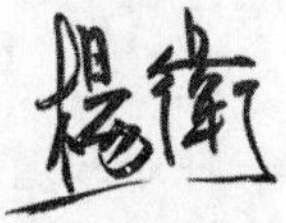

中国博士后科学基金会理事长

前　言

密码函数是构成密码算法的重要组件。Bent 函数、plateaued 函数和弹性函数等密码函数是密码学者研究的热点问题。这些密码函数主要应用于对称密码(流密码和分组密码)非线性部件，如反馈移位寄存器中的反馈函数、非线性组合序列中的组合函数、分组密码中的 S 盒等。此外，Bent 函数在编码、组合和设计中也有重要的作用。

40 多年来，Bent 函数一直是人们关注的热点和难点问题，几乎每年都有许多新方法、新结果在学术期刊上发表。但目前知道的 Bent 函数最主要的只有两类：Maiorana-McFarland(M-M)类 Bent 函数和 Partial Spread(PS)类 Bent 函数。作者对 Bent 函数的间接构造给出了详细的论述，并利用“间接构造”构造出不属于“完全 M-M 类”的 Bent 函数。此外，对“谱不相交函数集”进行了研究。书中的内容包含了作者近年来在密码函数方面的部分成果，如 Bent 函数的新间接构造和没有非零线性结构的“谱不相交函数集”的构造等。

全书共 8 章。第 1 章主要介绍了密码函数研究中所需要的基本知识。第 2 章主要介绍了 9 种 Bent 函数的间接构造方法。第 3 章对 Rothaus 构造做了进一步的研究，利用该方法构造出不属于“完全 M-M 类”的 Bent 函数。第 4 章给出了一个 Bent-negabent 函数的新构造，首次构造出不属于“完全 M-M 类”的 Bent-negabent 函数。第 5 章介绍了一种广义 Bent 函数的间接构造。第 6 章给出了一个构造高非线性度布尔函数方法和一个构造谱不相交 plateaued 函数集的方法，研究了谱不相交 plateaued 函数为平衡函数的条件。第 7 章给出了一个构造势更大的谱不相交函数集的方法，给出了许多目前非线性度最优的奇变元弹性函数，特别是，当函数变元大于 33 时，给出了目前非线性度最优的奇变元平衡函数。第 8 章给出了 Rothaus 构造的一般化形式。

中国矿业大学计算机科学与技术学院夏士雄教授、周勇教授、曹天杰教授，西安电子科技大学胡予濮教授和桂林电子科技大学韦永壮教授对本书的出版给予了极大的鼓励和支持，在此表示深深的谢意！全书的编写工作得到了中国矿业大学计算机科学与技术学院刘师师硕士生、郝学轩硕士生、黄晨帆硕士生和季霄鹏硕士的全力协作和密切配合，在此一并对他们表示衷心的感谢！

本书的出版得到了《博士后文库》出版资助和中国矿业大学优秀青年骨干教师项目资助，在此表示感谢！

由于作者水平和时间有限，书中疏漏与不妥之处在所难免，恳请读者批评指正。

作　者

2019年2月6日

目　录

第1章 绪 论

密码函数在分组密码和流密码的设计和分析中起着重要的作用。布尔函数和多输出布尔函数是两类重要的密码函数。布尔函数主要用于流密码的分析与设计，如基于线性反馈移位寄存器（linear feedback shift register，LFSR）的密钥流生成器。多输出布尔函数主要用于分组密码的分析和设计，比如分组密码的 S 盒由非线性多输出布尔函数构成。数据加密标准（data encryption standard，DES）就是分组密码的一个经典的例子，它的安全性取决于 S 盒密码学性质的好坏，而 S 盒可以用多输出布尔函数来描述。构造密码学性质优良的密码函数是设计较高安全性的分组密码体制的关键。

本章先介绍高非线性度弹性函数和 Bent 函数的研究现状，然后介绍布尔函数一些基本概念。

1.1 布尔函数研究现状

为了抵抗各种攻击，密码系统中的函数应具有非常好的密码学性质。因此，具有良好密码学性质的函数的构造目前仍是密码学界关注的焦点问题，特别是代数攻击[1]在流密码上取得的成功，使得最优代数免疫函数的构造与分析成为密码学界关注的重要问题。起初，研究最优代数免疫函数的通常做法是：先构造具有最优代数免疫度的函数，然后分析该函数的其他密码学性质。然而，这些函数的非线性度要么比较低，要么不能给出下界。2008 年，Carlet 和我国数学家冯克勤[2]在亚洲密码学年会上给出了一类具有最优代数免疫的平衡函数，并确定了其非线性度的一个较高理论下界。实际上，这类函数的一些低变元例子被验证具有很高的非线性度和很好的抗快速代数攻击的能力。在这之后，很多高非线性度最优代数免疫函数[3-15]也相继被给出。Liu 等[12]引入了“完全代数免疫”的概念，证明了完全代数免疫函数只有当变元为 2^m 和 2^m+1 时才存在，其中 m 为整数。文献[12]为研究密码函数提供了一个新的思路，如构造更多的完全代数免疫函数等。

由于边信道攻击(特别是硬差错攻击，其攻击的核心思想是利用一种物理技术使密码系统嵌入一些错误，即保证密码系统中某些值始终为一个常数，然后利用数学方法对破坏后的密码系统进行分析，进而得到密钥)在对称密码上取得的成功[16,17]，非线性密码函数的研究面临着新的挑战和机遇。因此，对非线性密码函数的研究，不仅要考虑非线性度、代数次数、弹性阶、代数免疫度以及抵抗快速代数攻击的能力，还要考虑它抗“硬差错攻击”的能力(即在确定某几个输入变量后所得函数的密码学性质)。函数固定变元后所得函数密码学性质早在 2002 年就已开始被研究，例如，Carlet 指出 Maiorana-McFarland(M-M)技术所构造的函数存在缺陷(即当固定一些输入变量时，所构造的函数以很大的概率退化为仿射函数)，并利用级联二次函数的方法构造出了一些 M-M 超类函数[15]。其后 Zeng 等[18]以及文献[19]也给出了一些高非线性度高代数次数的 M-M 超类函数。最近，大量的高非线性度布尔函数被给出[20-24]，特别是文献[23]通过级联非线性函数得到了许多高非线性度函数。

Bent 函数[25,26]是一类非线性度最高的特殊非线性布尔函数，几乎每年都有许多新方法、新结果在国际高端学术期刊上发表。但目前知道的 Bent 函数最主要有：M-M 类 Bent 函数、Partial Spread(PS)类 Bent 函数和 Dobbertin 给出的 Bent 函数。

Bent 函数是一类具有最高非线性度和最好扩散性的函数。虽然 Bent 函数不具有平衡性，即不能被直接用于密码系统的设计中，但其修改或变种常用于对称密码的设计中；再者，这类函数在纠错码理论和组合学上也有着独立的研究价值。自 Bent 函数的概念提出以来，Bent 函数一直是密码学者关注的热点问题。目前，对 Bent 函数的研究主要包括：Bent 函数的构造[27-38]、Bent 函数的高阶非线性度[39]、齐次 Bent 函数[40]、Bent 函数和弹性函数的距离[41]、Bent 函数的分解[42]以及 Bent 函数的计数等[43,44]。Bent 函数的构造是 Bent 函数研究中的热点问题，这类函数的构造可归结为两种形式：直接构造法(按照某种特定的方式构造 Bent 函数)和间接构造法(利用已知的 Bent 函数来构造 Bent 函数)。

Bent 函数的间接构造可以追溯到 1974 年，Dillon 给出了一个简单的构造方法，即直和构造法[26]。此后，Rothaus 给出了一个构造 Bent 函数的间接方法——Rothaus 构造[25]。1994 年，Carlet 从 M-M 类 Bent 函数中导出两类新的 Bent 函数[27]。紧接着，他给出了一个构造 Bent 函数的抽象间接构造方法[28]，并发现“直和构造法”和“Rothaus 构造”均可以看成该构造的特例。近年来，基于文献[28]的抽象间接构造，人们又给出了非直和构造[29]和广义非直和构造[31]等。最近，文献[45]发现了一个由 n 元和 m 元 Bent 函数构造 $(n+m-2)$ 元 Bent 函数的方法，并分析了选择不同初始函数时的部分情况，但该方法是否能构造出新函数以及所构造的函数与已知函数的关系还不清楚。Budaghyan 等[44]证明了两类 Niho Bent 函数不属于完全 M-M 类 Bent 函数。

Bent 函数可以通过迹函数来描述，这类函数通常被认为是通过直接构造得到的。近年来，人们十分关注迹函数表示的 Bent 函数的构造，如单个幂函数的绝对迹函数(也称单项式函数)的构造、多项式二次 Bent 函数的构造[32]和多个迹函数项的 Bent 函数[33-38](即多项式 Bent 函数)的构造等。目前，人们对多项式 Bent 函数尤为感兴趣。早在 2006 年，Leander 等[34]就通过对 Niho 幂函数构造的推广，给出了一类多项式 Bent 函数；之后，Charpin 等[33]引入了分析多项式函数“Bent 性”(即是否为 Bent 函数)的新工具，并对几类多项式函数的 Bent 性进行了刻画；又后来，Mesnager[37,38]推广了文献[33]的结果，指出了一类新多项式函数的 Bent 性与指数和(包括 Dickson 多项式)之间的联系。

1.2 密码函数的密码学指标

密码函数作为设计序列密码、分组密码和 Hash 函数的重要组件，其密码学性质的好坏直接影响密码系统的安全性[1]。密码函数的密码学指标是衡量一个函数密码学性质好坏的重要参数。密码函数的发展与密码体制的各种攻击的提出是分不开的(如非线性度是针对线性攻击提出的，代数免疫度是针对代数攻击提出的，差分均匀度是针对差分攻击提出的，相关免疫阶是针对相关攻击提出的)。为了使构造的密码体制能够抵抗不同的攻击和适应不同的需求，密码学界一直致力于寻找和构造具有优良性质的密码函数。

目前，密码函数的密码学指标主要有：平衡性、高非线性度、高代数免疫度、低差分均匀度、高代数次数和相关免疫阶等。

下面介绍一下布尔函数的一些相关定义。

设整数集、实数集和复数集分别用符号 $\mathbb{Z}, \mathbb{R}$ 和 $\mathbb{C}$ 表示，$\mathbb{Z}_r$ 表示模 r 的整数环。

在不影响理解情况下，用“+”表示$\mathbb{Z},\mathbb{R},\mathbb{C}$和模$q$（$q\neq 2$）的加法。用$\mathbb{F}_2^n$表示基于素域$\mathbb{F}_2$的$n$维向量空间。用$\oplus$表示$\mathbb{F}_2^n$和$\mathbb{F}_2$上的加法。设$\omega=(\omega_1,\cdots,\omega_n)\in\mathbb{F}_2^n$和$x=(x_1,\cdots,x_n)\in\mathbb{F}_2^n$为两个$n$维向量，定义两个向量的内积为$\omega\cdot x=\omega_1x_1\oplus\cdots\oplus\omega_nx_n$。若 $z=a+b\mathrm{i}\in\mathbb{C}$，$a,b\in\mathbb{R}$，则$|z|=\sqrt{a^2+b^2}$表示$z$的绝对值，其中$\mathrm{i}^2=-1$。一个$n$元布尔函数是指一个从$\mathbb{F}_2^n$映射到$\mathbb{F}_2$的函数。定义$\mathcal{B}_n$是所有$n$元布尔函数的集合。

布尔函数$f\in\mathcal{B}_n$，其定义域$x\in\mathbb{F}_2^n$，值域$f(x)\in\{0,1\}$。将函数的真值依字典序排列可以得到一个二元序列，即

$$\left[f(0,0,\cdots,0,0),f(0,0,\cdots,0,1),\cdots,f(1,1,\cdots,1,1)\right]$$

该序列唯一地表示了布尔函数，称为函数的真值表。

设向量$x\in\mathbb{F}_2^n$的汉明重量为$\mathrm{wt}(x)$，表示向量x中1的个数。布尔函数的汉明重量$\mathrm{wt}(f)$是指函数真值表中1的个数。若函数真值表中0和1的个数相等则称该布尔函数是均衡的或平衡的。支撑集$\sup(f)$是指满足$f(x)=1$的x构成的集合，记为$\sup(f)=\{x\mid f(x)=1\}$。本书中0_n表示长度为n的0向量，1_n表示长度为n的1向量。

例 1.1 设f是一个4元布尔函数，其真值表为$[1,0,1,0,1,0,1,0,1,0,1,0,1,0,0,1]$，从真值表可知，$\mathrm{wt}(f)=8$，$\sup(f)=\{0000,0010,0100,0110,1000,1010,1100,1111\}$。

任何一个布尔函数$f(x)$都具有唯一的代数正规型(algebraic normal form, ANF)：

$$f(x_1,\cdots,x_n)=\bigoplus_{I\subseteq\{1,\cdots,n\}}a_I\prod_{i\in I}x_i$$

其中，a_I属于$\mathbb{F}_2$，$\prod_{i\in I}x_i$表示单项式。函数f的代数次数$\deg(f)$等于在其代数正规型中系数不为零的单项式的最大次数。函数f有不同的表示形式：

$$f(x)=\bigoplus_{u\in\mathbb{F}_2^n}a_ux^u$$

其中，$a_u\in\mathbb{F}_2,x^u=\prod_{i=1}^n x_i^{u_i}$。那么

$$\deg(f)=\max_{a_u\neq 0}\mathrm{wt}(u)$$

其中，wt(u)表示u的汉明重量。

定义$\mathrm{wt}(f)=\left|\{x\in\mathbb{F}_2^n \mid f(x)=1\}\right|$为函数的汉明重量，其中$|\cdot|$表示一个集合的势。

除了上述两种表示方法，函数还有其他的表示方法，如小项表示和矩阵表示等。

首先介绍一下小项表示。

对于$x_i,c_i\in\mathbb{F}_2$，规定$x_i^1=x_i,x_i^0=\overline{x}_i(\overline{x}_i$为$x_i$的补)，于是

$$x_i^{c_i}=\begin{cases}1, & x_i=c_i\\ 0, & x_i\neq c_i\end{cases}$$

设$c=(c_1,\cdots,c_n),x=(x_1,\cdots,x_n)$，则有

$$x_1^{c_1}x_2^{c_2}\cdots x_n^{c_n}=\begin{cases}1, & (x_1,\cdots,x_n)=(c_1,\cdots,c_n)\\ 0, & (x_1,\cdots,x_n)\neq(c_1,\cdots,c_n)\end{cases}$$

为了方便，记$x_1^{c_1}x_2^{c_2}\cdots x_n^{c_n}=x^c$，于是

$$f(x)=\bigoplus_{c\in\mathbb{F}_2^n}f(c)x^c$$

其中，$f(c)$是真值表中c对应的函数值，该表示方法被称为小项表示，常用于布尔函数的设计实现。

例 1.2　例 1.1 中布尔函数小项表示为

$$\begin{aligned}f(x)=&x_1^0x_2^0x_3^0x_4^0\oplus x_1^0x_2^0x_3^1x_4^0\oplus x_1^0x_2^1x_3^0x_4^0\oplus x_1^0x_2^1x_3^1x_4^0\\ &\oplus x_1^1x_2^0x_3^0x_4^0\oplus x_1^1x_2^0x_3^1x_4^0\oplus x_1^1x_2^1x_3^0x_4^0\oplus x_1^1x_2^1x_3^1x_4^1\end{aligned}$$

接下来介绍一下矩阵表示。

设$f(x)$是$\mathbb{F}_2^n$上的n元布尔函数，若$f(x)=1$，则称x为$f(x)$的一个特征向量。记$f(x)$的全体特征向量的集合为S，即

$$S=\{\alpha\mid f(\alpha)=1,\alpha\in\mathbb{F}_2^n\}$$

记$|S|=w$，其中w表示$f(x)$的汉明重量。将S中w个向量按字典序从大到小排列，记第i个向量$w_i=(c_{i1},\cdots,c_{in}),1\leqslant i\leqslant w$，称 0, 1 矩阵：

$$\begin{bmatrix} c_{11} & c_{12} & \cdots & c_{1n} \\ c_{21} & c_{22} & \cdots & c_{2n} \\ \cdots & \cdots & \cdots & \cdots \\ c_{w1} & c_{w2} & \cdots & c_{wn} \end{bmatrix}$$

为 $f(x)$ 的特征矩阵。

布尔函数与其特征矩阵是一一对应的，于是可将布尔函数某些问题的研究转化为矩阵问题的研究。

此外，布尔函数还有状态图等其他表示方法，这里不再一一列举。

设 f 是 n 元布尔函数，定义函数 f 在点 ω 的 Walsh 谱为

$$W_f(\omega)=\sum_{x\in\mathbb{F}_2^n}(-1)^{f(x)+x\cdot\omega} \tag{1.1}$$

其中，$x\cdot\omega=x_1\omega_1\oplus x_2\omega_2\oplus\cdots\oplus x_n\omega_n$。

容易证明，Walsh 谱的逆变换为

$$(-1)^{f(x)}=\frac{1}{2^n}\sum_{\omega\in\mathbb{F}_2^n}W_f(\omega)(-1)^{x\cdot\omega} \tag{1.2}$$

从式(1.1)和式(1.2)可以看出，函数 f 的 Walsh 变换可以看成函数 $(-1)^{f(x)}$ 的离散傅里叶(Fourier)变换。如果考虑函数 f 的离散傅里叶变换，那么

$$S_f(\omega)=\sum_{x\in\mathbb{F}_2^n}f(x)(-1)^{x\cdot\omega} \tag{1.3}$$

相应的逆变换为

$$f(x)=\frac{1}{2^n}\sum_{\omega\in\mathbb{F}_2^n}S_f(\omega)(-1)^{x\cdot\omega} \tag{1.4}$$

为区分上面两种变换，式(1.1)通常被称为循环 Walsh 谱，式(1.3)被称为线性 Walsh 谱，两个变换之间具有如下的转换关系：

$$W_f(\omega)=\begin{cases}-2S_f(\omega), & \omega\neq 0_n\\ 2^n-2S_f(\omega), & \omega=0_n\end{cases}$$

由此可知，这两种变换可以相互确定，因此，只用一种变换来刻画函数即可。

定义 1.1　设 f 是一个 n 元布尔函数，A_n 表示所有 n 元仿射函数构成的集合。

令

$$N_f = \min_{l \in A_n} d(f,l) = \min_{l \in A_n} \mathrm{wt}(f \oplus l) \tag{1.5}$$

则称 N_f 为函数 f 的非线性度。

设 $l(x) = \omega_1 x_1 \oplus \omega_2 x_2 \oplus \cdots \oplus \omega_n x_n \oplus b = \omega \cdot x \oplus b$ 是一个仿射函数，其中 $b \in \mathbb{F}_2$，那么

$$d(f,l) = 2^{n-1} - \frac{1}{2}(-1)^b W_f(\omega) \tag{1.6}$$

进一步，结合式(1.4)和式(1.5)，函数 $f(x)$ 的非线性度用 Walsh 谱来描述为

$$N_f = 2^{n-1} - \frac{1}{2}\max_{\omega \in \mathbb{F}_2^n} \left| W_f(\omega) \right| \tag{1.7}$$

众所周知，函数的 Walsh 谱满足帕塞瓦尔(Parseval)恒等式

$$\sum_{\omega \in \mathbb{F}_2^n} W_f^2(\omega) = 2^{2n}$$

从 Parseval 恒等式容易知道 $W_f^2(\omega)$ 的平均值为 2^n，也就是说：

$$\max_{\omega \in \mathbb{F}_2^n} \left| W_f(\omega) \right| \geqslant 2^{n/2}$$

这样可以得到布尔函数的一个非线性度上限：

$$N_f \leqslant 2^{n-1} - 2^{n/2-1} \tag{1.8}$$

这样，根据式(1.8)可知，对每一个 $\omega \in \mathbb{F}_2^n$，当且仅当 $\left| W_f(\omega) \right| = 2^{n/2}$ 时等号成立。该类函数只有当 n 为偶数时才存在，因此被称为 Bent 函数[25,26]。

当 n 为奇数时，n 元布尔函数的非线性度在 $2^{n-1} - 2^{(n-1)/2}$ 和 $2^{n-1} - 2^{n/2-1}$ 之间。更准确地说，当 $n = 1,3,5,7$ 时，已经证明非线性度的上限为 $2^{n-1} - 2^{(n-1)/2}$；当 $n>7$ 时，文献[46]证明奇变元函数的非线性度上限严格大于 $2^{n-1} - 2^{(n-1)/2}$。值 $2^{n-1} - 2^{(n-1)/2}$ 通常被称为 Bent 级联限，这是因为它能够通过级联两个 $(n-1)$ 元的 Bent 函数得到。

对任意的 $0 \leqslant r \leqslant n$，$r$ 阶的里德-缪勒 (Reed-Muller)码 $\mathrm{RM}(r,n)$ 是一个长度为 2^n 的线性码，该码也可以用布尔函数来表述。$\mathrm{RM}(r,n)$ 表示所有代数次数不大于 r 的 n 元布尔函数组成的集合。函数的非线性度也可以通过线性码的最小距离

来刻画。具体来说，一个 n 元布尔函数 f 的非线性度等于线性码 $\mathrm{RM}(1,n)\cup(f\oplus\mathrm{RM}(1,n))$ 的最小汉明距离。另外，n 元布尔函数与 $\mathrm{RM}(1,n)$ 之间汉明距离的最大值称为 $\mathrm{RM}(1,n)$ 的覆盖半径，即布尔函数的非线性度上限。

定义 1.2　设 $\phi_j(x)(j=1,2,\cdots,n)$ 是 n 元布尔函数，$\phi(x)=(\phi_1(x),\cdots,\phi_n(x))$。如果对任意的 $a\in\mathbb{F}_2^n$，都有

$$\left|\{x\in\mathbb{F}_2^n \mid \phi(x)=a\}\right|=1$$

则称 $\phi(x)$ 是一个 n 元布尔置换。

定义 1.3　设 $\phi(x)=(\phi_1(x),\cdots,\phi_m(x))$ 是一个 n 输入 m 输出的函数。那么该函数的代数次数和非线性度分别定义为

$$\mathrm{Deg}(\phi)=\min\{\deg(c\cdot\phi)\mid c\in\mathbb{F}_2^m\setminus\{0_m\}\}$$

和

$$N_\phi=\min\{N_{c\cdot\phi}\mid c\in\mathbb{F}_2^m\setminus\{0_m\}\}$$

定义 1.4　设 $f(x)$ 是 $\mathbb{F}_2^n$ 上的 n 元布尔函数，$x_1,x_2,\cdots,x_n$ 是 $\mathbb{F}_2$ 上独立的、均匀分布的随机变量，如果对任意的 $(a_1,a_2,\cdots,a_m)\in\mathbb{F}_2^m(m\leqslant n)$ 和 $b\in\mathbb{F}_2$，都有

$$P(f=b,x_{i_1}=a_1,x_{i_2}=a_2,\cdots,x_{i_m}=a_m)=\frac{1}{2^m}P(f=b)$$

则称 $f(x)$ 与变元 $x_{i_1},x_{i_2},\cdots,x_{i_m}$ 统计无关。如果 $f(x)$ 与 $x_1,x_2,\cdots,x_n$ 中任意 m 个变元统计无关，则称 $f(x)$ 是 m 阶相关免疫的。

平衡的 m 阶相关免疫函数称为 m 阶弹性函数，记为 $\mathrm{res}(f)=m$。平衡的但没有相关免疫性的布尔函数可以看为 0 阶弹性函数。

相关免疫概念是由 Siegenthaler 提出的[47]，是为了防止密码分析者对流密码进行相关攻击。下面给出众所周知的 Xiao-Massey 定理[48]，它刻画了相关免疫函数的频谱特征。

定理 1.1　设 $f(x)$ 是 $\mathbb{F}_2^n$ 上的 n 元布尔函数，$\omega\in\mathbb{F}_2^n,1\leqslant t\leqslant n$。$f(x)$ 是 t 阶弹性函数当且仅当对任意满足 $0\leqslant\mathrm{wt}(\omega)\leqslant t$ 的 ω 下式均成立。

$$W_f(\omega)=0$$

相关免疫记作 CI，m 阶相关免疫记作 $\mathrm{CI}(m)$，相应函数称为 CI 函数和 $\mathrm{CI}(m)$

函数。代数免疫度是由 Meier 等[49]引入的，是衡量一个函数抵抗代数攻击能力的密码学指标。下面给出代数免疫度的概念。

定义 1.5 设 f 是 n 元布尔函数。如果 n 元布尔函数 g 使得 $fg=0$，则称 g 为 f 的一个零化子。记 $\mathrm{AN}(f)=\{g(x)\in\mathcal{B}_n \mid f(x)g(x)=0\}$ 为 f 的所有零化子的集合，称

$$\mathrm{AI}(f)=\min_{g\in S, g\neq 0}\deg(g)$$

为 f 的代数免疫度，其中 $S=\mathrm{AN}(f)\cup\mathrm{AN}(f\oplus 1)$。

除了以上密码学性质外，布尔函数还有雪崩准则、扩散准则、差分均匀度等指标，感兴趣的读者可参考文献[50]～[52]。

参考文献

[1] Courtois N T, Meier W. Algebraic attacks on stream ciphers with linear feedback//Advances in Cryptology-CRYPTO 2003. Berlin, Heidelberg: Springer, 2003, 2656: 345-359.

[2] Carlet C, Feng K. An infinite class of balanced functions with optimal algebraic immunity, good immunity to fast algebraic attacks and good nonlinearity//Advances in Cryptology-ASIACRYPT 2008. Berlin, Heidelberg: Springer, 2008, 5350: 425-440.

[3] Wang Q, Peng J, Kan H, et al. Constructions of cryptographically significant Boolean functions using primitive polynomials. IEEE Transactions on Information Theory, 2010, 56(6): 3048-3053.

[4] Carlet C, Dalai D K, Gupta K C, et al. Algebraic immunity for cryptographically significant Boolean functions: analysis and construction. IEEE Transactions on Information Theory, 2006, 52(7): 3105-3121.

[5] Chen Y, Lu P. Two classes of symmetric Boolean functions with optimum algebraic immunity: construction and analysis. IEEE Transactions on Information Theory, 2011, 57(4): 2522-2538.

[6] Liu M, Lin D, Pei D. Fast algebraic attacks and decomposition of symmetric Boolean functions. IEEE Transactions on Information Theory, 2011, 57(7): 4817-4821.

[7] Carlet C. More balanced Boolean functions with optimal algebraic immunity and good nonlinearity and resistance to fast algebraic attacks. IEEE Transactions on Information Theory, 2011, 57(9): 6310-6320.

[8] Peng J, Wu Q, Kan H. On symmetric Boolean functions with high algebraic immunity on even number of variables. IEEE Transactions on Information Theory, 2011, 57(10): 7205-7220.

[9] Pasalic E, Wei Y. On the construction of cryptographically significant Boolean functions using

objects in projective geometry spaces. IEEE Transactions on Information Theory, 2012, 58(10): 6681-6693.

[10] Zhang J, Song S, Du J, et al. On the construction of multi-output Boolean functions with optimal algebraic immunity. Science China Information Sciences, 2012, 55(7): 1617-1623.

[11] Du Y, Zhang F. A class of 1-resilient functions in odd variables with high nonlinearity and suboptimal algebraic immunity. IEICE Transactions on Fundamentals of Electronics Communications & Computer Sciences, 2012, 95-A(1): 417-420.

[12] Liu M, Zhang Y, Lin D. Perfect algebraic immune functions//Advances in Cryptology-ASIACRYPT 2012. Berlin, Heidelberg: Springer, 7658: 172-189.

[13] Fu S, Li C, Qu L. Generalized construction of Boolean function with maximum algebraic immunity using univariate polynomial representation. IEICE Transactions on Fundamentals of Electronics Communications & Computer Sciences, 2013, E96-A(1): 360-362.

[14] Tang D, Carlet C, Tang X. Highly nonlinear Boolean functions with optimal algebraic immunity and good behavior against fast algebraic attacks. IEEE Transactions on Information Theory, 2012, 59(1): 653-664.

[15] Carlet C. A larger class of cryptographic Boolean functions via a study of the Maiorana-Mcfarland construction//Advances in Cryptology - CRYPTO 2002, Berlin, Heidelberg: Springer, 2002, 2442: 549-564.

[16] Hu Y, Zhang F, Zhang W. Hard fault analysis of trivium. Information Sciences, 2013, 229(6): 142-158.

[17] Biham E, Shamir A. Differential fault analysis of secret key cryptosystems//Advances in Cryptology-CRYPTO 1997. Berlin, Heidelberg: Springer, 1997, 1294: 513-525.

[18] Zeng X, Hu L. Constructing Boolean functions by modifying Maiorana-McFarland's superclass functions. IEICE Transactions on Fundamentals of Electronics Communications & Computer Sciences, 2005, 88-A(1): 59-66.

[19] Zhang F, Hu Y, Jia Y, et al. New constructions of balanced Boolean functions with high nonlinearity and optimal algebraic degree. International Journal of Computer Mathematics, 2012, 89(10): 1319-1331.

[20] Zhang W, Pasalic E. Generalized Maiorana-McFarland construction of resilient Boolean functions with high nonlinearity and good algebraic properties. IEEE Transactions on Information Theory, 2014, 60(10): 6681-6695.

[21] Zhang W, Pasalic E. Improving the lower bound on the maximum nonlinearity of 1-resilient Boolean functions and designing functions satisfying all cryptographic criteria. Information Sciences, 2017, 376: 21-30.

[22] Wei Y, Pasalic E, Zhang F, et al. Efficient probabilistic algorithm for estimating the algebraic properties of Boolean functions for large n. Information Sciences, 2017, 402: 91-104.

[23] Wei Y, Pasalic E, Zhang F, et al. New constructions of resilient functions with strictly almost optimal nonlinearity via non-overlap spectra functions. Information Sciences, 2017, 415: 377-396.

[24] Zhang F, Wei Y, Pasalic E, et al. Large sets of disjoint spectra plateaued functions inequivalent to partially linear functions. IEEE Transactions on Information Theory, 2018, 64(4): 2987-2999.

[25] Rothaus O S. On "Bent" functions. Journal of Combinatorial Theory, 1976, Series A, 20(3): 300-305.

[26] Dillon J. Elementary hadamard difference sets. City of College Park: University of Maryland, College Park, 1974.

[27] Carlet C. Two new classes of Bent functions//Advances in Cryptology-EUROCRYPT 1993. Berlin, Heidelberg: Springer, 1994, 765: 77-101.

[28] Carlet C. A construction of Bent functions//Proceedings of the 3rd International Conference on Finite Fields and Applications, Glasgow, 1996.

[29] Carlet C. On the secondary constructions of resilient and Bent functions. Cryptography and Combinatorics, 2004, 23: 3-28.

[30] Carlet C. On Bent and highly nonlinear balanced/resilient functions and their algebraic immunities//Applied Algebra, Algebraic Algorithms and Error-Correcting Codes. Berlin, Heidelberg: Springer, 2006, 3857: 1-28.

[31] Carlet C, Zhang F, Hu Y. Secondary constructions of Bent function and their enforcement. Advances in Mathematics of Communications, 2012, 6(3): 305-314.

[32] Hu H, Feng D. On quadratic Bent functions in polynomial forms. IEEE Transactions on Information Theory, 2007, 53(7): 2610-2615.

[33] Charpin P, Gong G. HyperBent functions, Kloosterman sums, and Dickson polynomials. IEEE Transactions on Information Theory, 2008, 54(9): 4230-4238.

[34] Leander G, Kholosha A. Bent functions with 2^r niho exponents. IEEE Transactions on Information Theory, 2006, 52(12): 5529-5532.

[35] Mesnager S. A new class of Bent and hyper-Bent Boolean functions in polynomial forms. Designs Codes & Cryptography, 2011, 59(1-3): 265-279.

[36] Mesnager S. A new family of hyper-Bent Boolean functions in polynomial form//Cryptography and Coding. Berlin, Heidelberg: Springer, 2009, 5921: 402-417.

[37] Mesnager S. Hyper-Bent Boolean functions with multiple trace terms//Arithmetic of Finite

Fields. Berlin, Heidelberg: Springer, 2010, 6087: 97-113.

[38] Mesnager S. Bent and hyper-Bent functions in polynomial form and their link with some exponential sums and Dickson polynomials. IEEE Transactions on Information Theory, 2011, 57(9): 5996-6009.

[39] Tang D, Carlet C, Tang X. On the second-order nonlinearities of some Bent functions. Information Sciences, 2013, 223: 322-330.

[40] Meng Q, Chen L, Fu F. On homogeneous rotation symmetric Bent functions. Discrete Applied Mathematics, 2010, 158: 1111-1117.

[41] Qu L, Chao L. Minimum distance between Bent and resilient Boolean functions. Acta Electronica Sinica, 2008, 5557(2): 219-232.

[42] Canteaut A, Charpin P. Decomposing Bent functions. IEEE Transactions on Information Theory, 2003, 49(8): 2004-2019.

[43] Tokareva N. On the number of Bent functions from iterative constructions: lower bounds and hypotheses. Advances in Mathematics of Communications, 2013, 5(4): 609-621.

[44] Budaghyan L, Carlet C, Helleseth T, et al. Further results on niho Bent functions. IEEE Transactions on Information Theory, 2012, 58(11): 6979-6985.

[45] Zhang F, Carlet C, Hu Y, et al. New secondary constructions of Bent functions. Applicable Algebra in Engineering Communication & Computing, 2016, 27(5): 413-434.

[46] Kavut S, Maitra S, Yucel M D. Search for Boolean functions with excellent profiles in the rotation symmetric class. IEEE Transactions on Information Theory, 2007, 53(5): 1743-1751.

[47] Siegenthaler T. Correlation-immunity of nonlinear combining functions for cryptographic applications. IEEE Transactions on Information Theory, 1984, 30(5): 776-780.

[48] Xiao G, Massey J L. A spectral characterization of correlation-immune combining functions. IEEE Transactions on Information Theory, 1988, 34(3): 569-571.

[49] Meier W, Pasalic E, Carlet C. Algebraic attacks and decomposition of Boolean functions// Advances in Cryptology - EUROCRYPT 2004. Berlin, Heidelberg: Springer, 3027: 474-491.

[50] 张凤荣. 高非线性度布尔函数的设计与分析. 徐州: 中国矿业大学出版社, 2014.

[51] 李超, 屈龙江, 周悦. 密码函数的安全指标分析. 北京: 科学出版社, 2011.

[52] 温巧燕, 钮心忻, 杨义先. 现代密码学中的布尔函数. 北京: 科学出版社, 2000.

第 2 章　Bent 函数的间接构造

Bent 函数的研究现状在第 1 章已经给出，本章将不再一一赘述。本章介绍一些 Bent 函数的主要间接构造方法。为了保证章节的完整性，下面给出一些本章所用的定义。

定义 2.1[1,2]　设 n 是一个正整数，f 是 n 元布尔函数。如果

$$N_f = 2^{n-1} - 2^{n/2-1}$$

那么称 f 是一个 Bent 函数。

如果 $f \in \mathcal{B}_n$ 是一个 Bent 函数，那么函数 f 的对偶函数 $\tilde{f}$，定义为

$$W_f(\omega) = 2^{n/2}(-1)^{\tilde{f}(\omega)}$$

也是一个 Bent 函数，它的对偶是 f。

定义 2.2　设 n 为偶数。PS 类 Bent 函数可以分为 PS^- 和 PS^+ 两类。PS^- 类 Bent 函数的支撑集是由 $\mathbb{F}_2^n$ 上的任意 $2^{n/2-1}$ 个不相交的 $n/2$ 维子空间所有的非零向量组成的集合，其中不相交指的是它们的交集是零向量。PS^+ 类 Bent 函数的支撑集是由 $\mathbb{F}_2^n$ 上的任意 $(2^{n/2-1}+1)$ 个不相交的 $n/2$ 维子空间组成的集合(包含零向量)。

定义 2.3[3]　设 f 是 n 元布尔函数，对于任意的 $\omega \in \mathbb{F}_2^n$，如果存在一个偶数 λ，使得 $(W_f(\omega))^2$ 等于 λ 或 0，那么称 f 为 plateaued 函数。更准确地说，根据 Parseval 等式，有 $\lambda = 2^{2n-r}$，其中 $0 \leqslant r \leqslant n$，$r$ 是偶数。对于任意的 $\omega \in \mathbb{F}_2^n$，如果使得 $(W_f(\omega))^2$ 等于 2^{2n-r} 或 0，那么称 f 为一个 r 阶 plateaued 函数。如果 f 为一个 $2\left\lceil \frac{n-2}{2} \right\rceil$ 阶 plateaued 函数，其中 $\left\lceil \frac{n-2}{2} \right\rceil$ 定义为大于等于 $\frac{n-2}{2}$ 的最小整数，那么称 f 为 semi-Bent 函数。

定义 2.4　如果一类函数 $\{f\} \subseteq \mathcal{B}_n$，在广义仿射群(该群由所有 $\mathbb{F}_2$ 上 $n \times n$ 可逆矩阵组成)并加上一个仿射函数的作用下，仍是属于该类函数，则称该类函数是“完全类”。

本书记 $\mathcal{M}$ 为 M-M 类 Bent 函数，$\mathcal{M}^{\#}$ 为 M-M 类 Bent 函数的“完全类”(即

“完全 M-M 类 Bent 函数”），称从 $\mathbb{F}_2^n$ 映射到 $\mathbb{F}_2^m$ 上的函数为 (n,m) -函数。

设 n 为偶数，$x,y\in\mathbb{F}_2^{n/2}$。设 $\mathbb{F}_2^n$ 上的 M-M 型函数定义为

$$f(x,y)=x\cdot\pi(y)\oplus g(y)$$

其中，π 是 $\mathbb{F}_2^{n/2}$ 上的多输出函数，g 是一个任意的 $n/2$ 元布尔函数。那么函数 f 是一个 Bent 函数当且仅当 π 是 $\mathbb{F}_2^{n/2}$ 上的布尔置换。

定义 2.5　设 n,m 是两个正整数。设 f 是 n 元布尔函数，$\alpha\in\mathbb{F}_2^n$，用

$$D_\alpha f(x)=f(x)\oplus f(x\oplus\alpha)$$

表示 $f(x)$ 的在 α 的导数。当 $D_\alpha f(x)$ 始终为常数时，称 α 为函数 $f(x)$ 的线性结构；如果满足 $1\leqslant \mathrm{wt}(\alpha)\leqslant k$ 的 α 都使 $D_\alpha f(x)$ 为平衡函数，则称 $f(x)$ 满足 k 次扩散准则，记作 $\mathrm{PC}(k)$。

设 $F:\mathbb{F}_2^n\to\mathbb{F}_2^m$，$a\in\mathbb{F}_2^n\setminus\{0_n\}$。则函数 D_aF 定义为

$$D_aF(x)=F(x)\oplus F(x\oplus a)$$

叫作函数 F 在方向 a 的差分。如果对任意的 $c\in\mathbb{F}_2^m\setminus\{0_m\}$，$c\cdot D_aF(x)$ 均不是一个常数，则称 a 不是 F 的非零线性结构。

下面介绍一下已知的间接构造。

2.1　直 和 构 造

设 f 是 n 元 Bent 函数，g 是 m 元的 Bent 函数，$(n+m)$ 元的函数 h 定义为

$$h(x,y)=f(x)\oplus g(y)$$

若 f 和 g 均是 Bent 函数，则 h 一定为 Bent 函数。

事实上，由等式 $W_h(a,b)=W_f(a)\times W_g(b)$ 可以容易地得出上面结论[1]。

2.2　Rothaus 构造

在 1976 年 Rothaus 提出 Bent 函数概念的同时，给出了一个 Bent 函数的间接构造，该方法被称为 Rothaus 构造[2]。

设 $y\in\mathbb{F}_2^n, x_1, x_2\in\mathbb{F}_2, g, h, k, g\oplus h\oplus k$ 均为 n 元 Bent 函数，那么 $(n+2)$ 元布尔函数 f，定义为

$$f(x_1,x_2,y)=g(y)h(y)\oplus g(y)k(y)\oplus h(y)k(y)\\ \oplus[g(y)\oplus h(y)]x_1\oplus[g(y)\oplus k(y)]x_2\oplus x_1x_2$$

是 Bent 函数。

从 Rothaus 构造可知，该构造要求的初始条件比较强。下面介绍文献[4]中给出的一种简单构造 g,h,k 的方法。

构造 2.1[4]　设 ϕ 是一个 m 元布尔置换，π 和 ψ 是两个 m 元正形置换。设 $g^{(1)}$, $g^{(2)}$ 和 $g^{(3)}$ 是三个 m 元布尔函数。对 $x,y\in\mathbb{F}_2^m$，定义：

(1) $\phi^{(1)}(y)=\phi(y)$；

(2) $\phi^{(2)}(y)=\pi\circ\phi^{(1)}(y)$，也就是说，$\phi^{(2)}(y)=\pi\left(\phi^{(1)}(y)\right)$；

(3) $\phi^{(3)}(y)=\psi\circ\left(\phi^{(1)}(y)\oplus\phi^{(2)}(y)\right)$。

进一步，令 $g(x,y)=x\cdot\phi^{(1)}(y)\oplus g^{(1)}(y)$，$h(x,y)=x\cdot\phi^{(2)}(y)\oplus g^{(2)}(y)$ 和 $k(x,y)=x\cdot\phi^{(3)}(y)\oplus g^{(3)}(y)$。

下面证明上面所构造的三个 Bent 函数能满足 Rothaus 构造的初始条件。

定理 2.1[4]　设 $x,y\in\mathbb{F}_2^m$，g,h 和 k 是构造 2.1 中所构造的函数。那么有以下结论：

(1) g,h 和 k 均是 $2m$ 元 Bent 函数；

(2) $g\oplus h\oplus k$ 也是一个 $2m$ 元 Bent 函数。

证明　(1) 从 M-M 类 Bent 函数的定义可知，g 是一个 $2m$ 元 Bent 函数。从构造 2.1 可知，对任意的 $y\in\mathbb{F}_2^m$，$\phi^{(2)}(y)=\pi(\phi^{(1)}(y))$。这样，$\phi^{(2)}$ 是一个 m 元布尔置换。根据 M-M 类 Bent 函数的定义可知，h 也是一个 $2m$ 元 Bent 函数。由构造 2.1 可知，π 是一个 m 元正形置换。因此，根据正形置换的定义可知，$\phi^{(1)}\oplus\phi^{(2)}$ 是一个 m 元布尔置换。再一次根据 M-M 类 Bent 函数的定义可知，k 是一个 $2m$ 元 Bent 函数。

(2) 从构造 2.1 可知，ψ 是一个 m 元正形置换。因此，$\phi^{(3)}\oplus(\phi^{(1)}\oplus\phi^{(2)})$ 也是一个 m 元布尔置换。所以，$g\oplus h\oplus k$ 也是一个 $2m$ 元 Bent 函数。证毕。

2.3 Carlet 的广义间接构造

Carlet 于 1996 年给出了一个 Bent 函数的广义构造[5]，Rothaus 构造就是该构造的一个特殊情况。

定理 2.2 设 n 和 m 是两个正偶数。设 f 是一个 $\mathbb{F}_2^{n+m}=\mathbb{F}_2^n\times\mathbb{F}_2^m$ 上的一个布尔函数，并且满足对任意的 $y\in\mathbb{F}_2^m$，$\mathbb{F}_2^n$ 上的函数：$f_y:x\mapsto f(x,y)$ 是 Bent 函数。那么 f 是 Bent 函数当且仅当对 $\mathbb{F}_2^n$ 上任意的元素 s，函数 $\vartheta_s:y\mapsto \tilde{f}_y(s)$ 是 $\mathbb{F}_2^m$ 上的 Bent 函数，这里的 $\tilde{f}_y$ 是 f_y 的对偶函数。当 f 为 Bent 函数时，f 的对偶函数就是函数 $\tilde{f}(s,t)=\tilde{\vartheta}_s(t)$。

证明 根据 Bent 函数对偶函数的定义，对 $\mathbb{F}_2^n$ 上任意的元素 s，有

$$\begin{aligned}W_{f_y}(s)&=\sum_{x\in\mathbb{F}_2^n}(-1)^{f(x,y)+x\cdot s}\\&=2^{n/2}(-1)^{\tilde{f}_y(s)}\\&=2^{n/2}(-1)^{\vartheta_s(y)}\end{aligned}$$

于是

$$\begin{aligned}W_f(s,t)&=\sum_{x\in\mathbb{F}_2^n}\sum_{y\in\mathbb{F}_2^m}(-1)^{f(x,y)+x\cdot s+y\cdot t}\\&=2^{n/2}\sum_{y\in\mathbb{F}_2^m}(-1)^{\vartheta_s(y)+y\cdot t}\\&=2^{n/2}W_{\vartheta_s}(t)\end{aligned}$$

因此，f 是 Bent 函数当且仅当对任意 $s\in\mathbb{F}_2^n$，函数 $\vartheta_s:y\mapsto\tilde{f}_y(s)$ 是 Bent 函数。进一步，有 $\tilde{f}(s,t)=\tilde{\vartheta}_s(t)$。证毕。

在该构造给出之前，已有很多 Bent 函数的间接构造，这些构造都可以看作定理 2.2 的特殊情况。

2.4 非直和构造

根据定理 2.2，给出一个间接构造(被称为非直和构造)，该构造不需要特殊初始条件。

定理 2.3[6]　设 f_1 和 f_2 是两个 n 元 Bent 函数，g_1 和 g_2 是两个 m 元 Bent 函数，那么 $(n+m)$ 元函数 h，定义为

$$h(x,y)=f_1(x)\oplus g_1(y)\oplus(f_1\oplus f_2)(x)(g_1\oplus g_2)(y) \tag{2.1}$$

是 Bent 函数。进一步，函数 h 的对偶函数能够由 $\tilde{f}_1,\tilde{f}_2,\tilde{g}_1$ 和 $\tilde{g}_2$ 通过式(2.1)得到。

在该定理中取

$$\vartheta_s(y)=(\tilde{f}_1(s)\oplus\tilde{f}_2(s))(g_1\oplus g_2)(y)\oplus\tilde{f}_1(s)\oplus g_1(y)$$

非直和构造还可以用来构造高非线性弹性函数和 Bent-negabent 函数。

2.5　非直和构造的广义构造

接下来，给出非直和构造的一个广义构造，该二次构造的初始函数也需要满足一定的条件(这些条件和 Rothaus 构造初始函数所需的条件类似，实际上需要的条件更强)。

定理 2.4　设 n 和 m 是两个正偶数。设 f_1,f_2 和 f_3 均是 n 元 Bent 函数。设 g_1,g_2 和 g_3 均是 m 元 Bent 函数。用 ν_1 表示函数 $f_1\oplus f_2\oplus f_3$，ν_2 表示 $g_1\oplus g_2\oplus g_3$。如果 ν_1 和 ν_2 均是 Bent 函数，并且 $\tilde{\nu}_1=\tilde{f}_1\oplus\tilde{f}_2\oplus\tilde{f}_3$，那么 f 定义为

$$f(x,y)=f_1(x)\oplus g_1(y)\oplus(f_1\oplus f_2)(x)(g_1\oplus g_2)(y)\oplus(f_2\oplus f_3)(x)(g_2\oplus g_3)(y)$$

是一个 $(n+m)$ 元 Bent 函数。

定理 2.4 的详细证明可参看文献[4]。

定理 2.3 的非直和构造是定理 2.4 的一个特殊情况，即非直和构造相当于定理 2.4 中 f_2=f_3 且 g_2=g_3 的情况。

根据定理 2.4，有如下推论。

推论 2.1　设 p 和 θ 是两个 n 变元的 Bent 函数，且存在 $a\in\mathbb{F}_2^n$ 使得 $D_a\theta=D_ap$，其中 $D_a\theta$ 表示函数 θ 在 a 点的差分(即 $D_a\theta(x)=\theta(x)\oplus\theta(x\oplus a)$)。

设 g_1,g_2,g_3 是三个 m 元 Bent 函数，且它们的和也是一个 m 元的 Bent 函数。则 f 定义为

$$f(x,y)=p(x)\oplus g_1(y)\oplus D_ap(x)(g_1\oplus g_2)(y)\oplus(p(x\oplus a)\oplus\theta(x))(g_2\oplus g_3)(y)$$

是一个 $(n+m)$ 元的 Bent 函数。

推论 2.2 设 n 和 m 是两个正偶数。设 f_0,f_1,f_2 和 f_3 均是 n 元 Bent 函数。设 g_0,g_1,g_2 和 g_3 均是 m 元 Bent 函数。用 ν_j 表示函数 $f_j\oplus f_{(j+1)\bmod 4}\oplus f_{(j+2)\bmod 4}$，$\varepsilon_j$ 表示 $g_j\oplus g_{(j+1)\bmod 4}\oplus g_{(j+2)\bmod 4}$，其中 $j=0,1,2,3$。如果 ν_j 和 ε_j 均是 Bent 函数，并且对任意的 $j\in\{0,1,2,3\}$，都有 $\tilde{\nu}_j=\tilde{f}_j\oplus\tilde{f}_{(j+1)\bmod 4}\oplus\tilde{f}_{(j+2)\bmod 4}$，那么 f：

$$f(x,y)=f_0(x)\oplus g_0(y)\oplus(f_0\oplus f_1)(x)(g_0\oplus g_1)(y)\\ \oplus(f_1\oplus f_2)(x)(g_1\oplus g_2)(y)\oplus(f_2\oplus f_3)(x)(g_2\oplus g_3)(y)$$

是一个 $(n+m)$ 元 Bent 函数。

该推论中取

$$\vartheta_s(y)=(\tilde{f}_1\oplus\tilde{f}_2)(s)(g_1\oplus g_2)(y)\oplus(\tilde{f}_2\oplus\tilde{f}_3)(s)(g_2\oplus g_3)(y)\oplus\tilde{f}_1(s)\oplus g_1(y)$$

2.6 C 类和 D 类 Bent 函数

在文献[7]中，Carlet 给出了两类 Bent 函数，他们分别被称为 C 类和 D 类 Bent 函数。在广义上这两类函数既不属于 M-M 类，也不属于 PS 类。

***C* 类 Bent 函数** 设 n 为偶数，$x,y\in\mathbb{F}_2^{n/2}$，n 元布尔函数 f 定义为

$$f(x,y)=x\cdot\pi(y)\oplus 1_L(x)$$

其中，L 是 $\mathbb{F}_2^{n/2}$ 的一个线性子空间，π 是 $\mathbb{F}_2^{n/2}$ 上的一个置换，并使得对任意 $a\in\mathbb{F}_2^{n/2}$，$\pi^{-1}(a\oplus L^{\perp})$（其中 $L^{\perp}$ 为 L 的对偶空间）是一个仿射空间，那么 f 是一个 n 元 Bent 函数。

***D* 类 Bent 函数** 设 n 为偶数，$x,y\in\mathbb{F}_2^{n/2}$，n 元布尔函数 f 定义为

$$f(x,y)=x\cdot\pi(y)\oplus 1_{E_1}(x)1_{E_2}(y)$$

其中，π 是 $\mathbb{F}_2^{n/2}$ 上的一个置换，E_1 和 E_2 为 $\mathbb{F}_2^{n/2}$ 上的两个线性子空间，并满足 $\pi(E_2)=E_1^{\perp}$，那么 f 是一个 n 元 Bent 函数。

事实上，C 类和 D 类 Bent 函数都来源于下面这个定理。

定理 2.5 设 E 是 $\mathbb{F}_2^n$ 的一个线性子空间，$b\oplus E$ 是 $\mathbb{F}_2^n$ 的一个仿射平面。如果 f 是一个 n 元 Bent 函数，那么函数 $f^{(1)}=f\oplus 1_{b\oplus E}$ 是 Bent 函数，当且仅当下面任一个条件成立：

(1) 对任意的 $a \in \mathbb{F}_2^{n/2} \setminus E$，函数 $D_a(f)$ 在 $b \oplus E$ 上是平衡的；

(2) 函数 $\tilde{f}(x) \oplus b \cdot x$ 在 $E^{\perp}$ 的任意陪集上的限制要么是常数，要么是平衡的。

进一步，如果 f 和 $f^{(1)}$ 是 Bent 函数，那么 E 的维数大于等于 $n/2$，并且 f 被限制在 $b \oplus E$ 上时，其代数次数至多为 $\dim(E) - n/2 + 1$。

如果 f 是 Bent 函数，E 的维数为 $n/2$，并且 f 被限制在 $b \oplus E$ 上时，代数次数至多为 $\dim(E) - n/2 + 1 = 1$，那么 $f^{(1)}$ 也是 Bent 函数。

文献[8]给出了 C 类和 D 类函数不属于 $\mathcal{M}^{\#}$ 的一些充分条件。

定理 2.6　设 $n > 2$ 是一个偶整数。设 $f(x, y) = \pi(y) \cdot x \oplus 1_{L^{\perp}}(x)$，其中 L 是 $\mathbb{F}_2^n$ 的一个线性子空间，π 是 $\mathbb{F}_2^n$ 上的一个置换且对任意 $a \in \mathbb{F}_2^n$，$\pi^{-1}(a \oplus L^{\perp})$ 是一个仿射平面。如果 π 满足如下条件，那么 f 不属于 $\mathcal{M}^{\#}$。

(1) $\dim(L) \geqslant 2$。

(2) 对任意 $u \in \mathbb{F}_2^n \setminus \{0_n\}$，$u \cdot \pi$ 没有非零线性结构。

定理 2.7　设 $n > 3$ 是一个偶整数。设 $f(x, y) = x \cdot \pi(y) \oplus 1_{E_1}(x) 1_{E_2}(y)$，其中 π 是 $\mathbb{F}_2^n$ 上的一个置换，E_1 和 E_2 为 $\mathbb{F}_2^n$ 上的两个线性子空间，并满足 $\pi(E_2) = E_1^{\perp}$。如果 π 满足如下条件，那么 f 不属于 $\mathcal{M}^{\#}$。

(1) $\dim(E_1) \geqslant 2$ 且 $\dim(E_2) \geqslant 2$。

(2) 对任意 $u \in \mathbb{F}_2^n \setminus \{0_n\}$，$u \cdot \pi$ 没有非零线性结构。

(3) $\deg(\pi) \leqslant n - \dim(E_2)$。

2.7　变量个数不变的 Bent 函数间接构造

Carlet 在文献[9]中给出了一个由三个 n 元 Bent 函数构造一个新的 n 元 Bent 函数的方法。

定理 2.8　设 n 是正偶数。设 f_1, f_2 和 f_3 均是 n 元 Bent 函数。令 $s_1 = f_1 \oplus f_2 \oplus f_3$，$s_2 = f_1 f_2 \oplus f_2 f_3 \oplus f_1 f_3$。那么：

(1) 如果 s_1 是 Bent 函数，并且 $\tilde{s}_1 = \tilde{f}_1 \oplus \tilde{f}_2 \oplus \tilde{f}_3$，那么 s_2 是 Bent 函数，且 $\tilde{s}_2 = \tilde{f}_1 \tilde{f}_2 \oplus \tilde{f}_2 \tilde{f}_3 \oplus \tilde{f}_1 \tilde{f}_3$；

(2) 如果对任意的 $a \in \mathbb{F}_2^n$，$W_{s_2}(a)$ 均能被 $2^{n/2}$ 整除，那么 s_1 是 Bent 函数。

Mesnager[10]对该构造做了进一步研究，发现定理 2.8 的条件(1)是一个充分必要条件: s_2 是 Bent 函数当且仅当 s_1 是 Bent 函数，并且 $\tilde{s}_1 = \tilde{f}_1 \oplus \tilde{f}_2 \oplus \tilde{f}_3$。此外，给出了许多满足 s_1 是 Bent 函数[10-12]，并且 $\tilde{s}_1 = \tilde{f}_1 \oplus \tilde{f}_2 \oplus \tilde{f}_3$ 的初始 Bent 函数 f_1, f_2 和 f_3 的构造方法。

2.8 Hou 和 Langevin 构造

下面给出 Hou 和 Langevin 构造 Bent 函数的方法[13]。

定理 2.9　设 n 为偶数，f 是一个 n 元布尔函数，$\pi = (\pi_1, \pi_2, \cdots, \pi_n)$ 是 $\mathbb{F}_2^n$ 上的一个布尔置换。假设对任意 $a \in \mathbb{F}_2^n$，均有式(2.2)成立，那么 $f \circ \pi^{-1}$ 是 Bent 函数。

$$d\left(f, \bigoplus_{i=1}^{n} a_i \pi_i\right) = 2^{n-1} \pm 2^{n/2-1} \tag{2.2}$$

从定理 2.9 可以看出，线性函数 $l_a(x) = a \cdot x$ 和 $f \circ \pi^{-1}$ 之间的距离等于 $d\left(f, \bigoplus_{i=1}^{n} a_i \pi_i\right)$。根据上面的定理，Hou 和 Langevin 进一步给出了下面几个 Bent 函数。

推论 2.3　设 $x \in \mathbb{F}_2^{n-2}, y_1, y_2 \in \mathbb{F}_2$。设 h 是 $(n-2)$ 元仿射函数，f_1, f_2 和 g 为 $(n-2)$ 元布尔函数。定义 n 元布尔函数:

$$f(y_1, y_2, x) = y_1 y_2 h(x) \oplus y_1 f_1(x) \oplus y_2 f_2(x) \oplus g(x)$$

若 f 是 Bent 函数，那么函数

$$f(y_1, y_2, x) \oplus (h(x) \oplus 1) f_1(x) f_2(x) \oplus f_1(x) \oplus (y_1 \oplus h(x) \oplus 1) f_2(x) \oplus y_2 h(x)$$

也是 Bent 函数。

根据定理 2.9，只要给出置换 π 即可。在推论 2.3 中，取

$$\pi(y_1, y_2, x_1, \cdots, x_{n-2}) = \left((f_1, f_2) \oplus (y_1, y_2)\begin{bmatrix} 1 & h(x) \oplus 1 \\ h(x) & 1 \end{bmatrix}, x_1, \cdots, x_{n-2}\right)$$

$$\pi^{-1}(y_1, y_2, x_1, \cdots, x_{n-2}) = \left([(f_1, f_2) \oplus (y_1, y_2)]\begin{bmatrix} 1 & h(x) \oplus 1 \\ h(x) & 1 \end{bmatrix}, x_1, \cdots, x_{n-2}\right)$$

推论 2.4　若 f 是一个代数次数至多为 3 的 n 元 Bent 函数，$\pi = (\pi_1, \pi_2, \cdots, \pi_n)$

是 $\mathbb{F}_2^n$ 上的一个布尔置换，并且满足对任意的 $i\in\{1,\cdots,n\}$，都存在 $\mathbb{F}_2^n$ 上的子集合 U_i 以及仿射函数 h_i，使得式(2.3)成立，那么 $f\circ\pi^{-1}$ 是 Bent 函数。

$$\pi_i(x)=\sum_{u\in U_i}(f(x)\oplus f(x\oplus u))\oplus h_i(x) \tag{2.3}$$

推论 2.5　设 $f(x,y)=x\cdot y\oplus g(y)$ 是一个 M-M 型的 Bent 函数，如果 $\pi_1,\pi_2,\cdots,\pi_n$ 都是形如式(2.4)所示的布尔函数，那么 $f\circ\pi^{-1}$ 是 Bent 函数。

$$\bigoplus_{1\leqslant i<j\leqslant n/2} a_{i,j}x_ix_j\oplus b\cdot x\oplus c\cdot y\oplus h(y) \tag{2.4}$$

其中，$a_{i,j}\in\mathbb{F}_2,b,c\in\mathbb{F}_2^{n/2}$。

2.9　非直和的新广义构造

本部分将给出一个 Bent 函数的间接构造。在此之前，首先回忆一下互补 plateaued 函数的概念，它将在该构造中起着非常重要的作用。

定义 2.6[3]　设 p 是一个奇素数，$g_1,g_2\in\mathcal{B}_p$ 是两个 $(p-1)$ 阶 plateaued 函数（即 semi-Bent 函数）。如果 g_1 和 g_2 满足 $W_{g_1}(\omega)=0$ 当且仅当 $W_{g_2}(\omega)\neq 0$，那么称 g_1 和 g_2 是两个互补 semi-Bent 函数，其中 $\omega\in\mathbb{F}_2^p$。

引理 2.1[3]　设 n 是一个正偶数，$j\in\{1,2,\cdots,n\}$。设 $f\in\mathcal{B}_n$。那么函数 f 是一个 n 元 Bent 函数当且仅当 $\mathbb{F}_2^{n-1}$ 上的两个函数 $f(x_1,\cdots,x_{j-1},0,x_{j+1},\cdots,x_n)$ 和 $f(x_1,\cdots,x_{j-1},1,x_{j+1},\cdots,x_n)$ 是 $\mathbb{F}_2^{n-1}$ 上的互补 semi-Bent 函数。

现在，通过修改非直和构造来得到一个 Bent 函数的新间接构造[14]：

构造 2.2　设 n 和 m 是两个正偶数，$\mu\in\{1,2,\cdots,n\}$，$\rho\in\{1,2,\cdots,m\}$。设 $X=(x_1,x_2,\cdots,x_n)\in\mathbb{F}_2^n$，$Y=(y_1,\cdots,y_m)\in\mathbb{F}_2^m$，$x=(x_1,\cdots,x_{\mu-1},x_{\mu+1},\cdots,x_n)\in\mathbb{F}_2^{n-1}$ 和 $y=(y_1,\cdots,y_{\rho-1},y_{\rho+1},\cdots,y_m)\in\mathbb{F}_2^{m-1}$。设 f 是一个 n 元 Bent 函数，g 是一个 m 元的 Bent 函数。令 f 和 g 的限制分别为 $f_0(x)=f(x_1,\cdots,x_{\mu-1},0,x_{\mu+1},\cdots,x_n)$，$f_1(x)=f(x_1,\cdots,x_{\mu-1},1,x_{\mu+1},\cdots,x_n)$，$g_0(y)=g(y_1,\cdots,y_{\rho-1},0,y_{\rho+1},\cdots,y_m)$ 和 $g_1(y)=g(y_1,\cdots,y_{\rho-1},1,y_{\rho+1},\cdots,y_m)$。定义函数 h 为

$$h(x,y)=f_0(x)\oplus g_0(y)\oplus(f_0\oplus f_1)(x)(g_0\oplus g_1)(y)$$

定理 2.10　设 $f\in\mathcal{B}_n,g\in\mathcal{B}_m$，设 $h\in\mathcal{B}_{n+m-2}$ 是构造 2.2 中定义的函数。那么函

数 h 是一个 $(n+m-2)$ 变元的 Bent 函数。进一步，函数 h 的对偶函数为

$$\tilde{h}(x,y)=\overline{f}_0(x)\oplus\overline{g}_0(y)\oplus(\overline{f}_0\oplus\overline{f}_1)(x)(\overline{g}_0\oplus\overline{g}_1)(y)$$

其中，$\overline{f}_0(x)=\tilde{f}(x_1,\cdots,x_{\mu-1},0,x_{\mu+1},\cdots,x_n)$，$\overline{f}_1(x)=\tilde{f}(x_1,\cdots,x_{\mu-1},1,x_{\mu+1},\cdots,x_n)$，$\overline{g}_0(y)=\tilde{g}(y_1,\cdots,y_{\rho-1},0,y_{\rho+1},\cdots,y_m)$ 和 $\overline{g}_1(y)=\tilde{g}(y_1,\cdots,y_{\rho-1},1,y_{\rho+1},\cdots,y_m)$。

证明 根据 Bent 函数的定义，如果 $W_h(a,b)=\pm 2^{(n+m-2)/2}$ 对任意的 $a=(a_1,\cdots,a_{\mu-1},a_{\mu+1},\cdots,a_n)\in\mathbb{F}_2^{n-1}$ 和 $b=(b_1,\cdots,b_{\rho-1},b_{\rho+1},\cdots,b_m)\in\mathbb{F}_2^{m-1}$ 均成立，那么 h 是一个 $(n+m-2)$ 变元的 Bent 函数。正如文献[6]所给出的公式

$$W_h(a,b)=\frac{1}{2}W_{g_0}(b)\left[W_{f_0}(a)+W_{f_1}(a)\right]+\frac{1}{2}W_{g_1}(b)\left[W_{f_0}(a)-W_{f_1}(a)\right] \tag{2.5}$$

有

$$\begin{aligned}W_f(a_1,\cdots,a_{\mu-1},0,a_{\mu+1},\cdots,a_n)&=2^{\frac{n}{2}}(-1)^{\overline{f}_0(a)}\\&=\sum_{\substack{x\in\mathbb{F}_2^{n-1}\\x_\mu=0}}(-1)^{f_0(x)\oplus a\cdot x}+\sum_{\substack{x\in\mathbb{F}_2^{n-1}\\x_\mu=1}}(-1)^{f_1(x)\oplus a\cdot x}\\&=W_{f_0}(a)+W_{f_1}(a)\end{aligned}$$

进一步

$$\begin{aligned}W_f(a_1,\cdots,a_{\mu-1},1,a_{\mu+1},\cdots,a_n)&=2^{\frac{n}{2}}(-1)^{\overline{f}_1(a)}\\&=\sum_{\substack{x\in\mathbb{F}_2^{n-1}\\x_\mu=0}}(-1)^{f_0(x)\oplus a\cdot x}-\sum_{\substack{x\in\mathbb{F}_2^{n-1}\\x_\mu=1}}(-1)^{f_1(x)\oplus a\cdot x}\\&=W_{f_0}(a)-W_{f_1}(a)\end{aligned}$$

类似地，有

$$W_g(b_1,\cdots,b_{\rho-1},0,b_{\rho+1},\cdots,b_m)=W_{g_0}(b)+W_{g_1}(b)$$

和

$$W_g(b_1,\cdots,b_{\rho-1},1,b_{\rho+1},\cdots,b_m)=W_{g_0}(b)-W_{g_1}(b)$$

由式(2.5)可得

$$\begin{aligned} W_h(a,b) &= 2^{\frac{n+m}{2}-2}\left((-1)^{\bar{g}_0(b)}+(-1)^{\bar{g}_1(b)}\right)(-1)^{\bar{f}_0(a)} \\ &\quad + 2^{\frac{n+m}{2}-2}\left((-1)^{\bar{g}_0(b)}-(-1)^{\bar{g}_1(b)}\right)(-1)^{\bar{f}_1(a)} \\ &= 2^{\frac{n+m}{2}-1}(-1)^{\tilde{h}(a,b)} \end{aligned} \tag{2.6}$$

根据式(2.6)，可知 h 是一个 Bent 函数，且有

$$\begin{aligned} (-1)^{\tilde{h}(a,b)} &= \frac{1}{2}\left((-1)^{\bar{g}_0(b)}+(-1)^{\bar{g}_1(b)}\right)(-1)^{\bar{f}_0(a)} \\ &\quad + \frac{1}{2}\left((-1)^{\bar{g}_0(b)}-(-1)^{\bar{g}_1(b)}\right)(-1)^{\bar{f}_1(a)} \end{aligned}$$

这样，有

$$\tilde{h}(a,b) = \bar{g}_0(b) \oplus \bar{f}_0(a) \oplus \left(\bar{g}_0(b) \oplus \bar{g}_1(b)\right)\left(\bar{f}_0(a) \oplus \bar{f}_1(a)\right)$$

证毕。

注 2.1　构造 2.2 看起来像非直和构造，但事实上是非常不同的，因为该构造是利用 n 元 Bent 函数和 m 元 Bent 函数构造出一个 $(n+m-2)$ 元的 Bent 函数。标记 e_μ 表示一个第 μ 分量为 1 其他分量为 0 的 n 元向量，e'_ρ 表示一个第 ρ 个分量为 1 其他分量为 0 的 m 元向量。如果将函数 $f(x), f(x+e_\mu), g(y)$ 和 $g(y+e'_\rho)$ 作为非直和构造的初始函数，那么得到的函数 $h(x,y)=f(x)\oplus g(y)\oplus D_{e_\mu}f(x)D_{e'_\rho}g(y)$ 是 $(n+m)$ 元的 Bent 函数。

接下来，分析 Bent 函数 h 的代数性质。首先，引入一个概念，定义 $\deg(f,x_\mu)$ 表示 f 的代数正规型中包含 x_μ 单项式的最大代数次数，换句话说

$$\deg(f,x_\mu) = \deg(D_{e_\mu}f)+1$$

命题 2.1　设 n 和 m 是两个大于 2 的偶整数。设 $f\in\mathcal{B}_n, g\in\mathcal{B}_m, h\in\mathcal{B}_{n+m-2}$ 是构造 2.2 中所定义的函数。那么

$$2 \leqslant \deg(h) \leqslant \frac{n+m-2}{2}-1$$

证明　由于 h 是一个 Bent 函数，故 $2\leqslant\deg(h)$。如果 $\deg(f)=2$ 且 $\deg(g)=2$，那么有 $\deg(h)=2$。

又知道，函数 f 和 g 均是 Bent 函数，故 $\deg(f)\leqslant n/2$，$\deg(g)\leqslant m/2$。进

一步，$\deg(f_0 \oplus f_1) = \deg(D_{e_\mu} f) \leqslant n/2-1$，$\deg(g_0 \oplus g_1) = \deg(D_{e'_\rho} g) \leqslant m/2-1$。这样，根据构造 2.2，有

$$\deg(h) \leqslant \frac{n+m-2}{2} - 1$$

其中当且仅当 $\deg(f, x_\mu) = n/2$ 且 $\deg(g, y_\rho) = m/2$ 时等号成立。证毕。

注 2.2　从命题 2.1 可知，当 $n>2$ 且 $m>2$ 时，由构造 2.2 所构造的 $(n+m-2)$ 元 Bent 函数的代数次数不超过 $(n+m-2)/2-1$。因此这些函数不属于 PS^- 类 Bent 函数，因为 n 元 PS^- 类 Bent 函数的代数次数等于 $n/2$。另外，构造函数 h 的代数次数等于 2 当且仅当函数 f 和 g 的代数次数均等于 2。

命题 2.2　设 n 和 m 是两个大于 2 的偶整数。设 $\mu \in \{1,2,\cdots,n\}$，$\rho \in \{1,2,\cdots,m\}$。设 $f \in \mathcal{B}_n, g \in \mathcal{B}_m$，$f_0, f_1, g_0, g_1$ 和 h 是构造 2.2 所定义的函数。那么

$$\mathrm{AI}(h) \leqslant \min\{\zeta, \eta\}$$

其中

$$\zeta = \min\left\{\max\{\deg(\mathfrak{f}_0), \deg(g_0), \deg(\mathfrak{f}, x_\mu) + \deg(g, y_\rho) - 2\} \mid \mathfrak{f} \in \left(\mathrm{AN}(f) \cup \mathrm{AN}(f \oplus 1)\right)\right\}$$

$$\eta = \min\left\{\max\{\deg(\mathfrak{g}_0), \deg(f_0), \deg(\mathfrak{g}, y_\rho) + \deg(f, x_\mu) - 2\} \mid \mathfrak{g} \in \left(\mathrm{AN}(g) \cup \mathrm{AN}(g \oplus 1)\right)\right\}$$

并且

$$\mathfrak{f}_0 = \mathfrak{f}(x_1, \cdots, x_{\mu-1}, 0, x_{\mu+1}, \cdots, x_n)$$

$$\mathfrak{g}_0 = \mathfrak{g}(y_1, \cdots, y_{\rho-1}, 0, y_{\rho+1}, \cdots, y_m)$$

证明　假设 $\mathfrak{f}$ 是 f 的一个零化子，那么 $\mathfrak{f}_0$ (resp. $\mathfrak{f}_1$) 是 f_0 (resp. f_1) 的一个零化子，其中，$\mathfrak{f}_0 = \mathfrak{f}(x_1, \cdots, x_{\mu-1}, 0, x_{\mu+1}, \cdots, x_n)$，$\mathfrak{f}_1 = \mathfrak{f}(x_1, \cdots, x_{\mu-1}, 1, x_{\mu+1}, \cdots, x_n)$。进一步，$\mathfrak{h}(x,y) = \mathfrak{f}_0(x) \oplus g_0(y) \oplus (\mathfrak{f}_0 \oplus \mathfrak{f}_1)(x)(g_0 \oplus g_1)(y)$ 是 h 的一个零化子。根据定义，有 $\mathrm{AI}(h) \leqslant \deg(\mathfrak{h}(x,y))$，且有

$$\deg(\mathfrak{h}(x,y)) = \max\{\deg(\mathfrak{f}, x_\mu) + \deg(g, y_\rho) - 2, \deg(\mathfrak{f}_0), \deg(g_0)\}$$

也就是说，$\mathrm{AI}(h) \leqslant \zeta$。同理，有 $\mathrm{AI}(h) \leqslant \eta$。因此，$\mathrm{AI}(h) \leqslant \min\{\zeta, \eta\}$。证毕。

注 2.3　众所周知，当一个布尔函数的变量很大时，计算该函数的代数免疫度是非常困难的。从命题 2.2 可知，如果 $\deg(f, x_\mu)$ 或 $\deg(g, y_\rho)$ 不是最优的(即分

别不等于 $n/2$ 和 $m/2$)，那么函数 h 的代数免疫度达不到次优。进一步，如果存在 $\mathfrak{f}\in(\mathrm{AN}(f)\cup\mathrm{AN}(f\oplus 1))$（或 $\mathfrak{g}\in(\mathrm{AN}(g)\cup\mathrm{AN}(g\oplus 1))$），使得 $\deg(\mathfrak{f},x_\mu)$（或 $\deg(\mathfrak{g},y_\rho)$）严格小于 $n/2$（或 $m/2$），那么，函数 h 的代数免疫度也不是次优的。也就是说，函数 h 的代数免疫度能根据函数 f（或 g）的零化子进行估算。另一方面，如果想获得一个具有代数免疫度次优的 Bent 函数 h，那么所选择的初始函数 f 和 g 应该至少满足下面条件。

(1) $\deg(f,x_\mu)$ (resp. $\deg(g,y_\rho)$) 等于 $n/2$ (resp. $m/2$)。

(2) $(\mathrm{AN}(f)\cup\mathrm{AN}(f\oplus 1))$ $(\mathrm{resp.}(\mathrm{AN}(g)\cup\mathrm{AN}(g\oplus 1)))$ 中的任何非零零化子 $\mathfrak{f}$ (resp. $\mathfrak{g}$) 应该满足 $\deg(\mathfrak{f},x_\mu)\geqslant n/2$ (resp. $\deg(\mathfrak{g},y_\rho)\geqslant m/2$)。

接着证明构造 2.2 所构造的函数不能由直和构造函数仿射等价得到。

命题 2.3　设 n 和 m 是两个偶整数，$\rho\in\{1,2,\cdots,m\}$。设 $X=(x_1,\cdots,x_n)\in\mathbb{F}_2^n$，$Y=(y_1,\cdots,y_m)\in\mathbb{F}_2^m$，$(x_{n+1},x_{n+2})\in\mathbb{F}_2^2$。设 $y=(y_1,\cdots,y_{\rho-1},y_{\rho+1},\cdots,y_m)\in\mathbb{F}_2^{m-1}$。设 $T(X)$ 是一个 n 元 Bent 函数，$f(X,x_{n+1},x_{n+2})$ 是一个 $(n+2)$ 元 Bent 函数，等于 $T(X)\oplus x_{n+1}x_{n+2}$。设 $g(Y)$ 是一个 m 元 Bent 函数。考虑 f 的限制为

$$f_0(X,x_{n+1})=T(X)$$

$$f_1(X,x_{n+1})=T(X)\oplus x_{n+1}$$

g 的限制为

$$g_0(y)=g(y_1,\cdots,y_{\rho-1},0,y_{\rho+1},\cdots,y_m)$$

$$g_1(y)=g(y_1,\cdots,y_{\rho-1},1,y_{\rho+1},\cdots,y_m)$$

设 $h(X,x_{n+1},y)\in\mathcal{B}_{n+m}$ 是构造 2.2 所定义的函数。那么 $h(X,x_{n+1},y)$ 仿射等价于 $T(X)\oplus g(Y)$。

证明　由于 $h(X,x_{n+1},y)=T(X)\oplus(x_{n+1}\oplus 1)g_0(y)\oplus x_{n+1}g_1(y)$，如果令 $x_{n+1}=y_\rho$，那么 $h(X,y_\rho,y)=T(X)\oplus g(Y)$。证毕。

根据命题 2.3 可知，任何由直和构造所构造的函数均可以由构造 2.2 得到。然而，如果 f 是一个代数次数为 $n/2$ 的 n 元 Bent 函数，g 是一个 2 元 Bent 函数，即

$$g(Y)=y_1y_2\oplus l(y_1,y_2)$$

其中，$l(y_1,y_2)$ 是一个仿射函数，那么借助构造 2.2，有

$$\deg(h)=\deg(f)=n/2$$

也就是说，函数 h 不能通过直和的方法得到。

现在选择 M-M 类函数作为构造 2.2 的初始函数。给出由构造 2.2 所构造函数不属于完全 M-M 类函数的充分条件。该结果是利用 Dillon 所给出的如下结果得到的。

引理 2.2[1] 设 $x\in\mathbb{F}_2^n$。一个 n 元 Bent 函数 f 属于 $\mathcal{M}^\#$ 当且仅当存在 $\mathbb{F}_2^n$ 的一个 $n/2$ 维向量子空间 V 使得如式(2.7)所示的二阶差分等于 0，对任意的 $\alpha,\beta\in V$ 均成立。

$$D_\alpha D_\beta f(x)=f(x)\oplus f(x\oplus\alpha)\oplus f(x\oplus\beta)\oplus f(x\oplus\alpha\oplus\beta) \tag{2.7}$$

在本章中，$\phi(x^{(2)})$ 没有非零线性结构是指对任意的 $\alpha\in\mathbb{F}_2^{n/2}\setminus\{0_{n/2}\}$，$\alpha\cdot\phi(x^{(2)})$ 均没有非零线性结构；$\psi(y^{(2)})$ 没有非零线性结构是指对任意的 $\beta\in\mathbb{F}_2^{m/2}\setminus\{0_{m/2}\}$，$\beta\cdot\psi(y^{(2)})$ 均没有非零线性结构。

根据构造 2.2，有下面结论。

引理 2.3 设 n 和 m 是两个偶整数，且 $n>2,m>4$。设 $\mu\in\{1,\cdots,\frac{n}{2}\}$，$\rho\in\{1,\cdots,\frac{m}{2}\}$。设 $X=(x_1,\cdots,x_n)\in\mathbb{F}_2^n$，$Y=(y_1,\cdots,y_m)\in\mathbb{F}_2^m$，$x=(x_1,\cdots,x_{\mu-1},x_{\mu+1},\cdots,x_n)=(x^{(1)},x^{(2)})\in\mathbb{F}_2^{n/2-1}\times\mathbb{F}_2^{n/2}$，$y=(y_1,\cdots,y_{\rho-1},y_{\rho+1},\cdots,y_m)=(y^{(1)},y^{(2)})\in\mathbb{F}_2^{m/2-1}\times\mathbb{F}_2^{m/2}$。设 $\phi(x^{(2)})=(\phi_1(x^{(2)}),\phi_2(x^{(2)}),\cdots,\phi_{n/2}(x^{(2)}))$ 是 $\mathbb{F}_2^{n/2}$ 上的一个置换。设 $\psi(y^{(2)})=(\psi_1(y^{(2)}),\cdots,\psi_{m/2}(y^{(2)}))$ 是 $\mathbb{F}_2^{m/2}$ 上的一个置换。设 $f(X)=\bigoplus_{i=1}^{n/2}\phi_i(x^{(2)})x_i\oplus\theta(x^{(2)})$，$g(Y)=\bigoplus_{j=1}^{m/2}\psi_j(y^{(2)})y_j\oplus\varpi(y^{(2)})$，其中 $\theta(x^{(2)})=\theta(x_{(n/2)+1},\cdots,x_n)$ 是任意一个 $\frac{n}{2}$ 元布尔函数，$\varpi(y^{(2)})=\varpi(y_{(m/2)+1},\cdots,y_m)$ 是任意一个 $\frac{m}{2}$ 元布尔函数。函数 $h\in\mathcal{B}_{n+m-2}$ 被定义为

$$h(x,y)=\bigoplus_{\substack{i=1\\ i\neq\mu}}^{n/2}\phi_i(x^{(2)})x_i\oplus\bigoplus_{\substack{j=1\\ j\neq\rho}}^{m/2}\psi_j(y^{(2)})y_j \oplus\phi_\mu(x^{(2)})\psi_\rho(y^{(2)})\oplus\theta(x^{(2)})\oplus\varpi(y^{(2)}) \tag{2.8}$$

进一步，假设 ϕ,ψ 和 ϖ 满足下面条件：

(1) $\phi(x^{(2)})$ 没有非零线性结构；

(2) $\psi(y^{(2)})$ 没有非零线性结构；

(3) 对任意两个不同的向量 $u_4,v_4\in\mathbb{F}_2^{m/2}\setminus\{0_{m/2}\}$，$D_{u_4}D_{v_4}\varpi(y^{(2)})$ 均不是一个常数（0 或1）。

为了便利，设 $a=(a_1,a_2,a_3,a_4),b=(b_1,b_2,b_3,b_4)\in\mathbb{F}_2^{(n/2)-1}\times\mathbb{F}_2^{n/2}\times\mathbb{F}_2^{(m/2)-1}\times\mathbb{F}_2^{m/2}$，用 Δ 表示 $\mathbb{F}_2^{n+m-2}$ 的子空间 $\{(x^{(1)},0_{n/2},0_{(m/2)-1},y^{(2)})\mid x^{(1)}\in\mathbb{F}_2^{(n/2)-1},y^{(2)}\in\mathbb{F}_2^{m/2}\}$。设 V 也是 $\mathbb{F}_2^{n+m-2}$ 的一个 $\left(\dfrac{n+m-2}{2}\right)$ 子空间。假设下列条件是满足的，那么，对于 $\mathbb{F}_2^{n+2}$ 的任意 $\left(\dfrac{n+2}{2}\right)$ 维子空间 V 二阶差分 $D_aD_bf(x)$ 不全为 0。

(1) 假设存在 $(a_1,0_{n/2},0_{m/2-1},a_4),(b_1,0_{n/2},0_{m/2-1},b_4)\in\Delta$ 使得 $a_4\neq0_{m/2}$, $b_4\neq0_{m/2}$，$a_4\neq b_4$。

(2) 假设存在 $(a_1,a_2,a_3,a_4),(b_1,b_2,b_3,b_4)\in V$ 使得 $D_{a_2}D_{b_2}\phi_\mu(x^{(2)})\neq0$, $a_3=b_3=0_{m/2-1}$。

(3) 假设存在 $(a_1,a_2,a_3,a_4)=(a_1,0_{n/2},0_{m/2-1},0_{m/2})\neq0_{n+m-2}$，$(b_1,b_2,b_3,b_4)$ 使得 $b_2\neq0_{n/2}$。

(4) 假设存在 $(a_1,0_{n/2},0_{m/2-1},a_4)\in V\cap\Delta$ 使得 $a_4\neq0_{m/2}$，$(b_1,b_2,b_3,b_4)\in V$ 且 $b_2\neq0_{n/2}$。

(5) 假设存在 $(a_1,a_2,a_3,a_4)=(a_1,0_{n/2},0_{m/2-1},a_4),(b_1,b_2,b_3,b_4)=(b_1,0_{n/2},b_3,b_4)$ 使得 $a_4=b_4\neq0_{m/2}$ 且 $b_3\neq0_{m/2-1}$。

由于证明比较长，故把该证明放入本章附录。

定理 2.11　设 n 和 m 是两个偶整数且 $n>2,m>4$。设 $\mu\in\{1,\cdots,\dfrac{n}{2}\}$，$\rho\in\{1,\cdots,\dfrac{m}{2}\}$。设 $h\in\mathcal{B}_{n+m-2}$ 是引理 2.3 所定义的函数。那么 h 是一个 $(n+m-2)$ 元的 Bent 函数。如果 ϕ,ψ 和 ϖ 满足下列条件，那么 h 不属于 $\mathcal{M}^{\#}$。

(1) $\phi(x^{(2)})$ 没有非零线性结构。

(2) $\psi(y^{(2)})$ 没有非零线性结构。

(3) 对任意两个不同的向量 $u_4, v_4 \in \mathbb{F}_2^{m/2} \setminus \{0_{m/2}\}$，$D_{u_4} D_{v_4} \varpi(y^{(2)})$ 均不是一个常数（0 或1）。

该定理的证明比较长，故放入本章附录。

注 2.4 从定理 2.11 的假设可知，θ (resp. ϖ) 是一个 $\frac{n}{2}$ (resp. $\frac{m}{2}$) 元的任意布尔函数。这样，能够获得一个 $\frac{m}{2}$ 元布尔函数 ϖ，使得对任意两个不同的向量 $u_4, v_4 \in \mathbb{F}_2^{m/2} \setminus \{0_{m/2}\}$，$D_{u_4} D_{v_4} \varpi(y^{(2)})$ 均不是一个常数（0 或1）。例如，当 $m > 4$ 时，如果令 $\varpi(y^{(2)}) = y_{(m/2)+1} y_{(m/2)+2} \cdots y_m$，那么，该函数满足对任意的 $a_4, b_4 \in \mathbb{F}_2^{m/2} \setminus \{0_{m/2}\}$ 且 $a_4 \neq b_4$，$D_{a_4} D_{b_4} \varpi(y^{(2)})$ 不是一个常数。

从函数 $\varpi(y^{(2)})$ 真值表的角度是容易证明的。根据函数的代数正规性可知，$D_{a_4} \varpi(y^{(2)})$ 的汉明重量等于 2（即 $\sup(D_{a_4} \varpi(y^{(2)}) = \{1_{m/2}, a_4 \oplus 1_{m/2}\})$。对任意两个不同的向量 $a_4, b_4 \in \mathbb{F}_2^{m/2} \setminus \{0_{m/2}\}$，$D_{a_4} \varpi(y^{(2)} \oplus b_4)$ 的汉明重量也等于 2（即 $\sup(D_{a_4} \varpi(y^{(2)} \oplus b_4) = \{1_{m/2} \oplus b_4, a_4 \oplus b_4 \oplus 1_{m/2}\})$，其中 $\sup(f)$ 表示 f 的支撑集。进一步，有 $D_{a_4} D_{b_4} \varpi(y^{(2)}) = D_{a_4} \varpi(y^{(2)}) \oplus D_{a_4} \varpi(y^{(2)} \oplus b_4)$ 不是一个常数。

M-M 构造的一个广义构造在文献[15]中被引入：设 $s \geqslant r$，Θ 是一个从 $\mathbb{F}_2^s$ 到 $\mathbb{F}_2^r$ 的映射，该映射使得，对任意的 $a \in \mathbb{F}_2^r$，集合 $\Theta^{-1}(a)$ 是 $\mathbb{F}_2^s$ 的一个 $(n-2r)$ 维仿射子空间。设 g 是 $\mathbb{F}_2^s$ 上的一个布尔函数，对任意的 $a \in \mathbb{F}_2^r$，该函数限制到 $\Theta^{-1}(a)$ 上均是一个 Bent 函数。如果 $n > 2r$，那么 $x \cdot \Theta(y) \oplus g(y)$ 是一个 Bent 函数。从定理 2.11 可知，该构造的某些特殊情况是广义构造的一些特殊情况（令 $s = (m+n)/2,\ r = (m+n-4)/2$，当 Θ 是一个仿射映射时该情况发生）。但是，从广义上来说，定理 2.11 不是 M-M 广义构造的特殊情况，因为条件 $\Theta^{-1}(a)$ 是 $\mathbb{F}_2^s$ 的一个 $(n-2r)$ 维仿射子空间不满足。

根据注 2.1 和定理 2.11 可知

$$h(x, y) \oplus \phi_\mu(x_{n/2+1}, \cdots, x_n)$$

$$h(x, y) \oplus \psi_\rho(y_{m/2+1}, \cdots, y_m)$$

$$h(x, y) \oplus \phi_\mu(x_{n/2+1}, \cdots, x_n) \oplus \psi_\rho(y_{m/2+1}, \cdots, y_m)$$

均是 Bent 函数。其中，$h(x,y)$ 是定理 2.11 所定义的函数。

进一步，类似于定理 2.11，能够选择

$$\mu \in \{1,\cdots,n/2\}, \rho \in \{m/2+1,\cdots,m\}$$

或

$$\mu \in \{n/2+1,\cdots,n\}, \rho \in \{1,\cdots,m/2\}$$

或

$$\mu \in \{n/2+1,\cdots n\}, \rho \in \{m/2+1,\cdots,m\}$$

这就给出了类似于定理 2.11 的三个构造。也可以应用 PS_{ap} 中的两个函数作为构造 2.2 的初始函数。

例 2.1　设 n 和 m 是两个正偶数。在该例子中把线性空间 $\mathbb{F}_2^{n/2}$ (resp. $\mathbb{F}_2^{m/2}$) 和有限域 $\mathbb{F}_{2^{n/2}}$ (resp. $\mathbb{F}_{2^{m/2}}$) 认为是相同的。设 θ (resp. ϑ) 是 $\mathbb{F}_{2^{n/2}}$ (resp. $\mathbb{F}_{2^{m/2}}$) 上的一个平衡函数。设 $(x,y)\in \mathbb{F}_{2^{n/2}}\times\mathbb{F}_{2^{n/2}}, (z,\tau)\in\mathbb{F}_{2^{m/2}}\times\mathbb{F}_{2^{m/2}}$。当 $y\neq 0$ 时，设 $f(x,y)=\theta(x/y)$；否则，$f(x,y)=0$。当 $\tau\neq 0$ 时，设 $g(z,\tau)=\vartheta(z/\tau)$；否则 $g(z,\tau)=0$。设 $f_0(x,y)$ (resp. $g_0(z,\tau)$) 是函数 f (resp. g) 在 $\{(x,y)\in\mathbb{F}_{2^{n/2}}\times\mathbb{F}_{2^{n/2}} \mid \mathrm{Tr}_1^{n/2}(ax\oplus by)=0\}$ (resp. $\{(z,\tau)\in\mathbb{F}_{2^{n/2}}\times\mathbb{F}_{2^{m/2}} \mid \mathrm{Tr}_1^{m/2}(cz\oplus d\tau)=0\}$) 上的限制，其中 $(a,b)\neq(0,0)\in\mathbb{F}_{2^{n/2}}\times\mathbb{F}_{2^{n/2}}$，$(c,d)\neq(0,0)\in\mathbb{F}_{2^{m/2}}\times\mathbb{F}_{2^{m/2}}$。取

$$f_1(x,y)=f_0(x\oplus\alpha, y\oplus\beta)$$

其中，$\mathrm{Tr}_1^{n/2}(a\alpha\oplus b\beta)=1, (\alpha,\beta)\in\mathbb{F}_{2^{n/2}}\times\mathbb{F}_{2^{n/2}}$，取

$$g_1(z,\tau)=g_0(z\oplus u, \tau\oplus v)$$

其中，$\mathrm{Tr}_1^{m/2}(cu\oplus dv)=1$，$(u,v)\in\mathbb{F}_{2^{m/2}}\times\mathbb{F}_{2^{m/2}}$。那么式 (2.9) 所定义的函数 h 是 $\mathbb{F}_{2^{n+m-2}}$ 上的 Bent 函数。

$$h(x,y,z,\tau)=f_0(x,y)\oplus g_0(z,\tau)\oplus(f_0\oplus f_1)(x,y)(g_0\oplus g_1)(z,\tau) \tag{2.9}$$

当然，也可以选择一个 M-M 类函数和一个 PS_{ap} 类函数作为构造 2.2 的初始函数。事实上，可以选择任意两个 Bent 函数作为构造 2.2 的初始函数。

Bent 函数的构造还可以参考文献[15]～文献[25]。

参 考 文 献

[1] Dillon J. Elementary hadamard difference sets. City of College Park: University of Maryland, College Park. 1974.

[2] Rothaus O S. On “Bent” functions. Journal of Combinatorial Theory, Series A, 1976, 20(3): 300-305.

[3] Zheng Y, Zhang X M. Relationships between Bent functions and complementary plateaued functions//Information Security and Cryptology - ICISC’99. Berlin, Heidelberg: Springer, 1999, 1787: 60-75.

[4] Carlet C, Zhang F, Hu Y. Secondary constructions of Bent function and their enforcement. Advances in Mathematics of Communications, 2012, 6(3): 305-314.

[5] Carlet C. A construction of Bent functions//Proceedings of the 3rd International Conference on Finite Fields and Applications, Glasgow, 1996.

[6] Carlet C. On the secondary constructions of resilient and Bent functions. Cryptography and Combinatorics, 2004, 23: 3-28.

[7] Carlet C. Two new classes of Bent functions//Advances in Cryptology - EUROCRYPT 1993. Berlin, Heidelberg: Springer, 1994, 765: 77-101.

[8] Zhang F, Pasalic E, Cepak N, et al. Bent functions in C and D outside the completed Maiorana-McFarland class//Codes, Cryptology and Information Security. Cham: Springer, 2017, 10194: 298-313.

[9] Carlet C. On Bent and highly nonlinear balanced/resilient functions and their algebraic immunities//Applied Algebra, Algebraic Algorithms and Error-Correcting Codes. Berlin, Heidelberg: Springer, 2006, 3857: 1-28.

[10] Mesnager S. Several new infinite families of Bent functions and their duals. IEEE Transactions on Information Theory, 2014, 60(7): 4397-4407.

[11] Mesnager S. Further constructions of infinite families of Bent functions from new permutations and their duals. Cryptography & Communications, 2016, 8(2): 229-246.

[12] Coulter R S, Mesnager S. Bent functions from involutions over F_2^n. IEEE Transactions on Information Theory, 2017, 64(4): 2979-2986.

[13] Hou X, Langevin P. Results on Bent functions. On the Confusion and Diffusion, 1997, 80(2): 232-246.

[14] Zhang F, Carlet C, Hu Y, et al. New secondary constructions of Bent functions. Applicable Algebra in Engineering Communication & Computing, 2016, 27(5): 413-434.

[15] Carlet C. On the confusion and diffusion properties of Maiorana-McFarland’s and extended

Maiorana-McFarland's functions. Journal of Complexity, 2004, 20(2): 182-204.

[16] Carlet C. Boolean Functions for Cryptography and Error Correcting Codes. Cambridge: Cambridge University Press, 2010: 257-397.

[17] 杨小龙, 胡红钢. Bent 函数构造方法研究. 密码学报, 2015, 2(5): 404-438.

[18] 张凤荣, 韦永壮. Bent 函数的间接构造//中国密码学会: 中国密码学发展报告 2016-2017. 北京: 中国标注出版社, 中国质检出版社, 2017: 126-150.

[19] 屈龙江, 付绍静, 李超. 密码函数安全性指标的研究进展. 密码学报, 2014, 1(6): 578-588.

[20] Mesnager S, Zhang F. On constructions of Bent, semi-Bent and five valued spectrum functions from old Bent functions. Advances in Mathematics of Communications, 2017, 11(2): 339-345.

[21] Zhang F, Pasalic E, Wei Y, et al. Constructing Bent functions outside the Maiorana-McFarland class using a general form of Rothaus. IEEE Transactions on Information Theory, 2017, 63(8): 5336-5349.

[22] Li N, Helleseth T, Tang X, et al. Several new classes of Bent functions from Dillon exponents. IEEE Transactions on Information Theory, 2013, 59(3): 1818-1831.

[23] Zhang F, Mesnager S, Zhou Y. On construction of Bent functions involving symmetric functions and their duals. Advances in Mathematics of Communications, 2017, 11(2): 347-352.

[24] Carlet C, Mesnager S. Four decades of research on Bent functions. Designs Codes & Cryptography, 2016, 78(1): 5-50.

[25] Mesnager S. Bent Functions: Fundamentals and Results. Cham: Springer, 2016.

附　　录

引理 2.3 的证明　令 $\mathfrak{A}_0(x)=\bigoplus_{\substack{i=1\\i\neq\mu}}^{n/2}\phi_i(x^{(2)})x_i$，$\mathfrak{M}_0(y)=\bigoplus_{\substack{j=1\\j\neq\rho}}^{m/2}\psi_j(y^{(2)})y_j$。进而有

$$h(x,y)=\mathfrak{A}_0(x)\oplus\mathfrak{M}_0(y)\oplus\phi_\mu(x^{(2)})\psi_\rho(y^{(2)})\oplus\theta(x^{(2)})\oplus\varpi(y^{(2)})$$

(1) 如果存在 $(a_1,0_{n/2},0_{m/2-1},a_4),(b_1,0_{n/2},0_{m/2-1},b_4)\in\varDelta$ 使得 $a_4\neq 0_{m/2}$, $b_4\neq 0_{m/2}$, $a_4\neq b_4$。那么

$$D_{(a_1,0_{n/2})}D_{(b_1,0_{n/2})}\left(\mathfrak{A}_0(x)\oplus\theta(x^{(2)})\right)=0$$

有

$$\begin{aligned}&D_{(a_1,0_{n/2},0_{m/2-1},a_4)}D_{(b_1,0_{n/2},0_{m/2-1},b_4)}h(x,y)\\&=D_{(0_{m/2-1},a_4)}D_{(0_{m/2-1},b_4)}\mathfrak{M}_0(y)\oplus D_{a_4}D_{b_4}\varpi(y^{(2)})\oplus\phi_\mu(x^{(2)})D_{a_4}D_{b_4}\psi_\rho(y^{(2)})\end{aligned}\tag{2.10}$$

又知道

$$D_{(0_{m/2-1},a_4)}D_{(0_{m/2-1},b_4)}\mathfrak{M}_0(y)=\bigoplus_{\substack{j=1\\ j\neq\rho}}^{m/2}\left(D_{a_4}D_{b_4}\psi_j(y^{(2)})\right)y_j \text{ 等于 0 或依靠 } y^{(1)}$$

$$\phi_\mu(x^{(2)})D_{a_4}D_{b_4}\left(\psi_\rho(y^{(2)})\right) \text{ 等于 0 或依靠 } x^{(2)}$$

然而，对任意的非零向量$u_4,v_4\in\mathbb{F}_2^{m/2}\setminus\{0_{m/2}\}$, $D_{u_4}D_{v_4}\varpi(y^{(2)})$不等于常数，也就是说$D_{u_4}D_{v_4}\varpi(y^{(2)})$不能等于常数且仅仅依靠$y^{(2)}$。因此

$$D_{(a_1,0_{n/2},0_{m/2-1},a_4)}D_{(b_1,0_{n/2},0_{m/2-1},b_4)}h(x,y)\neq 0$$

(2) 如果存在$(a_1,a_2,a_3,a_4),(b_1,b_2,b_3,b_4)\in V$使得$D_{a_2}D_{b_2}\phi_\mu(x^{(2)})\neq 0$，$a_3=b_3=0_{m/2-1}$。那么，根据$a_4$和$b_4$，有四种情况：$a_4=b_4\neq 0_{m/2}$；$a_4=b_4=0_{m/2}$；$a_4\neq b_4$且$b_4=0_{m/2}$（或 $a_4=0_{m/2}$）；$a_4\neq b_4$且$b_4\neq 0_{m/2}$且$a_4\neq 0_{m/2}$。

① $a_4=b_4\neq 0_{m/2}$。在该情况中，$(c_1,c_2,0_{m/2-1},0_{m/2})\in V$，其中

$$(c_1,c_2,0_{m/2-1},0_{m/2})=(a_1,a_2,a_3,a_4)\oplus(b_1,b_2,b_3,b_4)$$

从而有

$$\begin{aligned}D_{(a_1,a_2,a_3,a_4)}D_{(c_1,c_2,0_{m/2-1},0_{m/2})}h(x,y)=&D_{(a_1,a_2)}D_{(c_1,c_2)}\mathfrak{A}_0(x)\oplus D_{a_2}D_{c_2}\theta(x^{(2)})\\&\oplus D_{c_2}\phi_\mu(x^{(2)})\psi_\rho(y^{(2)})\oplus D_{c_2}\phi_\mu(x^{(2)}\oplus a_2)\psi_\rho(y^{(2)}\oplus a_4)\end{aligned} \tag{2.11}$$

注意到，令

$$\psi_\rho(y^{(2)})=\bigoplus_{I\subset\{m/2+1,\cdots,m\}}d_I\prod_{i\in I}y_i\ ,\psi_\rho(y^{(2)}\oplus a_4)=\bigoplus_{I\subset\{m/2+1,\cdots,m\}}d_I^{(a_4)}\prod_{i\in I}y_i$$

有

$$\begin{aligned}&D_{c_2}\phi_\mu(x^{(2)})\psi_\rho(y^{(2)})\oplus D_{c_2}\phi_\mu(x^{(2)}\oplus a_2)\psi_\rho(y^{(2)}\oplus a_4)\\=&\bigoplus_{I\subset\{m/2+1,\cdots,m\}}\left(d_I D_{c_2}\phi_\mu(x^{(2)})\oplus d_I^{(a_4)}D_{c_2}\phi_\mu(x^{(2)}\oplus a_2)\right)\prod_{i\in I}y_i\end{aligned}$$

因为$\psi(y^{(2)})$和$\phi(x^{(2)})$没有非零线性结构，即

$$\psi_\rho(y^{(2)})\neq\psi_\rho(y^{(2)}\oplus a_4)$$

和

$$D_{a_2}D_{b_2}\phi_\mu(x^{(2)})=D_{c_2}\phi_\mu(x^{(2)})\oplus D_{c_2}\phi_\mu(x^{(2)}\oplus a_2)\neq 0$$

那么 $D_{c_2}\phi_\mu(x^{(2)})\psi_\rho(y^{(2)})\oplus D_{c_2}\phi_\mu(x^{(2)}\oplus a_2)\psi_\rho(y^{(2)}\oplus a_4)$ 一定依靠 $y^{(2)}$。然而，$D_{(a_1,a_2)}D_{(c_1,c_2)}\mathfrak{A}_0(x)\oplus D_{a_2}D_{c_2}\theta(x^{(2)})$ 不能依靠 $y^{(2)}$，也就是说，在消去含有 $y^{(2)}$ 的项时，该式子不能有贡献。因此，有

$$D_{(a_1,a_2,a_3,a_4)}D_{(c_1,c_2,0_{m/2-1},0_{m/2})}h(x,y)\neq 0$$

② $a_4=b_4=0_{m/2}$。在该情况中有

$$\begin{aligned}&D_{(a_1,a_2,0_{m/2-1},0_{m/2})}D_{(b_1,b_2,0_{m/2-1},0_{m/2})}h(x,y)\\&=D_{(a_1,a_2)}D_{(b_1,b_2)}\mathfrak{A}_0(x)\oplus D_{a_2}D_{b_2}\theta(x^{(2)})\oplus D_{a_2}D_{b_2}\phi_\mu(x^{(2)})\psi_\rho(y^{(2)})\end{aligned}\tag{2.12}$$

因为 $D_{a_2}D_{b_2}\phi_\mu(x^{(2)})\neq 0$，所以

$$D_{(a_1,a_2,0_{m/2-1},0_{m/2})}D_{(b_1,b_2,0_{m/2-1},0_{m/2})}h(x,y)\neq 0$$

③ $a_4\neq b_4$ 且 $b_4=0_{m/2}$（或 $a_4=0_{m/2}$）。不失一般性，令 $b_4=0_{m/2}$。在该情况中有

$$\begin{aligned}&D_{(a_1,a_2,a_3,a_4)}D_{(b_1,b_2,0_{m/2-1},0_{m/2})}h(x,y)\\&=D_{(a_1,a_2)}D_{(b_1,b_2)}\mathfrak{A}_0(x)\oplus D_{a_2}D_{b_2}\theta(x^{(2)})\oplus\left(\phi_\mu(x^{(2)})\oplus\phi_\mu(x^{(2)}\oplus b_2)\right)\psi_\rho(y^{(2)})\\&\oplus\left(\phi_\mu(x^{(2)}\oplus a_2)\oplus\phi_\mu(x^{(2)}\oplus b_2\oplus a_2)\right)\psi_\rho(y^{(2)}\oplus a_4)\end{aligned}\tag{2.13}$$

这样，运用②的方法，有 $D_{(a_1,a_2,a_3,a_4)}D_{(b_1,b_2,0_{m/2-1},0_{m/2})}h(x,y)\neq 0$。

④ $a_4\neq b_4$，$b_4\neq 0_{m/2}$ 且 $a_4\neq 0_{m/2}$。在该情况中有

$$\begin{aligned}&D_{(a_1,a_2,a_3,a_4)}D_{(b_1,b_2,b_3,b_4)}h(x,y)\\&=D_{(a_1,a_2)}D_{(b_1,b_2)}\mathfrak{A}_0(x)\oplus D_{a_2}D_{b_2}\theta(x^{(2)})\oplus D_{(0_{m/2-1},a_4)}D_{(0_{m/2-1},b_4)}\mathfrak{M}_0(y)\\&\quad\oplus D_{a_4}D_{b_4}\varpi(y^{(2)})\oplus\phi_\mu(x^{(2)})\psi_\rho(y^{(2)})\oplus\phi_\mu(x^{(2)}\oplus a_2)\psi_\rho(y^{(2)}\oplus a_4)\\&\quad\oplus\phi_\mu(x^{(2)}\oplus b_2)\psi_\rho(y^{(2)}\oplus b_4)\oplus\phi_\mu(x^{(2)}\oplus b_2\oplus a_2)\psi_\rho(y^{(2)}\oplus b_4\oplus a_4)\end{aligned}\tag{2.14}$$

注意到

$$\begin{aligned}&\phi_\mu(x^{(2)})\psi_\rho(y^{(2)})\oplus\phi_\mu(x^{(2)}\oplus a_2)\psi_\rho(y^{(2)}\oplus a_4)\oplus\phi_\mu(x^{(2)}\oplus b_2)\psi_\rho(y^{(2)}\oplus b_4)\\&\oplus\phi_\mu(x^{(2)}\oplus b_2\oplus a_2)\psi_\rho(y^{(2)}\oplus b_4\oplus a_4)\\&=\bigoplus_{I\subset\{m/2+1,\cdots,m\}}\left(d_I\phi_\mu(x^{(2)})\oplus d_I^{(a_4)}\phi_\mu(x^{(2)}\oplus a_2)\right.\end{aligned}$$

$$\oplus d_I^{(b_4)}\phi_\mu(x^{(2)}\oplus b_2)\oplus d_I^{(b_4\oplus a_4)}\phi_\mu(x^{(2)}\oplus b_2\oplus a_2)\Big)\prod_{i\in I}y_i$$

其中

$$\begin{aligned}\psi_\rho(y^{(2)}) &= \bigoplus_{I\subset\{m/2+1,\cdots,m\}} d_I\prod_{i\in I}y_i, \psi_\rho(y^{(2)}\oplus a_4)\\ &= \bigoplus_{I\subset\{m/2+1,\cdots,m\}} d_I^{(a_4)}\prod_{i\in I}y_i, \psi_\rho(y^{(2)}\oplus b_4)\\ &= \bigoplus_{I\subset\{m/2+1,\cdots,m\}} d_I^{(b_4)}\prod_{i\in I}y_i, \psi_\rho(y^{(2)}\oplus a_4\oplus b_4)\\ &= \bigoplus_{I\subset\{m/2+1,\cdots,m\}} d_I^{(a_4\oplus b_4)}\prod_{i\in I}y_i\end{aligned}$$

由于

$$D_{a_2}D_{b_2}\ \phi_\mu(x^{(2)})\neq 0$$

且 $\phi_\mu(x^{(2)})$ 没有非零线性结构，则一定存在一个集合 J 使得 $d_J\neq d_J^{(a_4)}$，也就是说式(2.15)依靠 $x^{(2)}$。

$$d_J\phi_\mu(x^{(2)})\oplus d_J^{(a_4)}\phi_\mu(x^{(2)}\oplus a_2)\oplus d_J^{(b_4)}\phi_\mu(x^{(2)}\oplus b_2)\oplus d_J^{(b_4\oplus a_4)}\phi_\mu(x^{(2)}\oplus b_2\oplus a_2) \quad (2.15)$$

因此

$$\phi_\mu(x^{(2)})\psi_\rho(y^{(2)})\oplus\phi_\mu(x^{(2)}\oplus a_2)\psi_\rho(y^{(2)}\oplus a_4)\oplus\phi_\mu(x^{(2)}\oplus b_2)\psi_\rho(y^{(2)}\oplus b_4)$$
$$\oplus\phi_\mu(x^{(2)}\oplus b_2\oplus a_2)\psi_\rho(y^{(2)}\oplus b_4\oplus a_4)$$

依靠 $x^{(2)}$ 和 $y^{(2)}$。进一步，从式(2.14)可知

$$D_{(a_1,a_2,a_3,a_4)}D_{(b_1,b_2,b_3,b_4)}h(x,y)\neq 0$$

(3) 如果存在 $(a_1,a_2,a_3,a_4)=(a_1,0_{n/2},0_{m/2-1},0_{m/2})\neq 0_{n+m-2}$，$(b_1,b_2,b_3,b_4)$ 使得 $b_2\neq 0_{n/2}$，则有

$$D_{(a_1,a_2,a_3,a_4)}D_{(b_1,b_2,b_3,b_4)}h(x,y)=D_{(a_1,0_{n/2})}D_{(b_1,b_2)}\mathfrak{A}_0(x)\neq 0 \quad (2.16)$$

这是因为 $\phi(x^{(2)})$ 没有非零线性结构且 $b_2\neq 0_{n/2}$。

(4) 如果存在 $(a_1,0_{n/2},0_{m/2-1},a_4)\in V\cap\varDelta$ 使得 $a_4\neq 0_{m/2}$，$(b_1,b_2,b_3,b_4)\in V$ 且 $b_2\neq 0_{n/2}$，则有

$$
\begin{aligned}
&D_{(a_1,a_2,a_3,a_4)}D_{(b_1,b_2,b_3,b_4)}h(x,y)\\
&=D_{(a_1,0_{n/2})}D_{(b_1,b_2)}\mathfrak{A}_0(x)\oplus D_{a_4}D_{b_4}\varpi(y^{(2)})\oplus D_{(0_{m/2-1},a_4)}D_{(b_3,b_4)}\mathfrak{M}_0(y)\\
&\quad\oplus\phi_\mu(x^{(2)})D_{a_4}\psi_\rho(y^{(2)})\oplus\phi_\mu(x^{(2)}\oplus b_2)D_{a_4}\psi_\rho(y^{(2)}\oplus b_4)\\
&=D_{(0_{n/2-1},a^{(2)},0_{m/2-1},0_{m/2})}D_{(0_{n/2-1},b^{(2)},0_{m/2-1},0_{m/2})}h(x,y)
\end{aligned}\tag{2.17}
$$

这里有两种情况需要考虑。

① $b_4=0_{m/2}$。在该情况中，有

$$\phi_\mu(x^{(2)})D_{a_4}\psi_\rho(y^{(2)})\oplus\phi_\mu(x^{(2)}\oplus b_2)D_{a_4}\psi_\rho(y^{(2)}\oplus b_4)=D_{b_2}\phi_\mu(x^{(2)})D_{a_4}\psi_\rho(y^{(2)})$$

依靠 $x^{(2)},y^{(2)}$，这是由于 $\phi(x^{(2)})$ 和 $\psi(y^{(2)})$ 没有非零线性结构且 $a_4\neq 0_{m/2},b_2\neq 0_{n/2}$。进一步，根据式(2.17)，有

$$D_{(a_1,a_2,a_3,a_4)}D_{(b_1,b_2,b_3,b_4)}h(x,y)\neq 0$$

② $b_4\neq 0_{m/2}$。在该情况中，有

$$
\begin{aligned}
&\phi_\mu(x^{(2)})D_{a_4}\psi_\rho(y^{(2)})\oplus\phi_\mu(x^{(2)}\oplus b_2)D_{a_4}\psi_\rho(y^{(2)}\oplus b_4)\\
&=\bigoplus_{I\subset\{m/2+1,\cdots,m\}}\left((d_I\oplus d_I^{(a_4)})\phi_\mu(x^{(2)})\oplus(d_I^{(b_4)}\oplus d_I^{(b_4\oplus a_4)})\phi_\mu(x^{(2)}\oplus b_2)\right)\prod_{i\in I}y_i
\end{aligned}
$$

其中

$$
\begin{aligned}
\psi_\rho(y^{(2)})&=\bigoplus_{I\subset\{m/2+1,\cdots,m\}}d_I\prod_{i\in I}y_i,\ \psi_\rho(y^{(2)}\oplus a_4)\\
&=\bigoplus_{I\subset\{m/2+1,\cdots,m\}}d_I^{(a_4)}\prod_{i\in I}y_i\\
\psi_\rho(y^{(2)}\oplus b_4)&=\bigoplus_{I\subset\{m/2+1,\cdots,m\}}d_I^{(b_4)}\prod_{i\in I}y_i,\psi_\rho(y^{(2)}\oplus a_4\oplus b_4)\\
&=\bigoplus_{I\subset\{m/2+1,\cdots,m\}}d_I^{(a_4\oplus b_4)}\prod_{i\in I}y_i
\end{aligned}
$$

由于 $a_4\neq 0_{m/2},b_4\neq 0_{m/2},b_2\neq 0_{n/2}$ 且 $\phi(x^{(2)})$ 和 $\psi(y^{(2)})$ 没有非零线性结构，所以

$$\phi_\mu(x^{(2)})D_{a_4}\psi_\rho(y^{(2)})\oplus\phi_\mu(x^{(2)}\oplus b_2)D_{a_4}\psi_\rho(y^{(2)}\oplus b_4)$$

依靠 $x^{(2)},y^{(2)}$。进一步，根据式(2.17)，有

$$D_{(a_1,a_2,a_3,a_4)}D_{(b_1,b_2,b_3,b_4)}h(x,y)\neq 0$$

(5) 如果存在 $(a_1,a_2,a_3,a_4)=(a_1,0_{n/2},0_{m/2-1},a_4),(b_1,b_2,b_3,b_4)=(b_1,0_{n/2},b_3,b_4)$ 使

得 $a_4=b_4\neq 0_{m/2}$ 且 $b_3\neq 0_{m/2-1}$，则有

$$\begin{aligned}D_{(a_1,a_2,a_3,a_4)}D_{(b_1,b_2,b_3,b_4)}h(x,y)&=D_{(0_{m/2-1},a_4)}D_{(b_3,a_4)}\mathfrak{M}_0(y)\\&=b_3\cdot(D_{a_4}\psi_1(y^{(2)}),\cdots,D_{a_4}\psi_{\rho-1}(y^{(2)}),\\&\quad D_{a_4}\psi_{\rho+1}(y^{(2)}),\cdots,D_{a_4}\psi_{m/2}(y^{(2)}))\\&\neq 0\end{aligned}\tag{2.18}$$

这是因为$\psi(y^{(2)})$没有非零线性结构且 $b_3\neq 0_{m/2-1}$。证毕。

定理 2.11 的证明 函数 f 和 g 是 Bent 函数，根据定理 2.10，h 是 Bent 函数。借助引理 2.2，证明 h 不属于 $\mathcal{M}^{\#}$。只要证明不存在 $\mathbb{F}_2^{n/2-1}\times\mathbb{F}_2^{n/2}\times\mathbb{F}_2^{m/2-1}\times\mathbb{F}_2^{n/2}$ 的一个$(\dfrac{n+m-2}{2})$维的子空间V，对任意的(a_1,a_2,a_3,a_4), $(b_1,b_2,b_3,b_4)\in V$，均有

$$D_{(a_1,a_2,a_3,a_4)}D_{(b_1,b_2,b_3,b_4)}h(x,y)=0\tag{2.19}$$

即可。用 $(v_1^{(1)},v_2^{(1)},v_3^{(1)},v_4^{(1)}),(v_1^{(2)},v_2^{(2)},v_3^{(2)},v_4^{(2)}),\cdots,(v_1^{(2^{(n+m-2)/2})},v_2^{(2^{(n+m-2)/2})},v_3^{(2^{(n+m-2)/2})},v_4^{(2^{(n+m-2)/2})})$ 表示V的向量。设 $\mathbb{F}_2^{n+m-2}$ 的子空间$\{(x^{(1)},0_{n/2},0_{m/2-1},y^{(2)})|\ x^{(1)}\in\mathbb{F}_2^{n/2-1},y^{(2)}\in\mathbb{F}_2^{m/2}\}$用符号$\varDelta$表示。下面考虑$V=\varDelta$和$V\neq\varDelta$两种情况。

(1) 如果$V=\varDelta$，那么，可以找两个向量$(a_1,0_{n/2},0_{m/2-1},a_4),(b_1,0_{n/2},0_{m/2-1},b_4)\in\varDelta$使得 $a_4\neq 0_{m/2}$，$b_4\neq 0_{m/2}$ 且 $a_4\neq b_4$。这样，a,b 满足引理 2.3 的条件(1)。

(2) 如果$V\neq\varDelta$，那么，可以根据$V\cap\varDelta$的势分三种情况证明。

① 当 $|V\cap\varDelta|=1$，也就是说，$V\cap\varDelta=\{0_{n+m-2}\}$，对每一对 $i\neq j$ 有 $(v_2^{(i)},v_3^{(i)})\neq(v_2^{(j)},v_3^{(j)})$。事实上，如果存在指标 i_1,j_1 使得

$$(v_2^{(i_1)},v_3^{(i_1)})=(v_2^{(j_1)},v_3^{(j_1)})$$

那么有

$$(v_1^{(i_1)},v_2^{(i_1)},v_3^{(i_1)},v_4^{(i_1)})\oplus(v_1^{(j_1)},v_2^{(j_1)},v_3^{(j_1)},v_4^{(j_1)})\in V\cap\varDelta$$

即

$$(v_1^{(i_1)},v_2^{(i_1)},v_3^{(i_1)},v_4^{(i_1)})=(v_1^{(j_1)},v_2^{(j_1)},v_3^{(j_1)},v_4^{(j_1)})$$

这也就是说

$$
\begin{aligned}
&|\{(v_2^{(1)},v_3^{(1)}),(v_2^{(2)},v_3^{(2)}),\cdots,(v_2^{(2^{(n+m-2)/2})},v_3^{(2^{(n+m-2)/2})})\}| \\
&=|V| \\
&=2^{(n+m-2)/2}
\end{aligned}
$$

即

$$\{(v_2^{(1)},v_3^{(1)}),(v_2^{(2)},v_3^{(2)}),\cdots,(v_2^{(2^{(n+m-2)/2})},v_3^{(2^{(n+m-2)/2})})\}=\mathbb{F}_2^{n/2}\times\mathbb{F}_2^{m/2-1}$$

因此，根据已知条件 $\phi(x^{(2)})$ 没有非零线性结构，有

$$\deg(\phi_\mu(x^{(2)}))\geqslant 2$$

且一定存在两个向量 $(a_1,a_2,a_3,a_4),(b_1,b_2,b_3,b_4)\in V$ 使得

$$D_{a_2}D_{b_2}\phi_\mu(x^{(2)})\neq 0 \text{ 且 } a_3=b_3=0_{m/2-1}$$

这样 $(a_1,a_2,a_3,a_4),(b_1,b_2,b_3,b_4)\in V$ 满足引理 2.3 的条件(2)。

②当 $|V\cap\Delta|=2$，那么一定存在一个向量 $(a_1,0_{n/2},0_{m/2-1},a_4)\in V$ 使得

$$(a_1,a_4)\neq 0_{n/2-1+m/2}$$

另外，一定存在一个向量 $(v_1^{(l)},v_2^{(l)},v_3^{(l)},v_4^{(l)})$ 使得

$$v_2^{(l)}\neq 0_{n/2}$$

事实上，因为

$$|V|=2^{(n+m-2)/2} \text{ 且 } n>2$$

那么至少有四个向量 $v^{(i_1)},v^{(i_2)},v^{(i_3)},v^{(i_4)}$ 使得

$$v_3^{(i_1)}=v_3^{(i_2)}=v_3^{(i_3)}=v_3^{(i_4)}$$

假定 $v_2^{(i)}=0_{n/2}$，那么当 $i=1,2,\cdots,2^{(n+m-2)/2}$ 时，至少有三个向量 $v^{(i_2)}\oplus v^{(i_1)}$，$v^{(i_3)}\oplus v^{(i_1)},v^{(i_4)}\oplus v^{(i_1)}\in V\cap\Delta$，这与 $|V\cap\Delta|=2$ 矛盾。

因此，一定存在一个向量 $(v_1^{(l)},v_2^{(l)},v_3^{(l)},v_4^{(l)})$ 使得 $v_2^{(l)}\neq 0_{n/2}$。

接下来，令 $(b_1,b_2,b_3,b_4)=(v_1^{(l)},v_2^{(l)},v_3^{(l)},v_4^{(l)})$。有两种情况需要考虑。

(a) 若 $a_4=0_{m/2}$，则 $a_1\neq 0_{n/2-1}$。这样，a, b 满足引理 2.3 的条件(3)。

(b) 若 $a_4\neq 0_{m/2}$，则 a, b 满足引理 2.3 的条件(4)。

③当 $|V\cap\Delta|=t>2$（即 $|V\cap\Delta|=t\geqslant 4$）时，不失一般性，令

$$V \cap \Delta = \{v^{(1)}, v^{(2)}, \cdots, v^{(t)}\}$$

以下分三种情况（$|\{v_4^{(1)},\cdots,v_4^{(t)}\}|>2$，$|\{v_4^{(1)},\cdots,v_4^{(t)}\}|=2$ 和 $|\{v_4^{(1)},\cdots,v_4^{(t)}\}|=0$）讨论。

(a) 如果存在至少两个向量 $(a_1, 0_{n/2}, 0_{m/2-1}, a_4), (b_1, 0_{n/2}, 0_{m/2-1}, b_4) \in V \cap \Delta$ 使得

$$a_4 \neq 0_{m/2}, b_4 \neq 0_{m/2} \text{ 且 } a_4 \neq b_4$$

那么，a, b 满足引理 2.3 的条件(1)。

(b) 如果 $\{v_4^{(1)},\cdots,v_4^{(t)}\} = \{0_{m/2}, v_4^{(\ell)}\}$，其中 $(v_1^{(\ell)}, 0_{n/2}, 0_{m/2-1}, v_4^{(\ell)}) \in V \cap \Delta$ 使得

$$v_4^{(\ell)} \neq 0_{m/2}, \ell \leqslant t$$

那么 $|V \cap \Delta| = t \leqslant 2^{n/2}$。由于 $x^{(1)} \in \mathbb{F}_2^{n/2-1}$，进一步，有两种情况需要考虑。

(i) 如果存在至少一个向量 $v^{(p)}$ 使得 $v_2^{(p)} \neq 0_{n/2}$，令

$$(a_1, a_2, a_3, a_4) = (v_1^{(\ell)}, 0_{n/2}, 0_{m/2-1}, v_4^{(\ell)}), (b_1, b_2, b_3, b_4) = v^{(p)}$$

那么，a, b 满足引理 2.3 的条件(4)。

(ii) 如果当 $i = 1, 2, \cdots, 2^{(n+m)/2-1}$ 时，均有 $v_2^{(i)} = 0_{n/2}$，那么至少存在一个向量 $v^{(i_1)}$ 使得

$$v_3^{(i_1)} \neq 0_{m/2-1} \text{ 且 } v_4^{(i_1)} = v_4^{(\ell)} (\neq 0_{m/2})$$

事实上，因为 $n > 2, m > 4$，有

$$2^{(n+m-2)/2} - 2^{n/2} = 2^{n/2-1} \cdot (2^{m/2} - 2) > 2^{m/2}$$

那么存在两个向量 $v^{(j_1)}, v^{(j_2)}$ 使得

$$v_4^{(j_1)} = v_4^{(j_2)}$$

即 $v_3^{(j_1)} \neq v_3^{(j_2)}$，这是因为 $v_2^{(j_1)} = v_2^{(j_2)} = 0_{n/2}$。其中，$j_1, j_2 > t$。这样，可以令 $v^{(i_1)} = v^{(j_1)} \oplus v^{(j_2)} \oplus (v_1^{(\ell)}, 0_{n/2}, 0_{m/2-1}, v_4^{(\ell)})$。因此，令

$$(a_1, a_2, a_3, a_4) = (v_1^{(\ell)}, 0_{n/2}, 0_{m/2-1}, v_4^{(\ell)}), \quad (b_1, b_2, b_3, b_4) = (v_1^{(i_1)}, 0_{n/2}, v_3^{(i_1)}, v_4^{(\ell)})$$

这样，a, b 满足引理 2.3 的条件(5)。

(c) 如果当 $i = 1, 2, \cdots, t$ 时，均有 $v_4^{(i)} = 0_{m/2}$，那么一定存在一个向量 $v^{(l)} \in V \setminus \Delta$ 使得 $v_2^{(l)} \neq 0_{n/2}$，其中 $l > t$。下面证明该结论。如果当 $j = 1, 2, \cdots, 2^{(n+m-2)/2}$ 时，

$v_2^{(j)} = 0_{m/2}$ 且 $v_3^{(j_1)} = v_3^{(j_2)}$，那么有 $v_4^{(j_1)} = v_4^{(j_2)}$。这是因为 $v_4^{(i)} = 0_{m/2}$ 时，有

$$2^{(n+m-2)/2} > 2^{(n-2)/2} \cdot 2^{(m-2)/2} = |\mathbb{F}_2^{n/2-1}| \cdot |\mathbb{F}_2^{m/2-1}|$$

所以，至少有一个向量 $v^{(l)} \in V \setminus \varDelta$ 使得 $v_2^{(l)} \neq 0_{n/2}$。令

$$(a_1, a_2, a_3, a_4) = (a_1, 0_{n/2}, 0_{m/2-1}, 0_{m/2}) \in (V \cap \varDelta) \setminus \{0_{n+m-2}\}, (b_1, b_2, b_3, b_4) = v^{(l)}$$

这样，a, b 满足引理 2.3 的条件(2)。

结合(1)和(2)，有 h 不属于 $\mathcal{M}^{\#}$。证毕。

第 3 章 Rothaus 构造的研究

在第 2 章已经介绍了 Rothaus 构造，该构造是 Rothaus[1]给出的由三个 n 元 Bent 函数构造一个 $(n+2)$ 元 Bent 函数的方法。本章研究 Rothaus 构造的特殊情况，利用该构造给出一个所构造 Bent 不属于“完全 M-M 类”（$\mathcal{M}^{\#}$）Bent 函数的充分条件，并给出例子。

下面介绍一下对该构造进一步研究的情况。为了保持符号和下面的一致，再次给出 Rothaus 构造。

Rothaus 构造[1]　设 $x=(x_1,x_2,\cdots,x_n)\in\mathbb{F}_2^n$，$x_{n+1},x_{n+2}\in\mathbb{F}_2$，设 $A(x)$，$B(x)$，$C(x)$ 是 $\mathbb{F}_2^n$ 上的三个 Bent 函数，且使得 $A(x)\oplus B(x)\oplus C(x)$ 也是一个 Bent 函数，那么函数 f 定义为

$$\begin{aligned}f(x,x_{n+1},x_{n+2})=&A(x)B(x)\oplus A(x)C(x)\oplus B(x)C(x)\\&\oplus x_{n+1}x_{n+2}\left(A(x)\oplus B(x)\right)x_{n+1}\oplus\left(A(x)\oplus C(x)\right)x_{n+2}\end{aligned}$$

是一个 $(n+2)$ 元 Bent 函数。

3.1 构造不属于 $\mathcal{M}^{\#}$ Bent 函数的准备工作

下面首先给出一个引理和一个构造方法；然后证明所给构造方法可以构造出不属于 $\mathcal{M}^{\#}$ 的 Bent 函数。

引理 3.1[2]　设 f_0,f_1 是两个 n 元 Bent 函数。设 $\Delta\subseteq\mathbb{F}_2^n$，$1_\Delta(x)$ 是一个特征函数，即如果 $x\in\Delta$，则 $1_\Delta(x)$=1；否则 $1_\Delta(x)$=0。如果 $\Delta\subseteq(\sup(f_0)\bigcap\sup(f_1))$ 或 $\Delta\subseteq(\sup(1\oplus f_0)\bigcap\sup(1\oplus f_1))$，且 $f_0\oplus 1_\Delta, f_1\oplus 1_\Delta$ 均是 Bent 函数，那么有 $|\Delta|=2^{n/2}$。

证明　如果 $\Delta\subseteq\sup(f_0)\bigcap\sup(f_1)$，那么有

$$|\sup(f_i)|>|\sup(f_i\oplus 1_\Delta)|$$

其中，$i=0,1$。由于 $f_0\oplus 1_\Delta, f_1\oplus 1_\Delta$ 是 Bent 函数，有

$$|\mathrm{sup}(f_i)|=2^{n-1}+2^{n/2-1}$$

和

$$|\mathrm{sup}(f_i\oplus 1_\Delta)|=2^{n-1}-2^{n/2-1}$$

所以有

$$|\Delta|=2^{n/2}$$

类似地，如果 $\Delta\subseteq\mathrm{sup}(1\oplus f_0)\cap\mathrm{sup}(1\oplus f_1)$，那么

$$|\mathrm{sup}(f_i)|<|\mathrm{sup}(f_i\oplus 1_\Delta)|$$

其中，$i=0,1$。由于 $f_0\oplus 1_\Delta, f_1\oplus 1_\Delta$ 也是 Bent 函数，有

$$|\mathrm{sup}(f_i)|=2^{n-1}-2^{n/2-1}$$

和

$$|\mathrm{sup}(f_i\oplus 1_\Delta)|=2^{n-1}+2^{n/2-1}$$

因此

$$|\Delta|=2^{n/2}$$

证毕。

注 3.1　如果 $\Delta=\Delta_1\cup\Delta_2$ 使得

$$\Delta_1\subseteq\mathrm{sup}(f_0)\cap\mathrm{sup}(f_1)\text{ 且 }\Delta_2\subseteq\mathrm{sup}(1\oplus f_0)\cap\mathrm{sup}(1\oplus f_1)$$

那么，当 $x\in\Delta$ 时有 $f_0(x)=f_1(x)$。进一步有 $|\Delta_1|=|\Delta_2|$ 或 $|\Delta_1|=|\Delta_2|\pm 2^{n/2}$。

定理 3.1[2]　设 $x=(x_1,\cdots,x_n)\in\mathbb{F}_2^n$ 且 $x_{n+1},x_{n+2}\in\mathbb{F}_2$。设 f_0,f_1 是两个 n 元布尔函数，且当 $x\in\Delta$ 时使得 $f_0(x)=f_1(x)$，其中 $\Delta\subseteq\mathbb{F}_2^n$。那么，函数 f 定义为

$$\begin{aligned}f(x,x_{n+1},x_{n+2})=&(x_{n+1}\oplus x_{n+2}\oplus 1)f_0(x)\oplus(x_{n+1}\oplus x_{n+2})f_1(x)\\&\oplus(x_{n+2}\oplus 1)1_\Delta(x)\oplus x_{n+1}x_{n+2}\oplus x_{n+1}\end{aligned}\tag{3.1}$$

是 Bent 函数当且仅当 $f_0,f_1,f_0\oplus 1_\Delta,f_1\oplus 1_\Delta$ 均是 Bent 函数。进一步，如果 f 是 Bent 函数，则有 $|\Delta|=2^{n/2}$。

证明　充分条件能很容易被证明。令

$$A(x)=f_0(x),\ B(x)=f_1(x)\oplus 1,\ C(x)=f_1(x)\oplus 1_{\Delta}(x)$$

根据 Rothaus 构造，由式(3.1)可知，f 是 Bent 函数。

另一方面，充分必要条件能够利用函数 f 在点 $(\alpha,\alpha_{n+1},\alpha_{n+2})\in\mathbb{F}_2^{n+2}$ 的 Walsh 变换证明。事实上，通过 f 在点 (x_{n+1},x_{n+2}) 上的限制，下式

$$\sum_{(x,x_{n+1},x_{n+2})\in\mathbb{F}_2^{n+2}}(-1)^{f(x,x_{n+1},x_{n+2})\oplus(x,x_{n+1},x_{n+2})\cdot(\alpha,\alpha_{n+1},\alpha_{n+2})}$$

能分解为

$$\begin{aligned}W_f(\alpha,\alpha_{n+1},\alpha_{n+2})=&W_{f_0\oplus 1_{\Delta}}(\alpha)+(-1)^{1+\alpha_{n+1}}W_{f_1\oplus 1_{\Delta}}(\alpha)\\&+(-1)^{\alpha_{n+2}}W_{f_1}(\alpha)+(-1)^{\alpha_{n+1}\oplus\alpha_{n+2}}W_{f_0}(\alpha)\end{aligned}\tag{3.2}$$

现在，通过 $(\alpha_{n+1},\alpha_{n+2})\in\mathbb{F}_2^2$ 的值来求 $W_f(\alpha,\alpha_{n+1},\alpha_{n+2})$，其中 $f_0(x)=f_1(x)$ 当 $x\in\Delta$ 的前提条件是必要的。

当 $(\alpha_{n+1},\alpha_{n+2})=(0,0)$ 时，有

$$\begin{aligned}W_f(\alpha,0,0)=&W_{f_0\oplus 1_{\Delta}}(\alpha)+(-1)W_{f_1\oplus 1_{\Delta}}(\alpha)+W_{f_1}(\alpha)+W_{f_0}(\alpha)\\=&\sum_{x\in\mathbb{F}_2^n\setminus\Delta}(-1)^{f_0(x)\oplus x\cdot\alpha}+\sum_{x\in\Delta}(-1)^{f_0(x)\oplus x\cdot\alpha\oplus 1}+W_{f_0}(\alpha)\\&+(-1)\sum_{x\in\mathbb{F}_2^n\setminus\Delta}(-1)^{f_1(x)\oplus x\cdot\alpha}+\sum_{x\in\Delta}(-1)^{f_1(x)\oplus x\cdot\alpha}+W_{f_1}(\alpha)\\=&2\sum_{x\in\mathbb{F}_2^n\setminus\Delta}(-1)^{f_0(x)\oplus x\cdot\alpha}+2\sum_{x\in\Delta}(-1)^{f_0(x)\oplus x\cdot\alpha}\end{aligned}$$

这样有

$$W_f(\alpha,0,0)=2\sum_{x\in\mathbb{F}_2^n}(-1)^{f_0(x)\oplus x\cdot\alpha}$$

类似地，有

$$W_f(\alpha,\alpha_{n+1},\alpha_{n+2})=\begin{cases}2\sum_{x\in\mathbb{F}_2^n}(-1)^{f_1(x)\oplus 1_{\Delta}(x)\oplus x\cdot\alpha}, & (\alpha_{n+1},\alpha_{n+2})=(1,0)\\-2\sum_{x\in\mathbb{F}_2^n}(-1)^{f_1(x)\oplus x\cdot\alpha}, & (\alpha_{n+1},\alpha_{n+2})=(0,1)\\2\sum_{x\in\mathbb{F}_2^n}(-1)^{f_0(x)\oplus 1_{\Delta}(x)\oplus x\cdot\alpha}, & (\alpha_{n+1},\alpha_{n+2})=(1,1)\end{cases}$$

结合上面式子可知，f 是 Bent 函数当且仅当 $f_0, f_1, f_0 \oplus 1_\Delta$ 和 $f_1 \oplus 1_\Delta$ 均是 Bent 函数。由 f_0 和 $f_0 + 1_\Delta$ 是 Bent 函数可以知道 $|\Delta| = 2^{n/2}$。证毕。

下面给出定理 3.1 中定义函数 f 不属于 $\mathcal{M}^\#$ 的充分条件，并引入两类新的 Bent 函数，被称为 C 类和 D 类[3]。D 类函数有形如下面的函数组成。

$$\phi(x^{(2)}) \cdot x^{(1)} \oplus 1_{E_1}(x^{(1)}) 1_{E_2}(x^{(2)})$$

其中，ϕ 是一个 $\mathbb{F}_2^{n/2}$ 上的任意置换，E_1 和 E_2 是 $\mathbb{F}_2^{n/2}$ 上的两个线性子空间，且使得 $\phi(E_2) = E_1^\perp$，$1_{E_1}(x^{(1)})$ (resp. $1_{E_2}(x^{(2)})$)是 E_1 (resp. E_2)的特征函数。这里，$E_1^\perp$ 表示 E_1 的正交子空间。设 $x = (x_1, \cdots, x_n) = (x^{(1)}, x^{(2)}) \in \mathbb{F}_2^{n/2} \times \mathbb{F}_2^{n/2}$。特别的，$D$ 类的一个具体的子类，记为 D_0，该类函数由形如 $x^{(1)} \cdot \phi(x^{(2)}) + \delta_0(x^{(1)})$ 的函数组成。符号 $\delta_0(x^{(1)})$ 是 Dirac 符号，即若 $x^{(1)} = 0_{n/2}$，则 $\delta_0(x^{(1)}) = 1$；否则 $\delta_0(x^{(1)}) = 0$。

为了证明定理 3.1 能生成不属于 $\mathcal{M}^\#$，需要一些预备的结果。

引理 3.2[4] 一个 n 元 Bent 函数 f 属于 $\mathcal{M}^\#$ 当且仅当存在 $\mathbb{F}_2^n$ 的一个 $\frac{n}{2}$ 维线性子空间 V 且对任意的 $\alpha, \beta \in V$ 使得

$$D_\alpha D_\beta f(x) = f(x) \oplus f(x \oplus \alpha) \oplus f(x \oplus \beta) \oplus f(x \oplus \alpha \oplus \beta)$$

不等于 0。

引理 3.3[2] 设 $h \in \mathcal{B}_n$ 是任意一个 n 元布尔函数，使得 $\deg(h) \geqslant 2$。如果 V 是 $\mathbb{F}_2^n$ 的任意一个子空间且 $\dim(V) \geqslant n-1$，那么至少存在一个向量 $\alpha \in V$ 使得

$$D_\alpha h(x) = h(x) \oplus h(x \oplus \alpha)$$

不等于常数。

证明 从线性结构的定义可知，如果 $D_\beta h(x)$ 等于一个常数，那么 $\beta \in \mathbb{F}_2^n$ 是 h 的一个线性结构。如果 $\deg(h) \geqslant 2$，那么 $|\{\beta | \ D_\beta h(x) = 常数, \beta \in \mathbb{F}_2^n\}| \leqslant 2^{n-2}$。因此，从 $\dim(V) \geqslant n-1$ 且 $|V| \geqslant 2^{n-1} > 2^{n-2}$ 可知，至少存在一个向量 $\alpha \in V$ 使得

$$D_\alpha h(x) = h(x) \oplus h(x \oplus \alpha)$$

不等于一个常数。证毕。

令 $a = (a_1, a_2, a_3, a_4), b = (b_1, b_2, b_3, b_4) \in \mathbb{F}_2^{n/2} \times \mathbb{F}_2^{n/2} \times \mathbb{F}_2 \times \mathbb{F}_2$。设 $\mathbb{F}_2^{n+2}$ 的子空间 $\{(x^{(1)}, 0_{n/2}, x_{n+1}, 0) | x^{(1)} \in \mathbb{F}_2^{n/2}, x_{n+1} \in \mathbb{F}_2\}$ 标记为 Λ。

引理 3.4[2]　设 $n>4$ 是一个偶整数，$f_0(x)=\pi(x^{(2)})\cdot x^{(1)}$，$f_1(x)=\phi(x^{(2)})\cdot x^{(1)}$，其中 π 和 ϕ 是 $\mathbb{F}_2^{n/2}$ 上的两个布尔置换。那么 $f\in\mathcal{B}_{n+2}$ 定义为如式(3.3)所示的函数是 Bent 函数。

$$
\begin{aligned}
f\left(x,x_{n+1},x_{n+2}\right)=&\left(x_{n+1}\oplus x_{n+2}\oplus 1\right)f_0\left(x\right)\oplus\left(x_{n+1}\oplus x_{n+2}\right)f_1\left(x\right)\\
&\oplus\left(x_{n+2}\oplus 1\right)1_{E_1}\left(x^{(1)}\right)1_{E_2}\left(x^{(2)}\right)\oplus x_{n+1}x_{n+2}\oplus x_{n+1}
\end{aligned}
\tag{3.3}
$$

其中，E_1,E_2 是 $\mathbb{F}_2^{n/2}$ 上的两个线性子空间，使得 $\pi(E_2)=E_1^{\perp}$ (resp. $\phi(E_2)=E_1^{\perp}$)。假设 π 和 ϕ 满足：①对任意的 $u\in\mathbb{F}_2^n\setminus\{0_n\},u\cdot\pi$(或$u\cdot\phi$)均没有非零线性结构；②$v\cdot(\pi\oplus\phi)\neq\text{const}$ 对任意 $v\in\mathbb{F}_2^{n/2}\setminus\{0_{n/2}\}$ 均成立；③ $\max\limits_{v\in\mathbb{F}_2^{n/2}}\deg(v\cdot(\pi\oplus\phi))\geqslant 2$；④ $E_1\subset\mathbb{F}_2^{n/2}$ 且 $\dim(E_1)\leqslant n/2-2$ (也就是说，$\deg(1_{E_1}(x^{(1)}))\geqslant 2$)。设 V 是 $\mathbb{F}_2^{n+2}$ 上的任意一个 $\begin{pmatrix}\dfrac{n+2}{2}\end{pmatrix}$ 维子空间。进一步，对具体 $a,b\in\mathbb{F}_2^{n+2}$ 假设如下条件有一个是满足的，那么 $D_aD_bf(x,x_{n+1},x_{n+2})$ 不为 0。

(1) 存在 $(a_1,0_{n/2},a_3,0),(b_1,0_{n/2},b_3,0)\in\Lambda\setminus\{0_{n+2}\}$ 使得 $a_3=b_3=1$，或 $a_3=0,b_3=1$，或 $a_3=1,b_3=0$。

(2) 存在 $a,b\in V$ 使得 $(a_2,a_4)\neq(b_2,b_4)$，$D_{a_2}D_{b_2}(\pi\oplus\phi)(x^{(2)})\neq 0$ 且 $a_4=b_4=0$。

(3) 存在 $a=(a_1,0_{n/2},a_3,0)\in V\bigcap\Lambda$，使得 $(a_1,a_3)\neq 0_{n/2+1}$，且假设存在 $b^{(1)}=(b_1^{(1)},b_2^{(1)},b_3^{(1)},b_4^{(1)})\in V$ 使得 $b_2^{(1)}\neq 0_{n/2}$ 和 $b_3^{(1)}=b_4^{(1)}$，$b^{(2)}=(b_1^{(2)},b_2^{(2)},b_3^{(2)},b_4^{(2)})\in V$ 使得 $b_2^{(2)}\neq 0_{n/2}$ 和 $D_{b_2^{(2)}}(\pi\oplus\phi)(x^{(2)})\neq\text{const}$。

(4) 存在 $a=(a_1,0_{n/2},0,0)\in\Lambda$ 和 $b=(b_1,0_{n/2},1,1)\in V$ 使得 $D_{a_1}1_{E_1}(x^{(1)})\neq 0$。

(5) 存在 $a=(a_1,0_{n/2},0,0)\in\Lambda$ 和 $b=(b_1,0_{n/2},0,1)\in V$ 使得 $D_{a_1}1_{E_1}(x^{(1)})\neq\text{const}$。

(6) 存在 $a=(a_1,0_{n/2},0,0)\in\Lambda$ 和 $b=(b_1,b_2,b_3,b_4)\in V$ 使得 $D_{a_1}D_{b_1}1_{E_1}(x^{(1)})\neq 0$。

证明　根据定理 3.1，由于 f_0,f_1，$f_0\oplus 1_\Delta$，$f_1\oplus 1_\Delta$ 是 Bent 函数且其中 $\Delta=E_1\times E_2$，可证式(3.3)中的 f 是 Bent 函数。

只要证明对 $\mathbb{F}_2^{n+2}$ 上的任意 $\begin{pmatrix}\dfrac{n+2}{2}\end{pmatrix}$ 维子空间 V，总可以找到两个向量 a 和 b 使得 $D_aD_bf(x,x_{n+1},x_{n+2})\neq 0$ 即可。进一步，根据 f 的定义和上面的存在性假设，只要证明引理中所指具体向量满足 $D_aD_bf(x)\neq 0$ 即可。函数 f 在点 a 和 b 的二阶差分为

$$
\begin{aligned}
&D_{(a_1,\,a_2,\,a_3,\,a_4)}D_{(b_1,\,b_2,\,b_3,\,b_4)}f(x,x_{n+1},x_{n+2})\\
&=(x_{n+1}\oplus x_{n+2})\left[D_{a_2}D_{b_2}(\pi\oplus\phi)(x^{(2)})\cdot x^{(1)}\oplus D_{b_2}(\pi\oplus\phi)(x^{(2)}\oplus a_2)\cdot a_1\right.\\
&\quad\left.\oplus D_{a_2}(\pi\oplus\phi)(x^{(2)}\oplus b_2)\cdot b_1\right]\\
&\quad\oplus(a_3\oplus a_4)\left[D_{b_2}(\pi\oplus\phi)(x^{(2)}\oplus a_2)\cdot(x^{(1)}\oplus a_1)\oplus b_1\cdot(\pi\oplus\phi)(x^{(2)}\oplus a_2\oplus b_2)\right]\\
&\quad\oplus(b_3\oplus b_4)\left[D_{a_2}(\pi\oplus\phi)(x^{(2)}\oplus b_2)\cdot(x^{(1)}\oplus b_1)\oplus a_1\cdot(\pi\oplus\phi)(x^{(2)}\oplus a_2\oplus b_2)\right]\\
&\quad\oplus\left[D_{a_2}D_{b_2}(\pi)(x^{(2)})\cdot x^{(1)}\oplus D_{b_2}(\pi)(x^{(2)}\oplus a_2)\cdot a_1\oplus D_{a_2}(\pi)(x^{(2)}\oplus b_2)\cdot b_1\right]\\
&\quad\oplus(x_{n+2}\oplus 1)D_{(a_1,\,a_2)}D_{(b_1,\,b_2)}\left[1_{E_1}(x^{(1)})1_{E_2}(x^{(2)})\right]\\
&\quad\oplus a_4D_{(b_1,\,b_2)}\left[1_{E_1}(x^{(1)}\oplus a_1)1_{E_2}(x^{(2)}\oplus a_2)\right]\\
&\quad\oplus b_4D_{(a_1,\,a_2)}\left[1_{E_1}(x^{(1)}\oplus b_1)1_{E_2}(x^{(2)}\oplus b_2)\right]\oplus a_3b_4\oplus a_4b_3
\end{aligned}
\tag{3.4}
$$

首先注意到关于 $D_aD_bf(x,x_{n+1},x_{n+2})$ 的一些事实。由式(3.4)可知，只有第二行含有变量 x_{n+1},x_{n+2}，也就是说，若 $D_{a_2}D_{b_2}(\pi\oplus\phi)(x^{(2)})\neq 0$，则 $D_aD_bf(x,x_{n+1},x_{n+2})\neq 0$。因此，从 $a_2\neq b_2\neq 0_{n/2}$ 立即有

$$D_aD_bf(x,x_{n+1},x_{n+2})\neq 0$$

下面分情况讨论。

(1) 设 $a=(a_1,0_{n/2},a_3,0),b=(b_1,0_{n/2},b_3,0)\in \Lambda\setminus\{0_{n+2}\}$ 使得 $a_3=b_3=1$ 或 $a_3=0,b_3=1$ 或 $a_3=1,b_3=0$。在这种情况下，式(3.4)中仅含 $x^{(2)}$ 的多项式是 $a_3\left((\pi\oplus\phi)(x^{(2)})\cdot b_1\right)\oplus b_3\left((\pi\oplus\phi)(x^{(2)})\cdot a_1\right)$。

又知道，$v\cdot(\pi\oplus\phi)\neq \mathrm{const}$ 对任意的 $v\in\mathbb{F}_2^{n/2}\setminus\{0_{n/2}\}$ 均成立。这样，有

$$D_{(a_1,0_{n/2},a_3,0)}D_{(b_1,0_{n/2},b_3,0)}f(x,x_{n+1},x_{n+2})\neq 0$$

(2) 假设存在 $a,b\in V$ 使得 $(a_2,a_4)\neq(b_2,b_4)$，$D_{a_2}D_{b_2}(\pi\oplus\phi)(x^{(2)})\neq 0$ 且 $a_4=b_4=0$ (存在性在命题 3.1 中已经证明)。那么

$$D_{a_2}D_{b_2}(\pi\oplus\phi)(x^{(2)})\neq 0$$

且有

$$D_aD_bf(x,x_{n+1},\,x_{n+2})\neq 0$$

(3) 假设总是存在 $a=(a_1,0_{n/2},a_3,0)\in V$，其中 $(a_1,a_3)\neq 0_{n/2+1}$。由假设可知 $b^{(1)}=(b_1^{(1)},b_2^{(1)},b_3^{(1)},b_4^{(1)})\in V$ 使得 $b_2^{(1)}\neq 0_{n/2}$ 且 $b_3^{(1)}=b_4^{(1)}$，$b^{(2)}=(b_1^{(2)},b_2^{(2)},b_3^{(2)},b_4^{(2)})\in V$

使得 $b_2^{(2)} \neq 0_{n/2}$ 且 $D_{b_2^{(2)}}(\pi \oplus \phi)(x^{(2)}) \neq \text{const}$。这里有两种情况需要考虑。

①如果 $a_3 = 0$ 且 $a_1 \neq 0_{n/2}$，可知 $b^{(1)} = (b_1^{(1)}, b_2^{(1)}, b_3^{(1)}, b_4^{(1)}) \in V$ 使得 $b_2^{(1)} \neq 0_{n/2}$ 且 $b_3^{(1)} = b_4^{(1)}$。那么，由 π 没有非零线性结构和式(3.4)可得

$$
\begin{aligned}
D_{(a_1, a_2, a_3, a_4)} D_{b^{(1)}} f(x, x_{n+1}, x_{n+2}) = & (x_{n+1} \oplus x_{n+2}) D_{b_2^{(1)}}(\pi \oplus \phi)(x^{(2)}) \cdot a_1 \\
& \oplus D_{b_2^{(1)}}(\pi)(x^{(2)}) \cdot a_1 \\
& \oplus (x_{n+2} \oplus 1) D_{(a_1, a_2)} D_{(b_1^{(1)}, b_2^{(1)})} \left[1_{E_1}(x^{(1)}) 1_{E_2}(x^{(2)}) \right] \\
& \oplus b_4 D_{(a_1, a_2)} \left[1_{E_1}(x^{(1)} \oplus b_1) 1_{E_2}(x^{(2)} \oplus b_2) \right]
\end{aligned}
$$

不是一个常数(因为 $D_{b_2^{(1)}} \pi(x^{(2)}) \cdot a_1$ 不等于一个常数且仅仅依靠 $x^{(2)}$)。

②如果 $a_3 = 1$ 且 $a_3 \oplus a_4 = 1$，可知 $b^{(2)} = (b_1^{(2)}, b_2^{(2)}, b_3^{(2)}, b_4^{(2)}) \in V$ 使得 $b_2^{(2)} \neq 0_{n/2}$ 和 $D_{b_2^{(2)}}(\pi \oplus \phi)(x^{(2)}) \neq \text{const}$。这里又有两种情况。

(a) 如果 $a_1 \neq 0_{n/2}$，由式(3.4)可得

$$
\begin{aligned}
& D_{(a_1, a_2, a_3, a_4)} D_{b^{(2)}} f(x, x_{n+1}, x_{n+2}) \\
= & (x_{n+1} \oplus x_{n+2}) \left[D_{b_2^{(2)}}(\pi \oplus \phi)(x^{(2)}) \cdot a_1 \right] \\
& \oplus \left[D_{b_2^{(2)}}(\pi \oplus \phi)(x^{(2)}) \cdot (x^{(1)} \oplus a_1) \oplus b_1^{(2)} \cdot (\pi \oplus \phi)(x^{(2)} \oplus b_2) \right] \\
& \oplus (b_3^{(2)} \oplus b_4^{(2)}) \left[D_{a_2}(\pi \oplus \phi)(x^{(2)} \oplus b_2^{(2)}) \cdot (x^{(1)} \oplus b_1^{(2)}) \oplus a_1 \cdot (\pi \oplus \phi)(x^{(2)} \oplus b_2^{(2)}) \right] \\
& \oplus D_{b_2^{(2)}}(\pi)(x^{(2)}) \cdot a_1 \oplus (x_{n+2} \oplus 1) D_{(a_1, a_2)} D_{(b_1^{(2)}, b_2^{(2)})} \left[1_{E_1}(x^{(1)}) 1_{E_2}(x^{(2)}) \right] \\
& \oplus b_4 D_{(a_1, a_2)} \left[1_{E_1}(x^{(1)} \oplus b_1^{(2)}) 1_{E_2}(x^{(2)} \oplus b_2^{(2)}) \right] \oplus a_3 b_4^{(2)}
\end{aligned}
\tag{3.5}
$$

由于 $(x_{n+1} \oplus x_{n+2})(D_{b_2^{(2)}}(\pi \oplus \phi)(x^{(2)}) \cdot a_1)$ 不等于常数且依靠 $(x_{n+1} \oplus x_{n+2})$，故式(3.5)不等于常数。

(b) 如果 $a_1 = 0_{n/2}$，由式(3.4)可得

$$
\begin{aligned}
& D_{(a_1, a_2, a_3, a_4)} D_{b^{(2)}} f(x, x_{n+1}, x_{n+2}) \\
= & \left[D_{b_2^{(2)}}(\pi \oplus \phi)(x^{(2)}) \cdot (x^{(1)}) \oplus b_1^{(2)} \cdot (\pi \oplus \phi)(x^{(2)} \oplus b_2) \right] \oplus b_4^{(2)}
\end{aligned}
\tag{3.6}
$$

由于 $D_{b_2^{(2)}}(\pi \oplus \phi)(x^{(2)}) \cdot (x^{(1)})$ 不等于常数且依靠 $x^{(1)}$ 和 $x^{(2)}$，故式(3.6)不等于常数。

(4) 由于存在 $a = (a_1, 0_{n/2}, 0, 0) \in \Lambda$ 和 $b = (b_1, 0_{n/2}, 1, 1) \in V$ 使得 $D_{a_1} 1_{E_1}(x^{(1)}) \neq 0$，那么，由式(3.4)可得

$$
\begin{aligned}
D_{(a_1,0_{n/2},0,0)}D_{(b_1,0_{n/2},1,1)}f(x,x_{n+1},x_{n+2}) &= (x_{n+2}\oplus 1)D_{(a_1,0_{n/2})}D_{(b_1,0_{n/2})}\left[1_{E_1}(x^{(1)})1_{E_2}(x^{(2)})\right] \\
&\oplus b_4 D_{(a_1,0_{n/2})}\left[1_{E_1}(x^{(1)}\oplus b_1)1_{E_2}(x^{(2)})\right] \\
&= (x_{n+2}\oplus 1)1_{E_2}(x^{(2)})D_{a_1}D_{b_1}1_{E_1}(x^{(1)}) \\
&\oplus b_4 1_{E_2}(x^{(2)})D_{a_1}1_{E_1}(x^{(1)}\oplus b_1) \\
&\neq 0
\end{aligned}
$$

(5) 由于存在 $a=(a_1,0_{n/2},0,0)\in \varLambda$ 和 $b=(b_1,0_{n/2},0,1)\in V$ 使得 $D_{a_1}1_{E_1}(x^{(1)})\neq 0$，那么，由 $D_{a_1}1_{E_1}(x^{(1)})\neq \text{const}$，$1_{E_2}(x^{(2)})D_{a_1}1_{E_1}(x^{(1)}\oplus b_1)$ 依靠 $x^{(1)}$ 和 $x^{(2)}$，以及式(3.4)可得

$$
\begin{aligned}
D_{(a_1,0_{n/2},0,0)}D_{(b_1,0_{n/2},0,1)}f(x,x_{n+1},x_{n+2}) &= (\pi\oplus\phi)(x^{(2)})\cdot a_1 \oplus (x_{n+2}\oplus 1)1_{E_2}(x^{(2)})D_{a_1}D_{b_1}1_{E_1}(x^{(1)}) \\
&\oplus 1_{E_2}(x^{(2)})D_{a_1}1_{E_1}(x^{(1)}\oplus b_1) \\
&\neq 0
\end{aligned}
$$

(6) 由于存在 $a=(a_1,0_{n/2},0,0)\in \varLambda$ 和 $b=(b_1,b_2,b_3,b_4)\in V$ 使得 $D_{a_1}D_{b_1}1_{E_1}(x^{(1)})\neq 0$，那么由式(3.4)可知

$$
\begin{aligned}
D_{(a_1,a_2,a_3,a_4)}D_b f(x,x_{n+1},x_{n+2}) &= (x_{n+1}\oplus x_{n+2})\left[D_{b_2}(\pi\oplus\phi)(x^{(2)})\cdot a_1\right] \\
&\oplus (b_3\oplus b_4)\left[a_1\cdot(\pi\oplus\phi)(x^{(2)}\oplus b_2)\right]\oplus D_{b_2}(\pi)(x^{(2)})\cdot a_1 \\
&\oplus (x_{n+2}\oplus 1)D_{(a_1,0_{n/2})}D_{(b_1,b_2)}\left[1_{E_1}(x^{(1)})1_{E_2}(x^{(2)})\right] \\
&\oplus b_4 D_{(a_1,0_{n/2})}\left[1_{E_1}(x^{(1)}\oplus b_1)1_{E_2}(x^{(2)}\oplus b_2)\right]
\end{aligned} \tag{3.7}
$$

从式(3.7)可知，如果 $D_{a_1}D_{b_1}1_{E_1}(x^{(1)})\neq 0$，那么

$$
\begin{aligned}
D_{(a_1,0_{n/2})}D_{(b_1,b_2)}(1_{E_1}(x^{(1)})1_{E_2}(x^{(2)})) &= 1_{E_2}(x^{(2)})D_{a_1}D_{b_1}1_{E_1}(x^{(1)}) \\
&\oplus D_{b_2}1_{E_2}(x^{(2)})D_{a_1}1_{E_1}(x^{(1)}\oplus b_1) \\
&\neq 0
\end{aligned}
$$

又知道 $(x_{n+2}\oplus 1)D_{(a_1,0_{n/2})}D_{(b_1,b_2)}(1_{E_1}(x^{(1)})1_{E_2}(x^{(2)}))$ 依靠变量 x_{n+2}，且不依靠变量 x_{n+1}。如果 $D_{b_2}\left((\pi\oplus\phi)(x^{(2)})\cdot a_1\right)\neq 0$，那么 $(x_{n+1}\oplus x_{n+2})D_{b_2}\left((\pi\oplus\phi)(x^{(2)})\cdot a_1\right)$ 依靠变量 $x_{n+2}\oplus x_{n+1}$。因此，有

$$
D_{(a_1,a_2,a_3,a_4)}D_{(b_1,b_2,b_3,b_4)}f(x,x_{n+1},x_{n+2})\neq 0
$$

证毕。

命题 3.1[2]　设 f 是引理 3.4 所定义的函数。那么对 $\mathbb{F}_2^{n+2}$ 的任意一个 $\left(\dfrac{n+2}{2}\right)$ 维子空间，总可以找到两个向量 a,b 恰好落在引理 3.4 条件(1)～(6)中。

证明　设 V 是 $\mathbb{F}_2^{n+2}$ 的任意 $\left(\dfrac{n+2}{2}\right)$ 维子空间，任意 $a\in\mathbb{F}_2^{n+2}$ 被写为 $a=(a_1,a_2,a_3,a_4)\in\mathbb{F}_2^{n/2}\times\mathbb{F}_2^{n/2}\times\mathbb{F}_2\times\mathbb{F}_2$。设 $\Lambda=\{(x^{(1)},0_{n/2},x_{n+1},0)\mid x^{(1)}\in\mathbb{F}_2^{n/2},x_{n+1}\in\mathbb{F}_2\}$。下面分情况讨论。

(1) 当 $V=\Lambda$ 时，总是可以找到两个非零向量 $(a_1,0_{n/2},a_3,0),(b_1,0_{n/2},b_3,0)\in\Lambda$ 使得 $a_3=b_3=1$，或 $a_3=0,b_3=1$，或 $a_3=1,b_3=0$。

(2) 如果 $\dim(V\cap\Lambda)=0$（这些子空间的交集为 $\{0_{n+2}\}$），那么只要证明存在 $a,b\in V$ 使得 $(a_2,a_4)\neq(b_2,b_4)$，$D_{a_2}D_{b_2}(\pi\oplus\phi)(x^{(2)})\neq0$ 和 $a_4=b_4=0$ 即可。对任意两个不同的向量 $a,b\in V$ 条件 $(a_2,a_4)\neq(b_2,b_4)$ 总是正确的。事实上，假设 $(a_2,a_4)=(b_2,b_4)$，那么 $a\oplus b=(a_1\oplus b_1,0_{n/2},a_3\oplus b_3,0)\in\Lambda$，与前提矛盾。

由于 $|V|=2^{(n+2)/2}$ 且对任意的 $a,b\in V$ 均有 $(a_2,a_4)\neq(b_2,b_4)$，那么 $\{(v_2^{(1)},v_4^{(1)}),(v_2^{(2)},v_4^{(2)}),\cdots,(v_2^{(2^{(n+2)/2})},v_4^{(2^{(n+2)/2})})\}=\mathbb{F}_2^{n/2}\times\mathbb{F}_2$。又知道 $\max\limits_{v\in\mathbb{F}_2^{n/2}}\deg(v\cdot(\pi\oplus\phi))\geqslant2$，因此能够容易找到两个向量 $a,b\in V$ 使得 $a_4=b_4=0$，$a_2\neq b_2$ 和 $D_{a_2}D_{b_2}(\pi\oplus\phi)\ (x^{(2)})\neq0$。

(3) 如果 $|V\cap\Lambda|=2$，那么对任意的 $(a_1,a_3)\neq0_{n/2+1}$，存在 $a\neq0_{n+2}$ 使得 $a=(a_1,0_{n/2},a_3,0)\in V\cap\Lambda$。现在需要证明存在 $b^{(1)}=(b_1^{(1)},b_2^{(1)},b_3^{(1)},b_4^{(1)})\in V$ 使得 $b_2^{(1)}\neq0_{n/2}$，$b_3^{(1)}=b_4^{(1)}$，且存在 $b^{(2)}=(b_1^{(2)},b_2^{(2)},b_3^{(2)},b_4^{(2)})\in V$ 使得 $b_2^{(2)}\neq0_{n/2}$ 和 $D_{b_2^{(2)}}(\pi\oplus\phi)(x^{(2)})\neq\text{const}$，即引理 3.4 条件(2)。

首先证明 $|\{v_2^{(1)},v_2^{(2)},\cdots,v_2^{(2^{(n+2)/2})}\}|\geqslant2^{n/2-1}$。假设 $|\{v_2^{(1)},v_2^{(2)},\cdots,v_2^{(2^{(n+2)/2})}\}|$ 严格小于 $2^{n/2-1}$，那么，至少存在 8 个向量 $v^{(j_1)},v^{(j_2)},\cdots,v^{(j_8)}$ 使得

$$v_2^{(j_1)}=v_2^{(j_2)}=\cdots=v_2^{(j_8)}$$

进一步，不失一般性，令 $v_4^{(j_1)}\neq v_4^{(j_2)}$。由于 $v_4^{(i)}\in\mathbb{F}_2$，那么至少存在三个向量 $v^{(j_{t1})},v^{(j_{t2})},v^{(j_{t3})}$ 属于集合 $\{v^{(j_3)},\cdots,v^{(j_8)}\}$，使得

$$v_4^{(j_{t1})}=v_4^{(j_{t2})}=v_4^{(j_{t3})}$$

其中，$i=1,2,\cdots,2^{(n+2)/2}$。这样，有

$$v_4^{(j_1)}=v_4^{(j_{t1})}=v_4^{(j_{t2})}=v_4^{(j_{t3})}\ (\text{或}\ v_4^{(j_2)}=v_4^{(j_{t1})}=v_4^{(j_{t2})}=v_4^{(j_{t3})})$$

也就是说

$$v^{(j_1)} \oplus v^{(j_{t1})}, v^{(j_1)} \oplus v^{(j_{t2})}, v^{(j_1)} \oplus v^{(j_{t3})}\ (\text{或}\ v^{(j_2)} \oplus v^{(j_{t1})}, v^{(j_2)} \oplus v^{(j_{t2})}, v^{(j_2)} \oplus v^{(j_{t3})}\ )$$

属于 $V \cap \Lambda$。然而，这与 $|V \cap \Lambda| = 2$ 矛盾。因此

$$|\{v_2^{(1)}, v_2^{(2)}, \cdots, v_2^{(2^{(n+2)/2})}\}| \geqslant 2^{n/2-1} > 4\ (\text{由于}\ n > 4)$$

进一步，容易找到向量 $b^{(1)} \in V$ 使得 $b_2^{(1)} \neq 0_{n/2}$ 且 $b_3^{(1)} = b_4^{(1)}$。

由假设可知 $\max\limits_{v \in \mathbb{F}_2^{n/2}} \deg(v \cdot (\pi \oplus \phi)) \geqslant 2$。这样，根据引理 3.3，可以找到一个向量 $b^{(2)} \in V$ 使得

$$b_2^{(2)} \neq 0_{n/2}\ \text{且}\ D_{b_2^{(2)}}(\pi \oplus \phi)(x^{(2)}) \neq \text{const}$$

(4) 如果 $|V \cap \Lambda| = t > 2$，那么记

$$V \cap \Lambda = \{v^{(1)}, \cdots, v^{(t)}\}$$

其中，$t = 2^r$，$r = 2, \cdots, n/2$。这里有两种情况需要考虑。

①如果存在两个向量 $(a_1, 0_{n/2}, a_3, 0), (b_1, 0_{n/2}, b_3, 0) \in V \cap \Lambda$ 使得 $a_3 = b_3 = 1$，或 $a_3 = 0, b_3 = 1$，或 $a_3 = 1, b_3 = 0$（也就是说，存在一个整数 $i \in \{1, 2, \cdots, t\}$ 使得 $v_3^{(i)} \neq 0$），那么 a, b 恰好落在引理 3.4 条件 (1) 中。

②如果 $v_3^{(i)} = 0$，$i = 1, 2, \cdots, t$，那么有三种情况需要考虑。

(a) 如果 $v_2^{(i)} = 0_{n/2}$，$i = 1, 2, \cdots, 2^{n/2+1}$，又有以下两种情况需要考虑。

(i) 如果 $v_3^{(i)} = v_4^{(i)}$（即 $v_3^{(i)} = v_4^{(i)} = 1$），其中 $i = t+1, \cdots, 2^{n/2+1}$，根据 $|V| = 2^{n/2+1}$，有

$$\{v_1^{(1)}, v_1^{(2)}, \cdots, v_1^{(2^{n/2+1})}\} = \mathbb{F}_2^{n/2}$$

这样，由 $\deg(1_{E_1}(x^{(1)})) \geqslant 2$ 可知，一定存在一个向量 $(v_1^{(j_1)}, 0_{n/2}, 0, 0)$ 使得 $D_{v_1^{(j_1)}} 1_{E_1}(x^{(1)}) \neq 0$。令

$$(a_1, a_2, a_3, a_4) = (v_1^{(j_1)}, 0_{n/2}, 0, 0) \in V \cap \Lambda,\ (b_1, b_2, b_3, b_4) = (b_1, 0_{n/2}, 1, 1) \in V$$

那么 a, b 恰好落在引理 3.4 条件 (4) 中。

(ii) 如果存在一个向量 $v^{(j_1)}$ 使得 $v_3^{(j_1)} \neq v_4^{(j_1)}$，$j_1 \in \{t+1, \cdots, 2^{n/2+1}\}$，那么，从 $v_3^{(i)} = 0$ 可知，$v_3^{(j_1)} = 0, v_4^{(j_1)} = 1$，其中 $i = 1, 2, \cdots, t$。进一步，有 $v_3^{(i)} = 0, v_4^{(i)} = 1$，其

中 $i=t+1,\cdots,2^{n/2+1}$。类似地，如果存在一个向量 $v^{(j_2)}$ 使得 $v_3^{(j_2)}=1, v_4^{(j_2)}=1$，那么一定存在一个向量 $v^{(j_3)}$ 使得 $v_3^{(j_3)}=1, v_4^{(j_2)}=0$，其中 $j_2, j_3\in\{t+1,\cdots,2^{n/2+1}\}$。然而，这与 $v_3^{(i)}=0$ 矛盾，其中 $i=1,2,\cdots,t$。因此

$$\{v_1^{(1)}, v_1^{(2)},\cdots, v_1^{(2^{n/2+1})}\}=\mathbb{F}_2^{n/2}$$

这样，结合 $\deg(1_{E_1}(x^{(1)}))\geqslant 2$ 可知，一定存在一个向量 $(v_1^{(\ell)}, 0_{n/2}, 0, 0)$ 使得 $D_{v_1^{(\ell)}}1_{E_1}(x^{(1)})\neq 0$。令

$$(a_1,a_2,a_3,a_4)=(v_1^{(\ell)},0_{n/2},0,0)\in V\cap\Lambda,(b_1,b_2,b_3,b_4)=(v_1^{(j_1)},0_{n/2},0,1)\in V$$

那么，a,b 恰好落在引理 3.4 条件(5)中。

(b) 当 $|\{v_2^{(1)}, v_2^{(2)},\cdots, v_2^{(2^{(n+2)/2})}\}|=2$ 时，不失一般性，设

$$\{v_2^{(1)}, v_2^{(2)},\cdots, v_2^{(2^{(n+2)/2})}\}=\{0_{n/2}, d_2\}$$

其中，$d_2\in\mathbb{F}_2^{n/2}\setminus\{0_{n/2}\}$。

(i) 如果存在一个向量 $(v_1^{(i_1)}, v_2^{(i_1)}, v_3^{(i_1)}, v_4^{(i_1)})\in V$ 使得 $v_2^{(i_1)}\neq 0_{n/2}$ 且 $v_3^{(i_1)}=v_4^{(i_1)}$，那么令

$$(a_1,a_2,a_3,a_4)=(a_1,0_{n/2},0,0)\in V\cap\Lambda,(b_1,b_2,b_3,b_4)=(v_1^{(i_1)},v_2^{(i_1)},v_3^{(i_1)},v_4^{(i_1)})\in V$$

这样，a,b 恰好落在引理 3.4 条件(3)中。

(ii) 如果任意一个向量 $v\in V$ 使得 $v_2=d_2\neq 0_{n/2}$，总是有 $v_3\neq v_4$ 成立，那么标记这些向量为

$$\{v^{(k_1)}, v^{(k_2)},\cdots, v^{(k_\eta)}\}$$

其中，$v_2=d_2$ 且 $v_3\neq v_4$。接下来，考虑下面两种情况：$v_3^{(k_i)}=\text{const}$ 和 $v_3^{(k_i)}\neq\text{const}$，其中 $i=1,2,\cdots,\eta$。

若 $v_3^{(k_i)}=\text{const}$，那么 $v_2^{(k_i)}=d_2$ 且 $v_4^{(k_i)}=\text{const}$。这样，有

$$\begin{aligned}&\{(v_2^{(1)},v_3^{(1)},v_4^{(1)}),(v_2^{(2)},v_3^{(2)},v_4^{(2)}),\cdots,(v_2^{(2^{(n+2)/2})},v_3^{(2^{(n+2)/2})},v_4^{(2^{(n+2)/2})})\}\\&=\{(0_{n/2},0,0),(d_2,v_3^{(k_1)},v_4^{(k_1)})\}\end{aligned}$$

$$\begin{aligned}&|\{v_1^{(1)},v_1^{(2)},\cdots,v_1^{(2^{(n+2)/2})}\}|\cdot|\{(v_2^{(1)},v_3^{(1)},v_4^{(1)}),\cdots,(v_2^{(2^{(n+2)/2})},v_3^{(2^{(n+2)/2})},v_4^{(2^{(n+2)/2})})\}|\\&\geqslant|\{v^{(1)},v^{(2)},\cdots,v^{(2^{(n+2)/2})}\}|\end{aligned}$$

也就是说

$$|\{v_1^{(1)},\cdots,v_1^{(2^{(n+2)/2})}\}|=2^{n/2}$$

因此，结合 $\deg(1_{E_1}(x^{(1)}))\geqslant 2$，能够选择两个向量 $a=(a_1,0_{n/2},0,0)\in V\cap\Lambda$ 且 $b=(b_1,d_2,b_3,b_4)\in V$ 使得

$$D_{a_1}D_{b_1}1_{E_1}(x^{(1)})\neq 0$$

这样，a,b 恰好落在引理 3.4 条件(6)中。

若 $v_3^{(k_i)}\neq\text{const}$，其中 $i=1,2,\cdots,\eta$，那么存在两个向量 $v^{(j_1)},v^{(j_2)}\in V$ 使得

$$v_2^{(j_1)}=\ v_2^{(j_2)}=d_2\text{ 且 }v_3^{(j_1)}\neq v_3^{(j_2)}$$

这样，有

$$v^{(j_1)}\oplus v^{(j_2)}=(v_1^{(j_1)}\oplus v_1^{(j_2)},0_{n/2},1,1)$$

结合 $v_3^{(i)}=0$，$|\{v_2^{(1)},v_2^{(2)},\cdots,v_2^{(2^{(n+2)/2})}\}|=2$，及总是有 $v_3^{(l)}\neq v_4^{(l)}$，其中 $v_2^{(l)}=d_2\neq 0_{n/2}\in V$，可得

$$\begin{aligned}&|\{(v_2^{(1)},v_3^{(1)},v_4^{(1)}),\cdots,(v_2^{(2^{(n+2)/2})},v_3^{(2^{(n+2)/2})},v_4^{(2^{(n+2)/2})})\}=\{(0_{n/2},0,0),(0_{n/2},1,1),(d_2,1,0),(d_2,0,1)\}|\\&=4\end{aligned}$$

进一步，可知

$$\begin{aligned}&|\{v_1^{(1)},v_1^{(2)},\cdots,v_1^{(2^{(n+2)/2})}\}|\cdot|\{(v_2^{(1)},v_3^{(1)},v_4^{(1)}),\cdots,(v_2^{(2^{(n+2)/2})},v_3^{(2^{(n+2)/2})},v_4^{(2^{(n+2)/2})})\}|\\&\geqslant|\{v^{(1)},v^{(2)},\cdots,v^{(2^{(n+2)/2})}\}|\end{aligned}$$

也就是说

$$|\{v_1^{(1)},v_1^{(2)},\cdots,v_1^{(2^{(n+2)/2})}\}|\geqslant 2^{n/2-1}$$

根据引理 3.3 和 $\deg(1_{E_1}(x^{(1)}))\geqslant 2$，可以选择一个向量 $a=(a_1,0_{n/2},0,0)\in V$ 使得 $D_{a_1}1_{E_1}(x^{(1)})\neq\text{const}$。进一步，可以选择 $b=(b_1,0_{n/2},1,1)\in V$。这样，a,b 恰好落在引理 3.4 条件(4)中。

(c) 当 $|\{v_2^{(1)},v_2^{(2)},\cdots,v_2^{(2^{(n+2)/2})}\}|>2$ 时，一定存在 $b\in V$ 使得 $b_2\neq 0_{n/2}$ 且 $b_3=b_4$。由于 $|\{v_2^{(1)},v_2^{(2)},\cdots,v_2^{(2^{(n+2)/2})}\}|>2$，那么，一定存在三个向量 $v^{(i_1)},v^{(i_2)}\in V$ 和 $v^{(i_1)}\oplus v^{(i_2)}\in V$。如果 $v^{(i_1)}\in V$ 使得 $v_2^{(i_1)}\neq 0_{n/2}$ 且 $v_3^{(i_1)}=v_4^{(i_1)}$，那么令 $b=v^{(i_1)}$。如果 $v^{(i_2)}\in V$

使得 $v_2^{(i_2)} \neq 0_{n/2}$ 且 $v_3^{(i_2)} = v_4^{(i_2)}$，那么，令 $b = v^{(i_2)}$。其他情况，令 $b = v^{(i_1)} \oplus v^{(i_2)}$ (如果 $u_3, v_3, u_4, v_4 \in \mathbb{F}_2$ 使得 $u_3 \neq u_4$ 且 $v_3 \neq v_4$ 一定有 $u_3 \oplus v_3 = u_4 \oplus v_4$）。令 $(a_1, a_2, a_3, a_4) = (a_1, 0_{n/2}, 0, 0) \in V \cap \Lambda$ 使得 $(a_1, a_3) \neq 0_{n/2+1}$。那么，$a, b$ 恰好落在引理 3.4 条件(3)中。证毕。

3.2　Bent 函数不属于 $\mathcal{M}^{\#}$ 的充分条件

根据引理 3.4 和命题 3.1，能容易地得到下面结论。

定理 3.2[2]　设 $n > 4$ 是一个偶整数。设 $f_0(x) = \pi(x^{(2)}) \cdot x^{(1)}$，$f_1(x) = \phi(x^{(2)}) \cdot x^{(1)}$，其中 π 和 ϕ 是 $\mathbb{F}_2^{n/2}$ 上的两个置换。那么 f 定义为

$$f(x, x_{n+1}, x_{n+2}) = (x_{n+1} \oplus x_{n+2} \oplus 1) f_0(x) \oplus (x_{n+1} \oplus x_{n+2}) f_1(x) \\ \oplus (x_{n+2} \oplus 1) 1_{E_1}(x^{(1)}) 1_{E_2}(x^{(2)}) \oplus x_{n+1} x_{n+2} \oplus x_{n+1}$$

是一个 Bent 函数，其中 E_1, E_2 是 $\mathbb{F}_2^{n/2}$ 的线性子空间，且使得 $\pi(E_2) = E_1^{\perp}$ (resp. $\phi(E_2) = E_1^{\perp}$)。进一步，如果 π 和 ϕ 满足以下条件，那么 f 不属于 $\mathcal{M}^{\#}$。

(1) 对任意的 $u \in \mathbb{F}_2^n \setminus \{0_n\}$，$u \cdot \pi$(或 $u \cdot \phi$) 均没有非零线性结构。

(2) 对任意 $v \in \mathbb{F}_2^{n/2} \setminus \{0_{n/2}\}$，$v \cdot (\pi \oplus \phi) \neq \text{const}$ 均成立。

(3) $\max\limits_{v \in \mathbb{F}_2^{n/2}} \deg(v \cdot (\pi \oplus \phi)) \geqslant 2$。

(4) $E_1 \subset \mathbb{F}_2^{n/2}$ 且 $\dim(E_1) \leqslant n/2 - 2$ (也就是说，$\deg(1_{E_1}(x^{(1)})) \geqslant 2$)。

例 3.1　根据定理 3.2，能够给出一个代数次数为 5 的 10 元 Bent 函数，该函数不属于 $\mathcal{M}^{\#}$。此外，该函数和其对偶均是非正规(non-normal)的。进一步，这个函数和其对偶是弱正规的(weakly normal)。

设 $E_1 = E_1^{\perp} = \{(0000), (0011), (1100), (1111)\}$，$E_2 = \{(0000), (0010), (1101), (1111)\}$。置换 π 和 ϕ (通过十六进制来表述)被定义为

$$\{0\,1\,2\,3\,4\,5\,6\,7\,8\,9\,A\,B\,C\,D\,E\,F\} \xrightarrow{\pi} \{3\,1\,F\,6\,E\,A\,9\,5\,2\,8\,4\,B\,D\,0\,7\,C\}$$

$$\{0\,1\,2\,3\,4\,5\,6\,7\,8\,9\,A\,B\,C\,D\,E\,F\} \xrightarrow{\phi} \{3\,6\,F\,1\,A\,2\,9\,E\,B\,4\,5\,D\,7\,0\,8\,C\}$$

下面选择 C 类 Bent 函数为初始函数。同理，借助引理 3.4 和命题 3.1 证明函数 f 不属于 $\mathcal{M}^{\#}$，f 的表达式与引理 3.4 中基本相同，只是将 $1_{E_1}(x^{(1)}) 1_{E_2}(x^{(2)})$ 替

换为$1_{\bar{\Delta}}(x^{(1)})$。

推论 3.1[2] 设$n>4$是一个偶整数，$f_0(x)=\pi(x^{(2)})\cdot x^{(1)}$，$f_1(x)=\phi(x^{(2)})\cdot x^{(1)}$，其中$\pi$和$\phi$是$\mathbb{F}_2^{n/2}$上的两个布尔置换。那么$f\in\mathcal{B}_{n+2}$定义为

$$f(x,x_{n+1},x_{n+2})=(x_{n+1}\oplus x_{n+2}\oplus 1)f_0(x)\oplus(x_{n+1}\oplus x_{n+2})f_1(x)$$
$$\oplus(x_{n+2}\oplus 1)1_{\bar{\Delta}}\left(x^{(1)}\right)\oplus x_{n+1}x_{n+2}\oplus x_{n+1}$$

是 Bent 函数，其中$\bar{\Delta}$是$\mathbb{F}_2^{n/2}$的任意一个子空间，π和ϕ是$\mathbb{F}_2^{n/2}$上的两个置换，且使得$\pi(\bar{\Delta})=\phi(\bar{\Delta})$，对$\mathbb{F}_2^{n/2}$上的任意元素$\alpha^{(2)}$均有$\phi(\alpha^{(2)}\oplus\bar{\Delta}^{\perp})$ (resp. $\pi(\alpha^{(2)}\oplus\bar{\Delta}^{\perp})$)是一个仿射空间。进一步，如果$\pi$和$\phi$满足以下条件，那么$f$不属于$\mathcal{M}^{\#}$。

(1) 对任意的$u\in\mathbb{F}_2^n\setminus\{0_n\}$, $u\cdot\pi$(或$u\cdot\phi$)均没有非零线性结构。

(2) $\nu\cdot(\pi\oplus\phi)\neq \text{const}$ 对任意 $\nu\in\mathbb{F}_2^{n/2}\setminus\{0_{n/2}\}$均成立。

(3) $\max\limits_{\nu\in\mathbb{F}_2^{n/2}}\deg(\nu\cdot(\pi\oplus\phi))\geqslant 2$。

(4) $\bar{\Delta}\subset\mathbb{F}_2^{n/2}$且$\dim(\bar{\Delta})\leqslant n/2-2$（也就是说，$\deg(1_{\bar{\Delta}}(x^{(1)}))\geqslant 2$）。

不同于D类 Bent 函数，当考虑C类 Bent 函数为初始函数时，通过计算机搜索发现满足推论 3.1 初始条件相比定理 3.2 的初始条件更难。

不幸的是，看起来像有一个这样的事实，即如果对$\mathbb{F}_2^{n/2}$上的任意一个向量$\alpha^{(2)}$，π满足$\pi(\alpha^{(2)}\oplus\bar{\Delta}^{\perp})$是一个仿射子空间，那么存在一个$u$，使得$u\cdot\pi$一定有非零线性结构。尽管我们没能证明这个事实，但通过计算机搜索小变元的置换，没有发现满足推论 3.1 条件(1)的置换。

从 Rothaus 构造可知，如果能给出三个n元 Bent 函数，并且使得三个函数的和也是一个 Bent 函数，那么就可以借助 Rothaus 构造得到一个$(n+2)$元 Bent 函数。借助 PS 类 Bent 函数可以构造很多满足 Rothaus 构造初始条件的函数组，详细过程可参考文献[2]。此外，文献[5]对 Rothaus 构造做了进一步的推广。

在文献[6]～[13]中均有 Rothaus 构造的介绍。关于 Bent 函数仿射等价性可以参看文献[2],[3],[14]～[16]。

参 考 文 献

[1] Rothaus O S. On “Bent” functions. Journal of Combinatorial Theory, Series A, 1976, 20(3):

300-305.

[2] Zhang F, Pasalic E, Wei Y, et al. Constructing Bent functions outside the Maiorana-McFarland class using a general form of Rothaus. IEEE Transactions on Information Theory, 2017, 63(8): 5336-5349.

[3] Carlet C. Two new classes of Bent functions//Advances in Cryptology - EUROCRYPT 1993. Berlin, Heidelberg: Springer, 1994, 765: 77-101.

[4] Dillon J. Elementary hadamard difference sets. City of College Park: University of Maryland, College Park, 1974.

[5] Zhang F, Mesnager S, Zhou Y. On construction of Bent functions involving symmetric functions and their duals. Advances in Mathematics of Communications, 2017, 11(2): 347-352.

[6] Carlet C. Boolean Functions for Cryptography and Error Correcting Codes. Cambridge: Cambridge University Press, 2010: 257-397.

[7] 杨小龙, 胡红钢. Bent 函数构造方法研究. 密码学报, 2015, 2(5): 404-438.

[8] 张凤荣, 韦永壮. Bent 函数的间接构造. 中国密码学会: 中国密码学发展报告 2016-2017. 北京: 中国标注出版社, 中国质检出版社, 2017: 126-150.

[9] 张凤荣. 高非线性度布尔函数的设计与分析. 徐州: 中国矿业大学出版社, 2014.

[10] 李超, 屈龙江, 周悦. 密码函数的安全指标分析. 北京: 科学出版社, 2011.

[11] 温巧燕, 钮心忻, 杨义先. 现代密码学中的布尔函数. 北京: 科学出版社, 2000.

[12] Carlet C, Mesnager S. Four decades of research on Bent functions. Designs Codes & Cryptography, 2016, 78(1): 5-50.

[13] Mesnager S. Bent Functions: Fundamentals and Results. Cham: Springer, 2016.

[14] Zhang F, Pasalic E, Cepak N, et al. Bent functions in C and D outside the completed Maiorana-McFarland class//Codes, Cryptology and Information Security. Cham: Springer, 2017, 10194: 298-313.

[15] Zhang F, Carlet C, Hu Y, et al. New secondary constructions of Bent functions. Applicable Algebra in Engineering Communication & Computing, 2016, 27(5): 413-434.

[16] Zhang F, Wei Y, Pasalic E. Constructions of Bent-negabent functions and their relation to the completed Maiorana-McFarland class. IEEE Transactions on Information Theory, 2015, 61(3): 1496-1506.

第 4 章　Bent-negabent 函数的新构造

2006 年，Parker 等考虑了广义 Bent 函数的准则，根据“nega-Hadamard 变换”给出了 negabent 函数的概念[1]。之后，Parker 等[2]于 2007 年给出了二次布尔函数为 Bent-negabent 函数的充要条件，并得到一个函数为 Bent-negabent 函数的充要条件（一个函数被称为 Bent-negabent 函数当且仅当该函数既是 Bent 函数又是 negabent 函数）。此后，Bent-negabent 函数得到了广泛的研究[2-7]。文献[8]描述了一个构造 $2mn$（$m\neq 1 \bmod 3$）元代数次数不超过 n 的 Bent-negabent 函数的方法。紧接着，Stănică 等人[5,6]导出了一些 nega-Hadamard 变换的性质，证明了 n 元 negabent 函数的代数次数上限为 $\left\lfloor \frac{n}{2} \right\rfloor$（即 $\left\lfloor \frac{n}{2} \right\rfloor$ 向下取整）。并借助 M-M 类 Bent 函数和完全置换多项式，给出了一个构造 Bent-negabent 函数的方法。然而，以上这些函数的代数次数均得不到 Bent-negabent 函数代数次数的上限且均属于 M-M 类 Bent 函数。

文献[7]给出了布尔函数为 negabent 函数的一个充要条件，并给出了一个构造最优代数次数 Bent-negabent 函数的方法。该类函数不属于 M-M 类 Bent 函数，但属于完全 M-M 类 Bent 函数。基于以上的结果，我们发现一种构造不属于“完全 M-M 类 Bent 函数”Bent-negabent 函数的方法。

函数 $f\in\mathcal{B}_n$ 的 nega-Hadamard 变换是一个复值函数，定义为

$$\mathcal{N}_f(\omega)=2^{-\frac{n}{2}}\sum_{x\in\mathbb{F}_2^n}(-1)^{f(x)\oplus\omega\cdot x}\,\mathrm{i}^{\mathrm{wt}(x)}$$

一个函数 $f\in\mathcal{B}_n$ 是 negabent 当且仅当 $|\mathcal{N}_f(\omega)|=1$ 对所有的 $\omega\in\mathbb{F}_2^n$ 均成立。

最初始的 M-M 类 Bent 函数定义为所有如式(4.1)所示的 Bent 函数的集合。

$$f(x,y)=x\cdot\phi(y)\oplus g(y) \tag{4.1}$$

其中，$\phi(y)=(\phi_1(y),\cdots,\phi_n(y))$ 是 $\mathbb{F}_2^n$ 上的一个布尔置换，$g\in\mathcal{B}_n$。进一步，f 是一个 Bent 函数当且仅当 ϕ 是一个布尔置换。

如果式(4.2)对任意的 $x\in\mathbb{F}_2^n$ 均成立，则向量 $\alpha\in\mathbb{F}_2^n\setminus\{0_n\}$ 为函数 $f\in\mathcal{B}_n$ 的一个

非零线性结构。

$$D_\alpha f(x)=f(x\oplus\alpha)\oplus f(x)=\text{const} \tag{4.2}$$

其中，$D_\alpha f(x)$ 表示函数 f 在 α 上的差分。为了便于书写，有时用 $D_\alpha f$ 来代替 $D_\alpha f(x)$。

给出本章中所用的一些概念。

(1) $\sigma_d(x)$。如果 $x\in\mathbb{F}_2^n$，那么 $\sigma_d(x)$ 表示代数次数为 d $(1\leqslant d\leqslant n)$ 的 n 元对称函数，即

$$\sigma_d(x)=\bigoplus_{i_1,i_2,\cdots,i_d} x_{i_1}x_{i_2}\cdots x_{i_d},\forall x=(x_1,\cdots,x_n)\in\mathbb{F}_2^n,1\leqslant i_1<i_2<\cdots<i_d\leqslant n$$

(2) $\mathrm{GL}(n,\mathbb{F}_2)$。表示基于 $\mathbb{F}_2$ 上包含所有 $n\times n$ 可逆矩阵的群。

(3) $O(n,\mathbb{F}_2)$。表示基于 $\mathbb{F}_2$ 上包含所有 $n\times n$ 正交矩阵的群(即 $O^{\mathrm{T}}=O^{-1}$，O^{T} 表示矩阵 O 的转置，O^{-1} 表示 $O\in\mathrm{GL}(n,\mathbb{F}_2)$ 的逆)。

4.1　Bent-negabent 函数的构造

本节给出两个设计 Bent-negabent 函数的间接构造方法。首先给出一个经常用的结论。

在文献[8]中，Carlet 设计了一个构造 Bent 函数的间接构造，通常被称为非直和构造。

引理 4.1[8, 9]　设 f_1 和 f_2 是两个 n 元 Bent 函数，g_1 和 g_2 是两个 m 元 Bent 函数，那么 $(n+m)$ 元函数 h，定义为

$$h(x,y)=f_1(x)\oplus g_1(y)\oplus(f_1\oplus f_2)(x)(g_1\oplus g_2)(y) \tag{4.3}$$

是 Bent 函数。函数 h 的对偶函数能够由 $\tilde{f}_1,\tilde{f}_2,\tilde{g}_1$ 和 $\tilde{g}_2$ 通过计算式(4.3)得到。

Carlet 和张凤荣等人给出了非直和构造的一个广义构造。

引理 4.2[9]　设 n 和 m 是两个正偶数。设 f_1,f_2 和 f_3 均是 n 元 Bent 函数。设 g_1,g_2 和 g_3 均是 m 元 Bent 函数。ν_1 表示函数 $f_1\oplus f_2\oplus f_3$，ν_2 表示 $g_1\oplus g_2\oplus g_3$。如果 ν_1 和 ν_2 均是 Bent 函数，并且 $\tilde{\nu}_1=\tilde{f}_1\oplus\tilde{f}_2\oplus\tilde{f}_3$，那么 f 定义为

$$f(x,y)=f_1(x)\oplus g_1(y)\oplus(f_1\oplus f_2)(x)(g_1\oplus g_2)(y)\oplus(f_2\oplus f_3)(x)(g_2\oplus g_3)(y)$$

是一个 $(n+m)$ 元 Bent 函数。

注 4.1　非直和构造是该构造的一个特殊情况：令 $f_2=f_3$ 且 $g_2=g_3$。

接下来的引理在本章中经常用到，且起着非常重要的作用。

引理 4.3　设 n 是一个偶数，$f(x)\in\mathcal{B}_n$。那么 $f(x)$ 是一个 n 元 negabent 函数当且仅当 $f(x)\oplus\sigma_2(x)$ 是一个 n 元 Bent 函数。

引理 4.4　对任意的 $a,b\in\mathbb{F}_2^n$ 和任意的 Bent 函数 f，函数 $f(x\oplus b)\oplus a\cdot x$ 的对偶为 $\tilde{f}(x\oplus a)\oplus b\cdot(x\oplus a)$。

借助以上的一些结果，利用已知的 n 元和 m 元 Bent-negabent 函数，给出一个由非直和构造所得函数为 $(n+m)$ 元 Bent-negabent 函数的充分条件。

对 $x\in\mathbb{F}_2^n, y\in\mathbb{F}_2^m$，均有 $\sigma_2(x,y)=\sigma_2(x)\oplus\sigma_2(y)\oplus(1_n\cdot x)(1_m\cdot y)$ 成立。在下面的定理证明中将直接引用这一结论。

定理 4.1[10]　设 f_0,f_1 是两个 n 元 Bent-negabent 函数，其中 n 是偶数。设 g_0 和 g_1 是两个 m 元的 Bent-negabent 函数，其中 m 是偶数。定义

$$h(x,y)=f_0(x)\oplus g_0(y)\oplus(f_0\oplus f_1)(x)(g_0\oplus g_1)(y) \tag{4.4}$$

其中，$x\in\mathbb{F}_2^n, y\in\mathbb{F}_2^m$。如果 $D_{1_n}(\widetilde{f_0\oplus\sigma_2})(x)=D_{1_n}(\widetilde{f_1\oplus\sigma_2})(x)$，那么 h 是一个 Bent-negabent 函数。

证明　从引理 4.1 可知，h 是一个 Bent 函数。接下来需要证明 h 是一个 negabent 函数。

根据引理 4.3 可知，只要证明 $h(x,y)\oplus\sigma_2(x,y)$ 是一个 Bent 函数即可。令

$$f_0'(x)=f_0(x)\oplus\sigma_2(x),\quad g_0'(y)=g_0(y)\oplus\sigma_2(y)$$

$$f_1'(x)=f_1(x)\oplus\sigma_2(x),\quad g_1'(y)=g_1(y)\oplus\sigma_2(y)$$

$$f_2'(x)=f_1'(x)\oplus 1_n\cdot x,\quad g_2'(y)=g_1'(y)\oplus 1_m\cdot y$$

又知

$$(f_0'\oplus f_1'\oplus f_2')(x)=f_0'(x)\oplus 1_n\cdot x$$

和

$$(g_0'\oplus g_1'\oplus g_2')(y)=g_0'(y)\oplus 1_m\cdot y$$

是 Bent 函数。由于 $D_{1_n}(\widetilde{f_0\oplus\sigma_2})(x)=D_{1_n}(\widetilde{f_1\oplus\sigma_2})(x)$，也就是说

$$\tilde{f}_0'(x)\oplus\tilde{f}_0'(x\oplus 1_n)=\tilde{f}_1'(x)\oplus\tilde{f}_1'(x\oplus 1_n)$$

进一步

$$\tilde{f}_0'(x\oplus 1_n)=\tilde{f}_0'(x)\oplus\tilde{f}_1'(x)\oplus\tilde{f}_1'(x\oplus 1_n)$$

根据引理 4.4，有

$$\widetilde{(f_0'\oplus f_1'\oplus f_2')}(x)=\tilde{f}_0'(x)\oplus 1_n\cdot x=\tilde{f}_0'(x\oplus 1_n)$$

根据引理 4.2，h' 定义为

$$\begin{aligned}h'(x,y)&=f_0'(x)\oplus g_0'(y)\oplus(f_0'\oplus f_1')(x)(g_0'\oplus g_1')(y)\oplus(f_1'\oplus f_2')(x)(g_1'\oplus g_2')(y)\\&=f_0'(x)\oplus g_0'(y)\oplus(f_0\oplus f_1)(x)(g_0\oplus g_1)(y)\oplus(1_n\cdot x)(1_m\cdot y)\\&=f_0(x)\oplus g_0(y)\oplus(f_0\oplus f_1)(x)(g_0\oplus g_1)(y)\oplus\sigma_2(x,y)\end{aligned}$$

是一个 $(n+m)$ 元 Bent 函数。进而，由于

$$h'(x,y)=h(x,y)\oplus\sigma_2(x,y)$$

那么根据引理 4.3 可知，h 是一个 $(n+m)$ 元 Bent 函数 Bent-negabent 函数。证毕。

从上面的结论，立即有下面构造方法。

推论 4.1[10]　设 f_0 是一个 n 元 Bent-negabent 函数，g_0 和 g_1 是两个 m 元的 Bent-negabent 函数，其中 n 和 m 均是偶数。设 $u\in\mathbb{F}_2^n\setminus\{0_n\}$ 是一个汉明重量为偶数的向量。定义 h 为

$$h(x,y)=f_0(x)\oplus g_0(y)\oplus(f_0\oplus f_1)(x)(g_0\oplus g_1)(y)\tag{4.5}$$

其中，$x\in\mathbb{F}_2^n,y\in\mathbb{F}_2^m$，$f_1(x)=f_0(x\oplus u)\oplus u\cdot x\oplus\sigma_2(u)$。那么，$h$ 是 Bent-negabent 函数。

证明　由于 f_0 和它的线性变换 $f_1(x)=f_0(x\oplus u)\oplus u\cdot x\oplus\sigma_2(u)$ 均是 Bent-negabent 函数，根据定理 4.1 可知，只要证明

$$D_{1_n}\widetilde{(f_0\oplus\sigma_2)}(x)=D_{1_n}\widetilde{(f_1\oplus\sigma_2)}(x)$$

即可。

为了便利，令 $f_0'(x)=(f_0\oplus\sigma_2)(x)$，$f_1'(x)=(f_1\oplus\sigma_2)(x)$。由于 $\mathrm{wt}(u)$ 是偶数，有

$$u\cdot x\oplus\sigma_2(u)=\sigma_2(x)\oplus\sigma_2(x\oplus u)$$

接下来，证明这个结论。注意到

$$u\cdot x=\begin{cases}\sigma_2(x)\oplus\sigma_2(x\oplus u), & \mathrm{wt}(u)\equiv 0 \pmod 4\\ \sigma_2(x)\oplus\sigma_2(x\oplus u)\oplus 1, & \mathrm{wt}(u)\equiv 2 \pmod 4\end{cases}$$

该结论可以根据$\sigma_2(x)$的定义容易得到。进一步，分别有

$$\sigma_2(u)=0 \text{ 和 } \sigma_2(u)=1$$

当且仅当

$$\mathrm{wt}(u)\equiv 0 \pmod 4 \text{ 和 } \mathrm{wt}(u)\equiv 2 \pmod 4$$

当$\mathrm{wt}(u)\equiv 0 \pmod 4$时，有$\mathrm{wt}(u)=4k$，其中$k\in\mathbb{N}$，$\sigma_2(u)$有$\binom{4k}{2}$个非零项$u_iu_j$，即$\sigma_2(u)=0$。同理，当$\mathrm{wt}(u)\equiv 2 \pmod 4$时，$\binom{4k-2}{2}$是一个奇数，因此$\sigma_2(u)=1$。于是

$$u\cdot x\oplus\sigma_2(u)=\sigma_2(x)\oplus\sigma_2(x\oplus u)$$

更多的细节，请看下面式子：

$$\begin{aligned}\sigma_2(x)\oplus\sigma_2(x\oplus u)&=\sigma_2(x)\oplus(x_1\oplus u_1)(x_2\oplus\cdots\oplus x_n\oplus u_2\oplus\cdots\oplus u_n)\\&\quad\oplus(x_2\oplus u_2)(x_3\oplus\cdots\oplus x_n\oplus u_3\oplus\cdots\oplus u_n)\\&\quad\oplus(x_3\oplus u_3)(x_4\oplus\cdots\oplus x_n\oplus u_4\oplus\cdots\oplus u_n)\\&\quad\vdots\\&\quad\oplus(x_{n-1}\oplus u_{n-1})(x_n\oplus u_n)\\&=\sigma_2(u)\oplus u\cdot x\end{aligned}$$

容易证明

$$\tilde{f}_1'(x)=\tilde{f}_0'(x\oplus u)=\tilde{f}_0'(x)\oplus u\cdot x \tag{4.6}$$

进一步，$f_1(x)\oplus\sigma_2(x)\oplus 1_n\cdot x=f_0(x\oplus u)\oplus\sigma_2(x\oplus u)\oplus 1_n\cdot x$，因此

$$\widetilde{f_1'(x)\oplus 1_n\cdot x}=\widetilde{f_0'(x\oplus u)\oplus 1_n\cdot x} \tag{4.7}$$

根据式(4.7)，有

$$\widetilde{f_1'(x\oplus 1_n)}=\widetilde{f_0'(x\oplus 1_n)}\oplus u\cdot(x\oplus 1_n) \tag{4.8}$$

由于u的汉明重量是偶数，故$u\cdot 1_n=0$。结合式(4.6)和(4.8)，有

$$D_{1_n}\widetilde{(f_0\oplus\sigma_2)}(x)=D_{1_n}\widetilde{(f_1\oplus\sigma_2)}(x)$$

那么，h是Bent-negabent函数。证毕。

注 4.2　从式(4.5)可知，$\deg(h)=\max\{\deg(f_0),\deg(g_0),\deg((D_u f_0)(g_0\oplus g_1))\}$。如果$\deg(f_0)=2,\deg(D_u f_0)=1,\deg(g_0)=2$且$\deg(g_0\oplus g_1)=1$，那么$\deg(h)=2$。如果$\deg(f_0)=\dfrac{n}{2},\deg(D_u f_0)=\dfrac{n}{2}-1$且$\deg(g_0\oplus g_1)=\dfrac{m}{2}$，那么$\deg(h)=\dfrac{n+m}{2}-1$。

借助非直和构造，利用正形置换(又称为完全置换)与M-M类Bent函数间的联系，构造Bent-negabent函数。借助推论4.1，给出具体的初始函数f_0,g_0,g_1和$f_1(x)=f_0(x\oplus u)\oplus u\cdot x\oplus\sigma_2(u)$。

定义 4.1　设$\phi:\mathbb{F}_2^m\to\mathbb{F}_2^m$是一个布尔置换，其中$\phi(y)=(\phi_1(y),\cdots,\phi_m(y))$，$\phi_i:\mathbb{F}_2^m\to\mathbb{F}_2$。如果满足函数

$$\phi(y)\oplus y=(\phi_1(y)\oplus y_1,\cdots,\phi_m(y)\oplus y_m)$$

也是一个布尔置换，那么称布尔置换$\phi(y)$为m元正形置换。

设$n\geqslant 4$是一个偶数，ν是一个二次Bent函数，定义为

$$\nu(x)=\bigoplus_{i=1}^{n/2}x_i x_{n/2+i}$$

其中，$x=(x_1,\cdots,x_n)\in\mathbb{F}_2^n$。又知二次对称函数$\sigma_2(x)$是Bent函数且仿射等价于二次Bent函数$\nu$[11]。进一步，存在一个可逆矩阵$A\in\mathrm{GL}(n,\mathbb{F}_2)$，$b,u\in\mathbb{F}_2^n,\epsilon\in\mathbb{F}_2$使得

$$\sigma_2(x)=\nu(xA\oplus b)\oplus u\cdot x\oplus\epsilon$$

文献[6]中提供了一个构造Bent-negabent函数的方法。

引理 4.5[6]　设$\sigma_2(x)=\nu(xA\oplus b)\oplus u\cdot x\oplus\epsilon$，其中$A\in\mathrm{GL}(n,\mathbb{F}_2)$，$b,u\in\mathbb{F}_2^n$且$\epsilon\in\mathbb{F}_2$。假定$f$和$f\oplus\nu$均是$n$元Bent函数，那么函数$f'$定义为

$$f'(x)=f(xA\oplus b)\oplus\sigma_2(x),x\in\mathbb{F}_2^n\tag{4.9}$$

是Bent-negabent函数。

对任意的正整数n，向量空间$\mathbb{F}_2^n$能赋予有限域$\mathbb{F}_{2^n}$的结构。$\mathbb{F}_2^{n/2}$上任意布尔置换都能够等价于有限域$\mathbb{F}_{2^{n/2}}$上的一个置换。如果$F(X)$和$F(X)+X$均是$\mathbb{F}_{2^{n/2}}$上

的置换多项式，那么多项式 $F(X)\in\mathbb{F}_{2^{n/2}}[X]$ 被称为完全多项式。

在文献[6]中，已经证明 $f_{\mathbb{F}}(x)=\pi_{\mathbb{F}}(x_1,\cdots,x_{n/2})\cdot(x_{n/2+1},\cdots,x_n)$ 是一个 Bent-negabent 函数，其中 $\pi_{\mathbb{F}}$ 是由完全多项式导出的一个 $\mathbb{F}_2^{n/2}$ 上的正形置换。在文献[7]中，给出了构造满足式(4.9)的具体 A 的方法，这样借助正形置换可以构造出 n 元 Bent-negabent 函数。

为了便于描述，下面令 $x^{(1)}=(x_1,\cdots,x_{n/2})$，$x^{(2)}=(x_{n/2+1},\cdots,x_n)$。

引理 4.6[7]　设 $x=(x^{(1)},x^{(2)})\in\mathbb{F}_2^n$，定义 $f\in\mathcal{B}_n$ 为

$$f(x)=\pi(x^{(2)})\cdot x^{(1)}\oplus\theta(x^{(2)})$$

其中，π 是一个 $n/2$ 元的正形置换，$\theta\in\mathcal{B}_{n/2}$。那么，对任意的 $\alpha,\beta\in\mathbb{F}_2^n,\zeta\in\mathbb{F}_2$，$\mathbb{F}_2$ 上 $n\times n$ 的正交矩阵 O 和可逆矩阵 $A\in\mathrm{GL}(n,\mathbb{F}_2)$ 满足式(4.9)，函数

$$f'(x)=f(xOA\oplus\alpha)\oplus\beta\cdot x\oplus\zeta \tag{4.10}$$

是一个 Bent-negabent 函数且 $\deg(f')=\deg(f)$。

借助推论 4.1 和 M-M 类函数，给出一个构造 Bent-negabent 函数的具体方法。

定理 4.2　设 n 和 m 是两个正偶数，记 $x=(x^{(1)},x^{(2)})\in\mathbb{F}_2^n$，$y=(y^{(1)},y^{(2)})\in\mathbb{F}_2^m$。设 $f_0(x)=\pi(x^{(2)})\cdot x^{(1)}\oplus\theta(x^{(2)})$, $g_i(y)=\phi_i(y^{(2)})\cdot y^{(1)}\oplus\vartheta_i(y^{(2)})$，其中 $i\in\{0,1\}$，$\theta\in\mathcal{B}_{n/2}$，$\vartheta_0,\vartheta_1\in\mathcal{B}_{m/2}$。设 $u\in\mathbb{F}_2^n\setminus\{0_n\}$ 的汉明重量为偶数。令

$$f_1(xA_1)=f_0(xA_1\oplus u)\oplus u\cdot(xA_1)\oplus\sigma_2(u)$$

其中，A_1 是一个 $n\times n$ 的矩阵且满足式(4.9)。定义

$$h(x,y)=f_0(x)\oplus g_0(y)\oplus(f_0\oplus f_1)(x)(g_0\oplus g_1)(y)$$

假设 π 是一个 $n/2$ 元的正形置换，ϕ_0,ϕ_1 是两个 $m/2$ 元的正形置换。那么有：

(1) 函数 h 是一个 $(n+m)$ 元的 Bent 函数；

(2) 函数 h'，定义为

$$h'(x,y)=h((x,y)A)=f_0(xA_1)\oplus g_0(yA_2)\oplus(f_0\oplus f_1)(xA_1)(g_0\oplus g_1)(yA_2)$$

是一个 $(n+m)$ 元的 Bent-negabent 函数，其中 $A=\begin{bmatrix}A_1 & 0_{n\times m}\\ 0_{m\times n} & A_2\end{bmatrix}_{(n+m)\times(n+m)}$，$A_2$ 是一个满足式(4.9)的 $m\times m$ 矩阵。

证明 已知 f_0, g_0, g_1 是 Bent 函数，$u\cdot(xA_1)\oplus\sigma_2(u)$ 是仿射函数，即 f_1 也是 Bent 函数，根据引理 4.1 可知，h 是一个 $(n+m)$ 元的 Bent 函数。

现在证明 h' 是 Bent-negabent 函数。根据推论 4.1 可知，只要证明下列条件满足即可。

(1) $f_0(xA_1)$ 是一个 Bent-negabent 函数。

(2) $g_0(yA_2)$ 和 $g_1(yA_2)$ 是 m 元的 Bent-negabent 函数。

(3) $f_1(xA_1)=f_0(xA_1\oplus u)\oplus u\cdot(xA_1)\oplus\sigma_2(u)$。

借助引理 4.6，根据 π, ϕ_0 和 ϕ_1 是正形置换，容易证明 $f_0(xA_1)$, $g_0(yA_2)$ 和 $g_1(yA_2)$ 是 Bent-negabent 函数。从 f_1 的定义可知，条件(3)是正确的。证毕。

例 4.1 设 $n=6, m=8$，取 $\pi(x^{(2)})=(x_4\oplus x_6, x_4\oplus x_5, x_5\oplus 1)$，$\phi_0(y^{(2)})=(y_5\oplus y_6\oplus y_5y_6\oplus y_8, y_5\oplus y_6, y_6\oplus y_7, y_7\oplus 1)$，$\phi_1(y^{(2)})=(y_6\oplus y_7\oplus y_8, y_7\oplus y_8, y_5\oplus y_8, y_5\oplus 1)$，$\theta(x^{(2)})=x_4x_5x_6$，$\vartheta_0(y^{(2)})=y_5y_6y_7$，$\vartheta_1(y^{(2)})=y_5y_6y_7y_8$ 为定理 4.2 所需的函数。取 $u=(0,0,0,0,1,1)\in\mathbb{F}_2^6$。矩阵 A_1 和 A_2 为

$$A_1=\begin{pmatrix} S_3\oplus I_3 & S_3 \\ S_3 & S_3\oplus I_3 \end{pmatrix},\qquad A_2=\begin{pmatrix} S_4\oplus I_4 & S_4 \\ S_4 & S_4\oplus I_4 \end{pmatrix}$$

其中，I_3（或 I_4）是 3×3（或 4×4）的单位矩阵，令

$$S_3=\begin{pmatrix} 0 & 0 & 0 \\ 1 & 0 & 0 \\ 1 & 1 & 0 \end{pmatrix},\ S_4=\begin{pmatrix} 0 & 0 & 0 & 0 \\ 1 & 0 & 0 & 0 \\ 1 & 1 & 0 & 0 \\ 1 & 1 & 1 & 0 \end{pmatrix}$$

那么

$$\begin{aligned} f_0(x) &= \pi(x^{(2)})\cdot x^{(1)}\oplus\theta(x^{(2)}) \\ &= x_1x_4\oplus x_1x_6\oplus x_2x_4\oplus x_2x_5\oplus x_3x_5\oplus x_3\oplus x_4x_5x_6 \end{aligned}$$

$$\begin{aligned} f_0(xA_1) = {} & x_2x_3x_6\oplus x_2x_5x_6\oplus x_3x_4x_6\oplus x_4x_5x_6\oplus x_1x_2\oplus x_1x_3\oplus x_1x_4 \\ & \oplus x_1x_5\oplus x_2x_3\oplus x_2x_6\oplus x_3x_5\oplus x_3x_6\oplus x_4x_5\oplus x_4x_6\oplus x_3\oplus x_5\oplus x_6 \end{aligned}$$

$$\begin{aligned} f_1(xA_1) &= f_0(xA_1\oplus u)\oplus u\cdot(xA_1)\oplus\sigma_2(u) \\ &= x_2x_3x_6\oplus x_2x_5x_6\oplus x_3x_4x_6\oplus x_4x_5x_6\oplus x_1x_2\oplus x_1x_3\oplus x_1x_4\oplus x_1x_5\oplus x_2x_5 \\ &\quad \oplus x_2x_6\oplus x_3x_4\oplus x_3x_5\oplus x_4x_6\oplus x_5x_6\oplus x_1\oplus x_2\oplus x_3\oplus x_4\oplus x_5\oplus 1 \end{aligned}$$

进一步，有

$$\begin{aligned}g_0(yA_2)=&\ y_1y_2y_3\oplus y_1y_2y_4\oplus y_1y_2y_6\oplus y_1y_2y_7\oplus y_1y_2y_8\oplus y_1y_3y_5\oplus y_1y_4y_5\oplus y_1y_5y_6\\&\oplus y_1y_5y_7\oplus y_1y_5y_8\oplus y_2y_3y_5\oplus y_2y_4y_5\oplus y_2y_5y_6\oplus y_2y_5y_7\oplus y_2y_5y_8\oplus y_2y_3y_4\\&\oplus y_2y_3y_7\oplus y_2y_3y_8\oplus y_3y_4y_5\oplus y_3y_5y_7\oplus y_3y_5y_8\oplus y_2y_4y_6\oplus y_2y_6y_7\oplus y_2y_6y_8\\&\oplus y_4y_5y_6\oplus y_5y_6y_7\oplus y_5y_6y_8\oplus y_1y_2\oplus y_1y_5\oplus y_2y_8\oplus y_7y_8\oplus y_1y_3\oplus y_1y_4\\&\oplus y_1y_6\oplus y_1y_7\oplus y_2y_3\oplus y_3y_5\oplus y_3y_6\oplus y_3y_7\oplus y_3y_8\oplus y_6y_7\oplus y_6y_8\oplus y_6\oplus y_8\end{aligned}$$

$$\begin{aligned}g_1(yA_2)=&\ y_2y_3y_4y_8\oplus y_2y_4y_6y_8\oplus y_3y_4y_5y_8\oplus y_4y_5y_6y_8\oplus y_2y_3y_7y_8\oplus y_2y_6y_7y_8\\&\oplus y_3y_5y_7y_8\oplus y_5y_6y_7y_8\oplus y_2y_4y_8\oplus y_3y_4y_8\oplus y_4y_6y_8\oplus y_3y_7y_8\oplus y_6y_7y_8\\&\oplus y_2y_3y_8\oplus y_2y_6y_8\oplus y_2y_7y_8\oplus y_3y_5y_8\oplus y_4y_5y_8\oplus y_5y_6y_8\oplus y_5y_7y_8\oplus y_4y_8\\&\oplus y_2y_8\oplus y_1y_3\oplus y_1y_6\oplus y_1y_8\oplus y_2y_6\oplus y_6y_7\oplus y_2y_7\oplus y_3y_7\oplus y_3y_5\oplus y_3y_6\\&\oplus y_3y_4\oplus y_4y_6\oplus y_2y_4\oplus y_6\end{aligned}$$

那么

$$\begin{aligned}h'(x,y)=&\ f_0(xA_1)\oplus g_0(yA_2)\oplus(x_2x_3\oplus x_2x_5\oplus x_3x_4\oplus x_3x_6\oplus x_4x_5\oplus x_5x_6\oplus x_1\\&\oplus x_2\oplus x_4\oplus x_6\oplus 1)(y_2y_3y_4y_8\oplus y_2y_4y_6y_8\oplus y_3y_4y_5y_8\oplus y_4y_5y_6y_8\\&\oplus y_2y_3y_7y_8\oplus y_2y_6y_7y_8\oplus y_3y_5y_7y_8\oplus y_5y_6y_7y_8\oplus y_2y_4y_8\oplus y_3y_4y_8\\&\oplus y_4y_6y_8\oplus y_3y_7y_8\oplus y_6y_7y_8\oplus y_2y_7y_8\oplus y_4y_5y_8\oplus y_5y_7y_8\oplus y_4y_8\\&\oplus y_1y_8\oplus y_2y_6\oplus y_2y_7\oplus y_3y_4\oplus y_4y_6\oplus y_2y_4\oplus y_1y_2y_3\oplus y_1y_2y_4\\&\oplus y_1y_2y_6\oplus y_1y_2y_7\oplus y_1y_2y_8\oplus y_1y_3y_5\oplus y_1y_4y_5\oplus y_1y_5y_6\oplus y_1y_5y_7\\&\oplus y_1y_5y_8\oplus y_2y_3y_5\oplus y_2y_4y_5\oplus y_2y_5y_6\oplus y_2y_5y_7\oplus y_2y_5y_8\oplus y_2y_3y_4\\&\oplus y_2y_3y_7\oplus y_3y_4y_5\oplus y_3y_5y_7\oplus y_2y_4y_6\oplus y_2y_6y_7\oplus y_4y_5y_6\oplus y_5y_6y_7\\&\oplus y_1y_2\oplus y_1y_5\oplus y_7y_8\oplus y_1y_4\oplus y_1y_7\oplus y_2y_3\oplus y_3y_8\oplus y_6y_8\oplus y_8)\end{aligned}$$

是一个 14 元的 Bent-negabent 函数，代数次数为 6(代数次数达到次优)。

引理 4.7[4]　设 f 和 f' 是两个 n 元 Bent 函数。假设 f 和 f' 的关系为 $f'(x)=f(xO\oplus\alpha)\oplus\beta\cdot x\oplus\zeta$，其中 O 是一个 $\mathbb{F}_2$ 上的 $n\times n$ 正交矩阵，$\alpha,\beta\in\mathbb{F}_2^n$，$\zeta\in\mathbb{F}_2$。如果 f 是一个 Bent-negabent 函数，那么 f' 也是一个 Bent-negabent 函数。

根据定理 4.2 和引理 4.7，立即有下面推论。

推论 4.2　设 h' 是定理 4.2 所定义的函数。那么，h'' 定义为

$$h''(x,y)=h'((x,y)O\oplus\alpha)\oplus\beta\cdot(x,y)\oplus\zeta,\quad x\in\mathbb{F}_2^n,y\in\mathbb{F}_2^m$$

也是一个 Bent-negabent 函数，其中 $O\in O(n+m,\mathbb{F}_2)$，$\alpha,\beta\in\mathbb{F}_2^{n+m}$，$\zeta\in\mathbb{F}_2$。

4.2 Bent-negabent 函数不属于 $\mathcal{M}^{\#}$

本节给出定理 4.2 和推论 4.2 所构造的 Bent-negabent 函数不属于 $\mathcal{M}^{\#}$ 的一个充分条件。事实上，只要证明定理 4.2 中所构造的函数不属于 $\mathcal{M}^{\#}$ 即可。为了完成任务，利用 Dillon 所给出的结果去证明。

引理 4.8[12] 设 $x \in \mathbb{F}_2^n$。一个 n 元 Bent 函数 f 属于 $\mathcal{M}^{\#}$ 当且仅当存在 $\mathbb{F}_2^n$ 中的一个 $\frac{n}{2}$ 维向量子空间 V 使得二阶差分

$$D_\alpha D_\beta f(x) = f(x) \oplus f(x \oplus \alpha) \oplus f(x \oplus \beta) \oplus f(x \oplus \alpha \oplus \beta)$$

等于 0，对任意的 $\alpha, \beta \in V$ 均成立。

为了给出这部分最主要的结果，需要首先给出下面的结果。类似于布尔函数，如果式(4.11)对所有的 $z \in \mathbb{F}_2^n$ 均成立，则称 $\gamma \in \mathbb{F}_2^n \backslash \{0_n\}$ 是函数 $f: \mathbb{F}_2^n \to \mathbb{F}_2^m$ 的一个非零线性结构。

$$f(z) \oplus f(z \oplus \gamma) = \text{const} \in \mathbb{F}_2^m \tag{4.11}$$

众所周知，函数 f 的所有线性结构恰好构成 $\mathbb{F}_2^n$ 的一个子空间。特别地，如果 f 是一个布尔置换，则有下面的结论。

引理 4.9[10] 设 n 是偶数，$l\,(\leqslant n/2)$ 是一个正整数。设 ϕ 是一个 $n/2$ 元的布尔置换。设 V 是 $\mathbb{F}_2^{n/2}$ 的一个 l 维子空间，且包含 ϕ 的所有线性结构。那么

$$V' = \{\gamma' \mid \gamma' = \phi(z) \oplus \phi(z \oplus \gamma), \gamma \in V, z \in \mathbb{F}_2^{n/2}\}$$

也是 $\mathbb{F}_2^{n/2}$ 的一个 l 维子空间。

证明 只要证明 V' 在加法运算下是封闭的即可。设 α', β' 是 V' 中的任意两个向量(假设 $l>1$，因为 $l=0,1$ 是一个平凡的情况)。根据 V' 的定义可知，至少存在两个向量 $\alpha, \beta \in V$ 使得 $\alpha' = \phi(z) \oplus \phi(z \oplus \alpha)$，$\beta' = \phi(z) \oplus \phi(z \oplus \beta)$ 对所有的 $z \in \mathbb{F}_2^{n/2}$ 均成立。

进一步，有

$$\begin{aligned}\alpha'\oplus\beta' &= \phi(z)\oplus\phi(z\oplus\alpha)\oplus\phi(z)\oplus\phi(z\oplus\beta)\\ &= \phi(z\oplus\alpha)\oplus\phi(z\oplus\beta)\\ &= \phi(z)\oplus\phi(z\oplus\alpha\oplus\beta)\end{aligned}$$

即 $\alpha'\oplus\beta'\in V'$。因此，$V'$ 是 $\mathbb{F}_2^{n/2}$ 的一个子空间。

为了证明 V' 是一个 l 维的子空间，只要证明任意两个不同的向量 $\alpha,\beta\in V$，有

$$\phi(z)\oplus\phi(z\oplus\alpha)\neq\phi(z)\oplus\phi(z\oplus\beta) \tag{4.12}$$

而式(4.12)总是成立的，这是因为 ϕ 为一个布尔置换。证毕。

定理 4.3[10]　设 m 是一个偶数，$y=(y^{(1)},y^{(2)})\in\mathbb{F}_2^m$，$\pi$ 是一个 $m/2$ 元布尔置换。设 $f\in\mathcal{B}_m$，定义为

$$f(y)=\pi(y^{(2)})\cdot y^{(1)}\oplus\theta(y^{(2)}),\ \theta\in\mathcal{B}_{m/2}$$

设 V 是 $\mathbb{F}_2^m$ 的一个线性子空间，使得 $D_{\alpha,\beta}f(y)=0$ 对任意的 $\alpha,\beta\in V$ 均成立。那么

$$\dim(V)\leqslant m/2$$

证明　令 $\alpha=(\alpha^{(1)},\alpha^{(2)})\in V,\beta=(\beta^{(1)},\beta^{(2)})\in V$，那么

$$\begin{aligned}D_{\alpha,\beta}f(y) &= y^{(1)}\cdot\left(\pi(y^{(2)})\oplus\pi(y^{(2)}\oplus\alpha^{(2)})\oplus\pi(y^{(2)}\oplus\beta^{(2)})\oplus\pi(y^{(2)}\oplus\alpha^{(2)}\oplus\beta^{(2)})\right)\\ &\quad\oplus\alpha^{(1)}\cdot\left(\pi(y^{(2)}\oplus\alpha^{(2)})\oplus\pi(y^{(2)}\oplus\alpha^{(2)}\oplus\beta^{(2)})\right)\\ &\quad\oplus\beta^{(1)}\cdot\left(\pi(y^{(2)}\oplus\beta^{(2)})\oplus\pi(y^{(2)}\oplus\alpha^{(2)}\oplus\beta^{(2)})\right)\oplus D_{\alpha^{(2)},\beta^{(2)}}\theta(y^{(2)})\end{aligned} \tag{4.13}$$

当 $V=\{(y^{(1)},0_{m/2})\mid y^{(1)}\in\mathbb{F}_2^{m/2}\}$ 时，对任意的 $\alpha,\beta\in V$，有 $D_{\alpha,\beta}f(y)=0$ 均成立。

假设存在一个子空间 V^*，其中 $\dim(V^*)>m/2$ 使得 $D_{\alpha,\beta}f(y)=0$ 对任意的 $\alpha,\beta\in V^*$ 均成立。由于 $\dim(V^*)>m/2$，有

$$\left|V^*\cap\{(y^{(1)},0_{m/2})\mid y^{(1)}\in\mathbb{F}_2^{m/2}\}\right|>1$$

和

$$\left|V^*\cap\{(0_{m/2},y^{(2)})\mid y^{(2)}\in\mathbb{F}_2^{m/2}\}\right|>1$$

其中，“$|\cdot|$”表示一个集合的势。不失一般性，令 $(\varpi^{(1)},0_{m/2})\in V^*$，其中 $\varpi^{(1)}\neq 0_{m/2}$。

另外，由式(4.13)可知，只有式(4.14)成立才能使得 $D_{\alpha,\beta}f(y)=0$ 成立。

$$\pi(y^{(2)})\oplus\pi(y^{(2)}\oplus\alpha^{(2)})\oplus\pi(y^{(2)}\oplus\beta^{(2)})\oplus\pi(y^{(2)}\oplus\alpha^{(2)}\oplus\beta^{(2)})=0_{m/2} \quad (4.14)$$

就式(4.13)中的项$D_{\alpha^{(2)},\beta^{(2)}}\theta(y^{(2)})$，有两种情况需要考虑。

(1)当$\alpha^{(1)}=\beta^{(1)}=0_{m/2}$时，有$D_{\alpha,\beta}f(y)=0$，那么$D_{\alpha^{(2)},\beta^{(2)}}\theta(y^{(2)})$一定等于0。由 $(\varpi^{(1)},0_{m/2})\in V^*$和$\alpha=(0_{m/2},\alpha^{(2)})\in V^*$， $\beta=(0_{m/2},\beta^{(2)})\in V^*$可知

$$(\varpi^{(1)},\alpha^{(2)}),(\varpi^{(1)},\beta^{(2)})\in V^*$$

这是因为V^*是一个线性子空间。进一步，根据$D_{\alpha^{(2)},\beta^{(2)}}\theta(y^{(2)})=0$，有

$$\varpi^{(1)}\cdot\left(\pi(y^{(2)}\oplus\alpha^{(2)})\oplus\pi(y^{(2)}\oplus\alpha^{(2)}\oplus\beta^{(2)})\right)=0$$

和

$$\varpi^{(1)}\cdot\left(\pi(y^{(2)}\oplus\beta^{(2)})\oplus\pi(y^{(2)}\oplus\alpha^{(2)}\oplus\beta^{(2)})\right)=0$$

这暗示了$\alpha^{(2)}$和$\beta^{(2)}$一定是π的线性结构。

(2)当$\alpha^{(1)}\neq 0_{m/2}$或$\beta^{(1)}\neq 0_{m/2}$时，有两种情况需要考虑。

①如果$(\alpha^{(1)},\alpha^{(2)}),(\beta^{(1)},\beta^{(2)})\in V^*$使得$D_{\alpha^{(2)},\beta^{(2)}}\theta(y^{(2)})=0$，那么，从情况(1)可知，$\alpha^{(2)}$和$\beta^{(2)}$是$\pi$的线性结构。

②如果存在两个向量$(\alpha^{(1)},\alpha^{(2)}),(\beta^{(1)},\beta^{(2)})\in V^*$使得$D_{\alpha^{(2)},\beta^{(2)}}\theta(y^{(2)})\neq 0$，那么，一定有

$$\alpha^{(1)}\cdot\left(\pi(y^{(2)}\oplus\alpha^{(2)})\oplus\pi(y^{(2)}\oplus\alpha^{(2)}\oplus\beta^{(2)})\right)\oplus\beta^{(1)}\cdot\left(\pi(y^{(2)}\oplus\beta^{(2)})\oplus\pi(y^{(2)}\oplus\alpha^{(2)}\oplus\beta^{(2)})\right)$$
$$=D_{\alpha^{(2)},\beta^{(2)}}\theta(y^{(2)}) \quad (4.15)$$

所以

$$D_{\alpha,\beta}f(y)=0$$

由于V^*是一个线性子空间且$(\varpi^{(1)},0_{m/2})\in V^*$，又有$(\alpha^{(1)}\oplus\varpi^{(1)},\alpha^{(2)})$，$(\beta^{(1)}\oplus\varpi^{(1)},\beta^{(2)})\in V^*$。在式(4.13)中用$\alpha^{(1)}\oplus\varpi^{(1)}$取代$\alpha^{(1)}$，结合式(4.15)，条件$D_{\alpha,\beta}f(y)=0$可以表示为

$$\varpi^{(1)}\cdot\left(\pi(y^{(2)}\oplus\alpha^{(2)})\oplus\pi(y^{(2)}\oplus\alpha^{(2)}\oplus\beta^{(2)})\right)=0$$

类似地用$\beta^{(1)}\oplus\varpi^{(1)}$代替$\beta^{(1)}$，有

$$\varpi^{(1)} \cdot \left(\pi(y^{(2)} \oplus \beta^{(2)}) \oplus \pi(y^{(2)} \oplus \alpha^{(2)} \oplus \beta^{(2)})\right) = 0$$

这样再次证明 $\alpha^{(2)}$ 和 $\beta^{(2)}$ 一定是 π 的线性结构。进一步借助式(4.15)，有

$$D_{\alpha^{(2)},\beta^{(2)}}\theta(y^{(2)}) = 1$$

由于 $\alpha^{(2)}$ 和 $\beta^{(2)}$ 是 π 的线性结构，所以 $D_{\alpha^{(2)},\beta^{(2)}}\theta(y^{(2)})$ 一定等于一个常数。在情况(2)下的②中，假设 $D_{\alpha^{(2)},\beta^{(2)}}\theta(y^{(2)}) \neq 0$，那么有

$$D_{\alpha^{(2)},\beta^{(2)}}\theta(y^{(2)}) = 1$$

从以上两种情况可知，集合 $\{y^{(2)} \mid (y^{(1)}, y^{(2)}) \in V^*\}$ 中的任何一个元素均是 π 的线性结构。不失一般性，令 $\dim(\{y^{(2)} \mid (y^{(1)}, y^{(2)}) \in V^*\}) =: l \leqslant m/2$。根据引理 4.9，有

$$\dim(\{\pi(z) \oplus \pi(z \oplus \gamma) \mid \gamma \in \{y^{(2)} \mid (y^{(1)}, y^{(2)}) \in V^*\}, z \in \mathbb{F}_2^{m/2}\}) = l$$

现在，根据任意给定的向量 $b^{(1)} \in \{y^{(1)} \mid (y^{(1)}, y^{(2)}) \in V^*\}$ 和向量 $\alpha^{(2)}, \beta^{(2)} \in \{y^{(2)} \mid (y^{(1)}, y^{(2)}) \in V^*\}$，式(4.13)和式(4.14)，可以获得一个关于 $\alpha^{(1)}$ 的方程：

$$\begin{aligned} &\alpha^{(1)} \cdot \left(\pi(y^{(2)} \oplus \alpha^{(2)}) \oplus \pi(y^{(2)} \oplus \alpha^{(2)} \oplus \beta^{(2)})\right) \\ &= b^{(1)} \cdot \left(\pi(y^{(2)} \oplus \beta^{(2)}) \oplus \pi(y^{(2)} \oplus \alpha^{(2)} \oplus \beta^{(2)})\right) \oplus D_{\alpha^{(2)},\beta^{(2)}}\theta(y^{(2)}) \end{aligned} \tag{4.16}$$

这样，确定 $b^{(1)} \in \{y^{(1)} \mid (y^{(1)}, y^{(2)}) \in V^*\}$，从 $\{y^{(2)} \mid (y^{(1)}, y^{(2)}) \in V^*\}$ 中选择不同的 $\alpha^{(2)}$，$\beta^{(2)}$，可以得到一个方程组。用 $S_{b^{(1)}}$ 表示方程组的解空间。显然

$$\dim(S_{b^{(1)}}) = m/2 - l$$

因为

$$\dim(\{\pi(z) \oplus \pi(z \oplus \gamma) \mid \gamma \in \{y^{(2)} \mid (y^{(1)}, y^{(2)}) \in V^*\}, z \in \mathbb{F}_2^{m/2}\}) = l$$

注意到

$$\{y^{(1)} \mid (y^{(1)}, y^{(2)}) \in V^*\} = \bigcap_{b^{(1)} \in \{y^{(1)} \mid (y^{(1)}, y^{(2)}) \in V^*\}} S_{b^{(1)}}$$

和

$$\begin{aligned} \dim(V^*) &= \dim(\{y^{(1)} \mid (y^{(1)}, y^{(2)}) \in V^*\}) + \dim(\{y^{(2)} \mid (y^{(1)}, y^{(2)}) \in V^*\}) \\ &\leqslant (m/2 - l) + l = m/2 \end{aligned}$$

证毕。

从上面的定理，立即有下面的推论。

推论 4.3　设 m 是一个偶数，$y=(y^{(1)},y^{(2)})\in\mathbb{F}_2^m$，$\pi$ 是一个 $m/2$ 元的布尔置换。设 f 是定理 4.3 中所定义函数，设 V 是 $\mathbb{F}_2^m$ 的一个线性子空间。如果 $\dim(V)>m/2$，那么一定存在两个向量 $\alpha,\beta\in V$ 使得 $D_{\alpha,\beta}f(y)\neq 0$。

定理 4.4[10]　设 $n\ (n\geqslant 6)$ 和 $m\ (m\geqslant 6)$ 是两个偶数，$x=(x^{(1)},x^{(2)})\in\mathbb{F}_2^n$，$y=(y^{(1)},y^{(2)})\in\mathbb{F}_2^m$。设 π_0,π_1 和 ϕ_0,ϕ_1 分别是 $n/2$ 和 $m/2$ 元布尔置换。函数 $h\in\mathcal{B}_{n+m}$ 定义为

$$h(x,y)=f_0(x)\oplus g_0(y)\oplus(f_0\oplus f_1)(x)(g_0\oplus g_1)(y)$$

其中，$f_i(x)=\pi_i(x^{(2)})\cdot x^{(1)}\oplus\theta_i(x^{(2)})$，$g_i(y)=\phi_i(y^{(2)})\cdot y^{(1)}\oplus\vartheta_i(y^{(2)})$，$i=0,1$，$\theta_0,\theta_1\in\mathcal{B}_{n/2}$，$\vartheta_0,\vartheta_1\in\mathcal{B}_{m/2}$。如果 $\pi_0\oplus\pi_1$，$\phi_0\oplus\phi_1$，$\theta_0\oplus\theta_1$ 和 $\vartheta_0\oplus\vartheta_1$ 满足下面的条件，那么 h 是一个 Bent 函数且不属于 $\mathcal{M}^\#$。

(1) 对任意的非零向量 $\gamma\in\mathbb{F}_2^{n/2}$，均有 $(\pi_0\oplus\pi_1)(x^{(2)})\cdot\gamma\neq 0$。

(2) 对任意的非零向量 $\nu\in\mathbb{F}_2^{m/2}$，均有 $(\phi_0\oplus\phi_1)(y^{(2)})\cdot\nu\neq 0$。

(3) $\deg(\theta_0\oplus\theta_1)\geqslant 2$ 且 $\deg(\vartheta_0\oplus\vartheta_1)\geqslant 2$ 或 $\deg(\pi_0\oplus\pi_1)\geqslant 2$ 且 $\deg(\phi_0\oplus\phi_1)\geqslant 2$。

该定理的证明过长，请见本章附录。

注 4.3　由于 $\deg(\pi_0\oplus\pi_1)\geqslant 2$ 和 $\deg(\phi_0\oplus\phi_1)\geqslant 2$，函数的变元 x 和 y 所在的向量空间必须大于等于 6。注意到，定理 4.4 的结果对 Bent 函数的分类也是非常重要的。又知道函数 f_0,f_1 和 g_0,g_1 的最大代数次数分别为 $n/2$ 和 $m/2$，因此函数 h 可能获得最高的代数次数为 $(n+m)/2$。

定理 4.4 中的条件 (1) 和 (2) 看起来是非常难满足的，下面有一个直接的方法选择置换 π_0,π_1 和 ϕ_0,ϕ_1。

定理 4.5[10]　设 $\pi\in\mathbb{F}_{2^{n/2}}$ 是一个正形置换，即使得 $\pi(x)$ 和 $\pi(x)+x$ 均是置换。令 $\pi_0(x)=\pi(x)$ 和 $\pi_1(x)=x$，则对所有的 $\gamma\in\mathbb{F}_2^{n/2}\backslash\{0_{n/2}\}$，均有 $((\pi_0\oplus\pi_1)(x))\cdot\gamma\neq 0$。

证明　首先把 $\mathbb{F}_2^{n/2}$ 和 $\mathbb{F}_{2^{n/2}}$ 认为是相同的，那么有

$$((\pi_0\oplus\pi_1)(x))\cdot\gamma\neq 0$$

等价于

$$\mathrm{Tr}_1^{n/2}(\gamma(\pi_0(x)\oplus\pi_1(x)))\neq 0$$

其中，$\mathrm{Tr}_1^{n/2}=x+x^2+\cdots+x^{2^{n/2-1}}$ 表示绝对迹函数。以上两个表示的等价来自于 $x\cdot y$ 等价于$\mathrm{Tr}_1^{n/2}(xy)$。一般来说，取 $\{\alpha_1,\cdots,\alpha_n\}$ 为 $\mathbb{F}_2^n$ 基于 $\mathbb{F}_2$ 上的基。又知道 $f\in\mathbb{F}_{2^{n/2}}[x]$ 是一个置换当且仅当 $\sum\limits_{x\in\mathbb{F}_{2^{n/2}}}(-1)^{\mathrm{Tr}_1^{n/2}(\gamma f(x))}=0$ 对所有的 $\gamma\in\mathbb{F}_{2^{n/2}}\setminus\{0_{n/2}\}$ 均成立。因为 $\pi_0(x)\oplus\pi_1(x)$ 是一个置换，所以对所有的 $\gamma\in\mathbb{F}_{2^{n/2}}\setminus\{0_{n/2}\}$，均有 $\mathrm{Tr}_1^{n/2}(\gamma(\pi_0(x)\oplus\pi_1(x)))\neq 0$。证毕。

事实上，就定理 4.4 的条件而言，下面可以给出一个更广义的框架。

定理 4.6[10]　设 ψ 是一个正形置换，φ 是 $\mathbb{F}_2^{n/2}$ 上的一个置换。设 $\pi_0(x)=\varphi(x)$ 且 $\pi_1(x)=\psi(\varphi(x))$。那么，对所有的 $\gamma\in\mathbb{F}_2^{n/2}\setminus\{0_{n/2}\}$，均有

$$\left((\pi_0\oplus\pi_1)(x)\right)\cdot\gamma\neq 0$$

证明　因为 $(\pi_0\oplus\pi_1)(x)$ 是 $\mathbb{F}_2^{n/2}$ 上的布尔置换，利用定理 4.5 的证明可证明该定理。证毕。

结合定理 4.2，推论 4.2 和定理 4.4，有下面的定理。

定理 4.7　设 n ($n\geqslant 6$) 和 m ($m\geqslant 6$) 是两个偶数，$x=(x^{(1)},x^{(2)})\in\mathbb{F}_2^n$，$y=(y^{(1)},y^{(2)})\in\mathbb{F}_2^m$。设

$$f_0(x)=\pi(x^{(2)})\cdot x^{(1)}\oplus\theta(x^{(2)}),g_i(y)=\phi_i(y^{(2)})\cdot y^{(1)}\oplus\vartheta_i(y^{(2)})$$

其中，$i\in\{0,1\}$，$\theta\in\mathcal{B}_{n/2}$，$\vartheta_0,\vartheta_1\in\mathcal{B}_{m/2}$。进一步，假设 $u\in\mathbb{F}_2^n\setminus\{0_n\}$ 是一个汉明重量为偶数的向量。函数 $h\in\mathcal{B}_n$，定义为

$$h(x,y)=f_0(x)\oplus g_0(y)\oplus(f_0\oplus f_1)(x)(g_0\oplus g_1)(y)$$

其中，$f_1(xA_1)=f_0(xA_1\oplus u)\oplus u\cdot(xA_1)\oplus\sigma_2(u)$，$A_1$ 是一个满足式(4.9)的 $n\times n$ 矩阵。

假设 $\pi,\phi_0,\phi_1,\theta_0\oplus\theta_1$ 和 $\vartheta_0\oplus\vartheta_1$ 满足下面条件，那么，被定理 4.2 和推论 4.2 中分别所定义的函数 h' 和 h'' 均是 Bent-negabent 函数且均不属于 $\mathcal{M}^\#$。$\theta_0=\theta,\theta_1$为$f_1(x)$ 中变量 $x^{(2)}$ 所组成的函数。

(1) π 是一个 $n/2$ 元的正形置换。

(2) ϕ_0,ϕ_1 是两个 $m/2$ 元的正形置换。

(3) 对任何非零向量 $a\in\mathbb{F}_2^{n/2}$，均有 $D_{u^{(2)}}\pi(x^{(2)})\cdot a\neq 0$，其中 $u^{(2)}\in\mathbb{F}_2^{n/2}$，

$u=(u^{(1)},u^{(2)})$。

(4) 对任何非零向量 $c\in\mathbb{F}_2^{m/2}$，均有 $(\phi_0\oplus\phi_1)(y^{(2)})\cdot c\neq 0$。

(5) $\deg(\theta_0\oplus\theta_1)\geqslant 2$ 和 $\deg(\vartheta_0\oplus\vartheta_1)\geqslant 2$（或 $\deg(\pi_0\oplus\pi_1)\geqslant 2$ 和 $\deg(\phi_0\oplus\phi_1)\geqslant 2$）。

满足上面的函数是容易得到的。在表 4.1 中，比较所构造函数和已知该类函数。

表 4.1 Bent-negabent 函数比较

变元个数	代数次数上限	所属类型	文献出处
n	$n/4$	$\mathcal{M}$	[2]
$2nm$，其中 $m\neq 1 \bmod 3$	n	$\mathcal{M}$	[4]
$n=12l$，其中 $l\geqslant 2$	$n/4+1$	$\mathcal{M}$	[5,6]
n	$n/4$	$\mathcal{M}$	[3]
n	$n/2$	$\mathcal{M}^{\#}$	[7]
n	$n/2-1$	$\notin\mathcal{M}^{\#}$	[10]

关于 negabent 函数的更多研究可以参考文献[12]～[21]。

参 考 文 献

[1] Riera C, Parker M G. Generalized Bent criteria for Boolean functions. IEEE Transactions on Information Theory, 2006, 52(9): 4142-4159.

[2] Parker M G, Pott A. On Boolean functions which are Bent and negabent//Sequences, Subsequences, and Consequences. Berlin, Heidelberg: Springer, 2007, 4893: 9-23.

[3] Sarkar S. Characterizing negabent Boolean functions over finite fields//Sequences and Their Applications-SETA 2012. Berlin, Heidelberg: Springer, 2012, 7280: 77-88.

[4] Schmidt K U, Parker M G, Pott A. Negabent functions in the Maiorana-McFarland class// Sequences and Their Applications - SETA 2008. Berlin, Heidelberg: Springer, 2008, 5203: 390-402.

[5] Stănică P, Gangopadhyay S, Chaturvedi A, et al. Nega-hadamard transform, Bent and negabent functions//Sequences and Their Applications-SETA 2010. Berlin, Heidelberg: Springer, 2010, 6338: 359-372.

[6] Stănică P, Gangopadhyay S, Chaturvedi A, et al. Investigations on Bent and negabent functions via the nega-hadamard transform. IEEE Transactions on Information Theory, 2012, 58(6): 4064-4072.

[7] Su W, Pott A, Tang X. Characterization of negabent functions and construction of Bent-

negabent functions with maximum algebraic degree. IEEE Transactions on Information Theory, 2012, 59(6): 3387-3395.

[8] Carlet C. On the secondary constructions of resilient and Bent functions. Cryptography and Combinatorics, 2004, 23: 3-28.

[9] Carlet C, Zhang F, Hu Y. Secondary constructions of Bent function and their enforcement. Advances in Mathematics of Communications, 2012, 6(3): 305-314.

[10] Zhang F, Wei Y, Pasalic E. Constructions of Bent-negabent functions and their relation to the completed Maiorana-McFarland class. IEEE Transactions on Information Theory, 2015,61(3): 1496-1506.

[11] Carlet C. Boolean Functions for Cryptography and Error Correcting Codes. Cambridge: Cambridge University Press, 2010: 257-397.

[12] Dillon J. Elementary hadamard difference sets. City of College Park: University of Maryland, College Park, 1974.

[13] Tang C, Xiang C, Qi Y, et al. Complete characterization of generalized Bent and 2^k-Bent Boolean functions. IEEE Transactions on Information Theory, 2017, 63(7): 4668-4674.

[14] Gaofei W, Nian L, Zhang Y, et al. Several classes of negabent functions over finite fields. Science China Information Sciences, 2018, 61(3): 038102.

[15] Anbar N, Meidl W. Bent and Bent 4, spectra of Boolean functions over finite fields. Finite Fields & Their Applications, 2017, 46: 163-178.

[16] Anbar N, Meidl W. Modified planar functions and their components. Cryptography and Communications, 2018, 10(2): 235-249.

[17] Zhou Y, Qu L. Constructions of negabent functions over finite fields. Cryptography and Communications, 2017, 9(2): 165-180.

[18] Mandal B, Singh B, Gangopadhyay S, et al. On non-existence of Bent-negabent rotation symmetric Boolean functions. Discrete Applied Mathematics, 2018, 236: 1-6.

[19] Wu G, Parker M G. On Boolean functions with several flat spectra. Cryptography and Communications, 2018: 1-28.

[20] Hodžić S, Meidl W, Pasalic E. Full characterization of generalized Bent functions as(semi)-Bent spaces, their dual, and the gray image. IEEE Transactions on Information Theory, 2018, 64(7): 5432-5440.

[21] Stănică P. Quantum algorithms related to HN-transforms of Boolean functions. Codes, Cryptology and Information Security, 2017, 10194: 314-327.

[22] Mesnager S, Tang C, Qi Y, et al. Further results on generalized Bent functions and their complete characterization. IEEE Transactions on Information Theory, 2018, 64(7): 5441-5452.

附　录

定理 4.4 的证明　由于 f_0, f_1, g_0 和 g_1 是 Bent 函数，根据引理 4.1 可知，h 是一个 $(n+m)$ 元 Bent 函数。

设 $a^{(1)}, b^{(1)}, a^{(2)}, b^{(2)} \in \mathbb{F}_2^{n/2}$，$c^{(1)}, d^{(1)}, c^{(2)}, d^{(2)} \in \mathbb{F}_2^{m/2}$。下面借助引理 4.8 证明 h 不属于 $\mathcal{M}^{\#}$，那么需要证明对任意 $(a^{(1)}, b^{(1)}, c^{(1)}, d^{(1)}), (a^{(2)}, b^{(2)}, c^{(2)}, d^{(2)}) \in V$ 不存在 $(\frac{n+m}{2})$ 维子空间 V 使得

$$D_{(a^{(1)}, b^{(1)}, c^{(1)}, d^{(1)}), (a^{(2)}, b^{(2)}, c^{(2)}, d^{(2)})} h = 0$$

用 Δ 表示集合 $\{(x^{(1)}, 0_{n/2}, y^{(1)}, 0_{m/2}) \mid x^{(1)} \in \mathbb{F}_2^{n/2}, y^{(1)} \in \mathbb{F}_2^{m/2}\}$，下面分 $V = \Delta$ 和 $V \neq \Delta$ 这两种情况来证明。

(1) 设 $V = \Delta$ 且 $(a^{(1)}, 0_{n/2}, c^{(1)}, 0_{m/2}), (a^{(2)}, 0_{n/2}, c^{(2)}, 0_{m/2}) \in V$，那么有

$$D_{(a^{(1)}, 0_{n/2}), (a^{(2)}, 0_{n/2})} f_0(x) = 0 \text{ 且 } D_{(c^{(1)}, 0_{m/2}), (c^{(2)}, 0_{m/2})} g_0(y) = 0$$

这样

$$\begin{aligned} D_{(a^{(1)}, 0_{n/2}, c^{(1)}, 0_{m/2}), (a^{(2)}, 0_{n/2}, c^{(2)}, 0_{m/2})} h(x, y) &= D_{(a^{(1)}, 0_{n/2}, c^{(1)}, 0_{m/2}), (a^{(2)}, 0_{n/2}, c^{(2)}, 0_{m/2})} ((f_0 \oplus f_1)(x)(g_0 \oplus g_1)(y)) \\ &= \cdots = [(\pi_0 \oplus \pi_1)(x^{(2)}) \cdot a^{(2)}][(\phi_0 \oplus \phi_1)(y^{(2)}) \cdot c^{(1)}] \\ &\quad \oplus [(\phi_0 \oplus \phi_1)(y^{(2)}) \cdot c^{(2)}][(\pi_0 \oplus \pi_1)(x^{(2)}) \cdot a^{(1)}] \end{aligned} \tag{4.17}$$

只要证明存在向量 $(a^{(1)}, 0_{n/2}, c^{(1)}, 0_{m/2}), (a^{(2)}, 0_{n/2}, c^{(2)}, 0_{m/2}) \in V$ 使得

$$D_{(a^{(1)}, 0_{n/2}, c^{(1)}, 0_{m/2}), (a^{(2)}, 0_{n/2}, c^{(2)}, 0_{m/2})} h(x, y) \neq 0$$

即可。

由式 (4.17) 可知，选择 $a^{(1)} = a^{(2)} \neq 0_{n/2}$ 且 $c^{(1)} \neq c^{(2)}$，有

$$\begin{aligned} &D_{(a^{(1)}, 0_{n/2}, c^{(1)}, 0_{m/2}), (a^{(2)}, 0_{n/2}, c^{(2)}, 0_{m/2})} h(x, y) \\ &= [(\pi_0 \oplus \pi_1)(x^{(2)}) \cdot a^{(1)}][(\phi_0 \oplus \phi_1)(y^{(2)}) \cdot (c^{(1)} + c^{(2)})] \\ &\neq 0 \end{aligned}$$

(2) 当 $V \neq \Delta$ 时，基于 $V \cap \Delta$ 的势，可以将证明分为三部分。设

$$V=\left\{(v_1^{(1)},v_2^{(1)},v_3^{(1)},v_4^{(1)}),(v_1^{(2)},v_2^{(2)},v_3^{(2)},v_4^{(2)}),\cdots,(v_1^{(2^{(n+m)/2})},v_2^{(2^{(n+m)/2})},v_3^{(2^{(n+m)/2})},v_4^{(2^{(n+m)/2})})\right\}$$

①如果 $|V\cap\Delta|=1$，那么对任意 $i\neq j$，$(v_2^{(i)},v_4^{(i)})\neq(v_2^{(j)},v_4^{(j)})$。如果存在两个向量 $(v_2^{(i_1)},v_4^{(i_1)})$, $(v_2^{(j_1)},v_4^{(j_1)})$ 使得 $(v_2^{(i_1)},v_4^{(i_1)})=(v_2^{(j_1)},v_4^{(j_1)})$，那么

$$(v_1^{(i_1)},v_3^{(i_1)})=(v_1^{(j_1)},v_3^{(j_1)})\ (\text{或}\ (v_1^{(i_1)}\oplus v_1^{(j_1)},0_{n/2},v_3^{(i_1)}\oplus v_3^{(j_1)},0_{m/2})\in V\cap\Delta)$$

即

$$(v_1^{(i_1)},v_2^{(i_1)},v_3^{(i_1)},v_4^{(i_1)})=(v_1^{(j_1)},v_2^{(j_1)},v_3^{(j_1)},v_4^{(j_1)})$$

进一步，有

$$\begin{aligned}\left|\{(v_2^{(1)},v_4^{(1)}),(v_2^{(2)},v_4^{(2)}),\cdots,(v_2^{((n+m)/2)},v_4^{((n+m)/2)})\}\right|&=|V|\\&=2^{(n+m)/2}\\&=\left|\mathbb{F}_2^{n/2}\times\mathbb{F}_2^{m/2}\right|\end{aligned}$$

即

$\{v_2^{(1)},v_2^{(2)},\cdots,v_2^{(2^{(n+m)/2})}\}=\mathbb{F}_2^{n/2}$（在此，如果 $v_2^{(i_1)}=v_2^{(i_2)}$，那么它们被称为一个元素）

因此，选取两个向量 $(a^{(1)},b^{(1)},c^{(1)},d^{(1)}),(a^{(2)},b^{(2)},c^{(2)},d^{(2)})\in V$ 使得

$$D_{b^{(1)}}D_{b^{(2)}}(\pi_0\oplus\pi_1)(x^{(2)})\neq 0_{n/2}$$

或当 $\deg(\pi_0\oplus\pi_1)(x^{(2)})<2$ 时，有

$$D_{b^{(1)}}D_{b^{(2)}}(\theta_0\oplus\theta_1)(x^{(2)})\neq\text{const}$$

并且

$$d^{(1)}=d^{(2)}=0_{m/2}$$

当 $(a^{(1)},b^{(1)},c^{(1)},0_{m/2}),(a^{(2)},b^{(2)},c^{(2)},0_{m/2})\in V$ 时，可得

$$\begin{aligned}D_{(a^{(1)},b^{(1)},c^{(1)},0_{m/2}),(a^{(2)},b^{(2)},c^{(2)},0_{m/2})}h(x,y)=&D_{(a^{(2)},b^{(2)},c^{(2)},0_{m/2})}(D_{(a^{(1)},b^{(1)})}f_0(x)\\&\oplus((\pi_0\oplus\pi_1)(x^{(2)})\cdot x^{(1)}\oplus(\theta_0\oplus\theta_1)(x^{(2)})\\&\oplus(\pi_0\oplus\pi_1)(x^{(2)}\oplus b^{(1)})\cdot(x^{(1)}\oplus a^{(1)})\\&\oplus(\theta_0\oplus\theta_1)(x^{(2)}\oplus b^{(1)}))((\phi_0\oplus\phi_1)(y^{(2)})\cdot y^{(1)}\\&\oplus(\vartheta_0\oplus\vartheta_1)(y^{(2)}))\oplus((\pi_0\oplus\pi_1)(x^{(2)}\oplus b^{(1)})\\&\cdot(x^{(1)}\oplus a^{(1)})\oplus(\theta_0\oplus\theta_1)(x^{(2)}\oplus b^{(1)}))\\&((\phi_0\oplus\phi_1)(y^{(2)})\cdot c^{(1)}))\end{aligned}$$

$$
\begin{aligned}
&= D_{(a^{(1)},b^{(1)}),(a^{(2)},b^{(2)})} f_0(x) \\
&\oplus D_{(a^{(2)},b^{(2)},c^{(2)},0_{m/2})}(((\pi_0 \oplus \pi_1)(x^{(2)} \oplus b^{(1)}) \\
&\cdot (x^{(1)} \oplus a^{(1)}) \oplus (\theta_0 \oplus \theta_1)(x^{(2)} \oplus b^{(1)})) \\
&((\phi_0 \oplus \phi_1)(y^{(2)}) \cdot c^{(1)})) \oplus ((D_{b^{(1)},b^{(2)}}(\pi_0 \oplus \pi_1)(x^{(2)})) \\
&\cdot x^{(1)} \oplus a^{(1)} \cdot D_{b^{(2)}}(\pi_0 \oplus \pi_1)(x^{(2)} \oplus b^{(1)}) \\
&\oplus a^{(2)} \cdot D_{b^{(1)}}(\pi_0 \oplus \pi_1)(x^{(2)} \oplus b^{(2)}) \\
&\oplus D_{b^{(1)},b^{(2)}}(\theta_0 \oplus \theta_1)(x^{(2)}))((\phi_0 \oplus \phi_1)(y^{(2)}) \\
&\cdot y^{(1)} \oplus (\vartheta_0 \oplus \vartheta_1)(y^{(2)}))
\end{aligned}
$$

从而，可得

$$
\begin{aligned}
&((D_{b^{(1)},b^{(2)}}(\pi_0 \oplus \pi_1)(x^{(2)})) \cdot x^{(1)} \oplus a^{(1)} \cdot D_{b^{(2)}}(\pi_0 \oplus \pi_1)(x^{(2)} \oplus b^{(1)}) \\
&\oplus a^{(2)} \cdot D_{b^{(1)}}(\pi_0 \oplus \pi_1)(x^{(2)} \oplus b^{(2)}) \oplus D_{b^{(1)},b^{(2)}}(\theta_0 \oplus \theta_1)(x^{(2)})) \\
&\cdot((\phi_0 \oplus \phi_1)(y^{(2)}) \cdot y^{(1)} \oplus (\vartheta_0 \oplus \vartheta_1)(y^{(2)})) \neq 0
\end{aligned}
$$

由于 $D_{b^{(1)},b^{(2)}}(\pi_0 \oplus \pi_1)(x^{(2)}) \neq 0_{n/2}$（或当 $\deg(\pi_0 \oplus \pi_1)(x^{(2)}) < 2$ 时，$D_{b^{(1)},b^{(2)}}(\theta_0 \oplus \theta_1)(x^{(2)}) \neq \mathrm{const}$），因此，有

$$
D_{(a^{(1)},b^{(1)},c^{(1)},0_{m/2}),(a^{(2)},b^{(2)},c^{(2)},0_{m/2})} h(x,y) \neq 0
$$

②如果 $|V \cap \Delta| = 2$，不失一般性，设 $(a^{(1)},0_{n/2},c^{(1)},0_{m/2})(\neq 0_{n+m}) \in V \cap \Delta$，那么有

$$
\{v_2^{(1)}, v_2^{(2)}, \cdots, v_2^{(2^{(n+m)/2})}\} = \mathbb{F}_2^{n/2}
$$

或

$$
\{v_4^{(1)}, v_4^{(2)}, \cdots, v_4^{(2^{(n+m)/2})}\} = \mathbb{F}_2^{m/2}
$$

下面证明这个结论。注意到，若 $v_2^{(i_1)} = v_2^{(i_2)}$ 且 $v_4^{(i_1)} = v_4^{(i_2)}$，则一定有

$$
v_1^{(i_1)} \oplus v_1^{(i_2)} = a^{(1)} \text{ 和 } v_3^{(i_1)} \oplus v_3^{(i_2)} = c^{(1)}
$$

假设有三个向量 $v^{(i_1)}, v^{(i_2)}, v^{(i_3)}$ 使得

$$
v_2^{(i_1)} = v_2^{(i_2)} = v_2^{(i_3)} \text{ 且 } v_4^{(i_1)} = v_4^{(i_2)} = v_4^{(i_3)}
$$

那么，从

$$v_1^{(i_1)} \oplus v_1^{(i_2)} = a^{(1)},\ v_1^{(i_2)} \oplus v_1^{(i_3)} = a^{(1)} \text{和} v_3^{(i_1)} \oplus v_3^{(i_2)} = c^{(1)},\ v_3^{(i_3)} \oplus v_3^{(i_2)} = c^{(1)}$$

可得

$$v_1^{(i_1)} = v_1^{(i_3)} \text{且} v_3^{(i_1)} = v_3^{(i_3)}$$

与$|V \cap \Delta| = 2$矛盾。因此，给定一个向量v^p，至多存在一个向量v^q使得

$$(v_2^{(p)}, v_4^{(p)}) = (v_2^{(q)}, v_4^{(q)})$$

进一步，有

$$2^{(n+m)/2-1} \leqslant \left|\{(v_2^{(1)}, v_4^{(1)}), (v_2^{(2)}, v_4^{(2)}), \cdots, (v_2^{(2^{(n+m)/2})}, v_4^{(2^{(n+m)/2})})\}\right| \leqslant 2^{(n+m)/2}$$

事实上，该集合的势等于$2^{(n+m)/2-1}$，因为V是$\mathbb{F}_2^{n+m}$的一个子空间，于是有

$$\{v_2^{(1)}, v_2^{(2)}, \cdots, v_2^{(2^{(n+m)/2})}\} = \mathbb{F}_2^{n/2} \text{或} \{v_4^{(1)}, v_4^{(2)}, \cdots, v_4^{(2^{(n+m)/2})}\} = \mathbb{F}_2^{m/2}$$

因此，能够找到两个向量$(a^{(1)}, b^{(1)}, c^{(1)}, d^{(1)}), (a^{(2)}, b^{(2)}, c^{(2)}, d^{(2)}) \in V$使得

$$D_{b^{(1)}} D_{b^{(2)}} (\pi_0 \oplus \pi_1)(x^{(2)}) \neq 0_{n/2} \text{且} d^{(1)} = d^{(2)} = 0_{m/2}$$

或

$$D_{d^{(1)}} D_{d^{(2)}} (\pi_0 \oplus \pi_1)(y^{(2)}) \neq 0_{m/2} \text{且} b^{(1)} = b^{(2)} = 0_{n/2}$$

根据情况(2)中①，有

$$D_{(a^{(1)}, b^{(1)}, c^{(1)}, 0_{m/2}), (a^{(2)}, b^{(2)}, c^{(2)}, 0_{m/2})} h(x, y) \neq 0$$

③如果$|V \cap \Delta| > 2$（即$|V \cap \Delta| \geqslant 4$），那么有两种情况需要考虑。

(a) 假设存在两个非零向量$(a^{(1)}, 0_{n/2}, c^{(1)}, 0_{m/2}), (a^{(2)}, 0_{n/2}, c^{(2)}, 0_{m/2}) \in V$使得$a^{(2)} \neq 0_{n/2}$且$c^{(1)} \neq 0_{m/2}$，或$a^{(1)} \neq 0_{n/2}$且$c^{(2)} \neq 0_{m/2}$。那么，根据情况(1)，有

$$D_{(a^{(1)}, 0_{n/2}, c^{(1)}, 0_{m/2}), (a^{(2)}, 0_{n/2}, c^{(2)}, 0_{m/2})} h \neq 0$$

(b) 假设

$$V \cap \{(x^{(1)}, 0_{n/2}, 0_{m/2}, 0_{m/2}) \mid x^{(1)} \in \mathbb{F}_2^{n/2}\} \neq \{0_{n+m}\}$$

并且

$$V \cap \{(0_{n/2}, 0_{n/2}, y^{(1)}, 0_{m/2}) \mid y^{(1)} \in \mathbb{F}_2^{m/2}\} \neq \{0_{n+m}\}$$

那么，从 V 是一个线性空间可知，存在两个非零向量 $(a^{(1)},0_{n/2},c^{(1)},0_{m/2})$，$(a^{(2)},0_{n/2},c^{(2)},0_{m/2})\in V$ 使得

$$a^{(2)}\neq 0_{n/2} \text{ 且 } c^{(1)}\neq 0_{m/2}，\text{或 } a^{(1)}\neq 0_{n/2} \text{ 且 } c^{(2)}\neq 0_{m/2}$$

这样，和上面的情况(a)相同。

接下来，考虑不存在两个非零向量 $(a^{(1)},0_{n/2},c^{(1)},0_{m/2})$，$(a^{(2)},0_{n/2},c^{(2)},0_{m/2})\in V$ 使得 $a^{(2)}\neq 0_{n/2}$ 且 $c^{(1)}\neq 0_{m/2}$，或 $a^{(1)}\neq 0_{n/2}$ 且 $c^{(2)}\neq 0_{m/2}$ 的情况。那么，有

$$V\bigcap\{(x^{(1)},0_{n/2},0_{m/2},0_{m/2})\mid x^{(1)}\in\mathbb{F}_2^{n/2}\}=\{0_{n+m}\}$$

或

$$V\bigcap\{(0_{n/2},0_{n/2},y^{(1)},0_{m/2})\mid y^{(1)}\in\mathbb{F}_2^{m/2}\}=\{0_{n+m}\}$$

不失一般性，令

$$V\bigcap\{(x^{(1)},0_{n/2},0_{m/2},0_{m/2})\mid x^{(1)}\in\mathbb{F}_2^{n/2}\}=\{0_{n+m}\}$$

这样，如果 $v_1^{(i_1)}\neq v_1^{(i_2)}$，那么一定有

$$(v_2^{(i_1)},v_3^{(i_1)},v_4^{(i_1)})\neq(v_2^{(i_2)},v_3^{(i_2)},v_4^{(i_2)})$$

也就是说

$$\left|\{(v_2^{(1)},v_3^{(1)},v_4^{(1)}),(v_2^{(2)},v_3^{(2)},v_4^{(2)}),\cdots,(v_2^{(2^{(n+m)/2})},v_3^{(2^{(n+m)/2})},v_4^{(2^{(n+m)/2})})\}\right|=|V|$$

接下来，有两种情况需要考虑。

(i) 如果 $|\{(v_3^{(1)},v_4^{(1)}),(v_3^{(2)},v_4^{(2)}),\cdots,(v_3^{(2^{(n+m)/2})},v_4^{(2^{(n+m)/2})})\}|>2^{m/2}$，那么，根据推论 4.1，一定存在两个非零向量 $(a^{(1)},b^{(1)},c^{(1)},d^{(1)}),(a^{(2)},b^{(2)},c^{(2)},d^{(2)})\in V$ 使得

$$D_{(c^{(1)},d^{(1)}),(c^{(2)},d^{(2)})}g_0(y)\neq 0$$

也就是说

$$D_{(a^{(1)},b^{(1)},c^{(1)},d^{(1)}),(a^{(2)},b^{(2)},c^{(2)},d^{(2)})}h(x,y)\neq 0$$

(ii) 如果 $|\{(v_3^{(1)},v_4^{(1)}),(v_3^{(2)},v_4^{(2)}),\cdots,(v_3^{(2^{(n+m)/2})},v_4^{(2^{(n+m)/2})})\}|=2^{m/2}$，那么

$$|\{v_2^{(1)},v_2^{(2)},\cdots,v_2^{(2^{(n+m)/2})}\}|=2^{n/2}$$

这样，运用情况(2)中①的方法，可以证明存在两个向量$(a^{(1)},b^{(1)},c^{(1)},0_{m/2})$，$(a^{(2)},b^{(2)},c^{(2)},0_{m/2})\in V$使得

$$D_{(a^{(1)},b^{(1)},c^{(1)},0_{m/2}),(a^{(2)},b^{(2)},c^{(2)},0_{m/2})}h(x,y)\neq 0$$

结合情况(1)和(2)，可以知道h不属于$\mathcal{M}^{\#}$。证毕。

第 5 章　广义 Bent 函数构造的研究

近年来，诸多密码学者对广义布尔函数以及刻画广义布尔函数所用的 Walsh-Hadamard 变换进行了研究[1-9]。在文献[2]中，Schmidt 给出了在多码码分多址(multicode code-division multiple access，MC-CDMA)系统中的码字与广义 Bent 函数(从 $\mathbb{Z}_2^m$ 映射到 $\mathbb{Z}_4$)之间的关系，并从循环码的角度考虑了从 $\mathbb{Z}_2^n$ 到 $\mathbb{Z}_q$ 的函数。紧接着，Solé 等[3]提出从 $\mathbb{Z}_2^n$ 映射到 $\mathbb{Z}_q$ 的函数为广义布尔函数，并给出了一个布尔函数和广义布尔函数的直接联系。Stănică 等[7]研究了广义 Bent 函数的性质，给出了当 n 是奇数或偶数时许多广义 Bent 函数的构造。此外，他们刻画了一类关于两个变量对称的广义 Bent 函数。那么，是否存在技术构造一类广义 Bent 函数使得该函数关于多个偶数变元对称？本章给出了一种技术构造的广义 Bent 函数，且该函数关于多个偶数变元对称。

称从 $\mathbb{Z}_2^n$ 映射到 $\mathbb{Z}_q$ ($q\geqslant 2$ 为一个正整数)的函数为一个 n 元广义布尔函数[10]。设 $\mathcal{GB}_n^q$ 是所有 n 元广义布尔函数的集合。如果 $q=2$，那么 $\mathcal{GB}_n^q$ 就是所有 n 元布尔函数的集合，通常用 $\mathcal{B}_n$ 表示。用 $\mathrm{wt}(u)$ 表示向量 $u\in\mathbb{Z}_2^n$ 的汉明重量。

函数 $f\in\mathcal{GB}_n^q$ 的(广义) Walsh-Hadamard 变换是 $\mathbb{Z}_2^n$ 上的一个复数值函数，定义

$$H_f(\omega)=\sum_{x\in\mathbb{Z}_2^n}\zeta^{f(x)}(-1)^{\omega\cdot x}$$

其中，$\zeta(=\mathrm{e}^{2\pi\mathrm{i}/q})$ 表示 q 元单位根。当 $q=2$ 时，就获得了布尔函数 $f\in\mathcal{B}_n$ 的 Walsh 变换，用 W_f 来表示。W_f 的支撑集被定义为 $\sup(W_f)=\{\omega\,|\,W_f(\omega)\neq 0,\omega\in\mathbb{Z}_2^m\}$ (类似地，可以定义 H_f 的支撑集)。

一个广义布尔函数 $f\in\mathcal{GB}_n^q$ 被称为广义 Bent 函数(或缩写为 gbent)，当且仅当对任意的 $\omega\in\mathbb{Z}_2^n$，有 $|H_f(\omega)|=2^{n/2}$。注意到，当 $q=2$ 时，f 为 Bent 函数[11]，并且只有在 n 为偶数时存在。当 $q>2$ 时，既存在偶数变元广义 Bent 函数，又存在奇数变元 Bent 函数。当 $q=4$ 时，该类广义 Bent 函数被 Schmidt[2]、Solé 等[3]、

Stănică 等 [7]广泛研究。

函数 f 和 g 在点 $u\in\mathbb{Z}_2^n$ 的互相关值定义为

$$\mathcal{C}_{f,g}(u)=\sum_{x\in\mathbb{Z}_2^n}\zeta^{f(x)-g(x\oplus u)}$$

函数 $f\in\mathcal{GB}_n^q$ 在点 $u\in\mathbb{Z}_2^n$ 的自相关值定义为 $\mathcal{C}_{f,f}(u)$，又简写为 $\mathcal{C}_f(u)$。

引理 5.1　设 $f\in\mathcal{GB}_n^q$，那么 f 是一个 gbent 函数当且仅当

$$\mathcal{C}_f(u)=\begin{cases}2^n, & u=0_n\\ 0, & u\neq 0_n\end{cases}$$

引理 5.2 [12]　对任意的 $a,b\in\mathbb{Z}_2^n$ 和任意 Bent 函数 f，函数 $f(x\oplus b)\oplus a\cdot x$ 的对偶函数为 $\tilde{f}(x\oplus a)\oplus b\cdot(x\oplus a)$。

所有形如

$$f(x,y)=x\cdot\phi(y)\oplus g(y) \tag{5.1}$$

的 Bent 函数的集合称为原始 M-M 类 Bent 函数[8]，其中 $\mathbb{Z}_2^{2n}=\{(x,y)\,|\,x,y\in\mathbb{Z}_2^n\}$，$\phi$ 是 $\mathbb{Z}_2^n$ 上的布尔置换，$g\in\mathcal{B}_n$。

设 r 是一个实数，定义 $\lceil r\rceil$ 为大于等于 r 的最小整数。

5.1　$\mathcal{GB}_n^q$ 上广义 Bent 函数的构造

本节研究从 $\mathbb{Z}_2^{n+m}$ 映射到 $\mathbb{Z}_q$ 上的关于 m 个变元对称的广义 Bent 函数，其中 m 是一个正偶数。

首先给出一个由已知 n 元广义 Bent 函数和 m 元广义 Bent 函数构造 $(n+m)$ 元 Bent 函数的方法。

定理 5.1[13]　设 n 是一个正整数，m,q 是两个正偶数。设 $f\in\mathcal{GB}_n^q$ 是一个 gbent 函数。设 $f+\frac{q}{2}g_i\in\mathcal{GB}_n^q$ 是 gbent 函数，其中 $i=0,1$。设 $y=(y',y'')$，$y'=(y_1,y_2,\cdots,y_{m/2})$，$y''=(y_{m/2+1},y_{m/2+2},\cdots,y_m)$ 且 $\vartheta(y)=y'\cdot y''$。设 $c\in\mathbb{Z}_2^m$ 且 $\mathrm{wt}(c)$ 为偶数。那么，函数 $h\in\mathcal{GB}_n^q$，定义为

$$h(x,y)=f(x)+\frac{q}{2}(c\cdot y)g_{c\cdot y}(x)+\frac{q}{2}\vartheta(y) \tag{5.2}$$

是 $(n+m)$ 元 gbent 函数。

证明 根据引理 5.1 可知，要证明 h 是一个广义 Bent 函数，只要证明当 $(u,v)\neq 0_{n+m}$ 时，有 $\mathcal{C}_h(u,v)=0$，并且当 $(u,v)=0_{n+m}$ 时，有 $\mathcal{C}_h(u,v)=2^{n+m}$ 即可。

从 M-M 类 Bent 函数的定义可知，ϑ 是一个 m 元的 Bent 函数。当 $c=0_m$ 时，有 $H_h(u,v)=H_f(u)H_{\frac{q}{2}\vartheta}(v)$，那么 h 是一个广义 Bent 函数。

在下面的证明中均假设 $c\neq 0_m$。为了便于书写，定义

$$D_f(u)=f(x)-f(x\oplus u)，\quad \Delta_v^u(g)=g_{c\cdot y}(x)-g_{c\cdot(y\oplus v)}(x\oplus u)$$

对式(5.2)的 h 函数做差分，则

$$\begin{aligned}
h(x,y)-h(x\oplus u,y\oplus v)&=f(x)+\frac{q}{2}(c\cdot y)g_{c\cdot y}(x)+\frac{q}{2}\vartheta(y)\\
&\quad -f(x\oplus u)-\frac{q}{2}(c\cdot(y\oplus v))g_{c\cdot(y\oplus v)}(x\oplus u)-\frac{q}{2}\vartheta(y\oplus v)\\
&=D_f(u)+\frac{q}{2}(c\cdot y)\Delta_v^u(g)-\frac{q}{2}(c\cdot v)g_{c\cdot(y\oplus v)}(x\oplus u)\\
&\quad -\frac{q}{2}(v\cdot(y'',y')\oplus\vartheta(v))
\end{aligned}$$

进一步，可得

$$\begin{aligned}
\mathcal{C}_h(u,v)&=\sum_{x\in\mathbb{Z}_2^n,y\in\mathbb{Z}_2^m}\zeta^{D_f(u)+\frac{q}{2}(c\cdot y)\Delta_v^u(g)-\frac{q}{2}(c\cdot v)g_{c\cdot(y\oplus v)}(x\oplus u)-\frac{q}{2}(v\cdot(y'',y')\oplus\vartheta(v))}\\
&=\sum_{x\in\mathbb{Z}_2^n}\zeta^{D_f(u)}\sum_{y\in\mathbb{Z}_2^m}\zeta^{\frac{q}{2}(c\cdot y)\Delta_v^u(g)-\frac{q}{2}(c\cdot v)g_{c\cdot(y\oplus v)}(x\oplus u)-\frac{q}{2}(v\cdot(y'',y')\oplus\vartheta(v))}
\end{aligned}\tag{5.3}$$

当 $(u,v)=0_{n+m}$ 时，有 $\mathcal{C}_h(u,v)=2^{n+m}$。现在考虑当 $(u,v)\neq 0_{n+m}$ 时，$\mathcal{C}_h(u,v)$ 的值。下面有两种情况需要考虑。

(1) 当 $v=0_m\neq c,u\neq 0_n$ 时，有

$$\begin{aligned}
\mathcal{C}_h(u,0_m)&=\sum_{x\in\mathbb{Z}_2^n}\zeta^{D_f(u)}\sum_{y\in\mathbb{Z}_2^m}\zeta^{\frac{q}{2}(c\cdot y)\Delta_{0_m}^u(g)}\\
&=\sum_{y\in\mathbb{Z}_2^m,c\cdot y=1}\sum_{x\in\mathbb{Z}_2^n}\zeta^{D_f(u)+\frac{q}{2}\Delta_{0_m}^u(g)}
\end{aligned}$$

因为 $f+\dfrac{q}{2}g_0$ 和 $f+\dfrac{q}{2}g_1$ 均是 gbent 函数，因此，有 $\mathcal{C}_h(u,0_m)=0$。

(2) 当 $v\neq 0_m$ 时，有两种情况需要考虑。

①若 $c\cdot v=0$，则有

$$
\begin{aligned}
\mathcal{C}_h(u,v) &= \sum_{x\in\mathbb{Z}_2^n}\zeta^{D_f(u)}\sum_{y\in\mathbb{Z}_2^m}\zeta^{\frac{q}{2}(c\cdot y)\Delta_v^u(g)-\frac{q}{2}(c\cdot v)g_{c\cdot(y\oplus v)}(x\oplus u)-\frac{q}{2}(v\cdot(y'',y')\oplus\vartheta(v))} \\
&= \sum_{y\in\mathbb{Z}_2^m}\sum_{x\in\mathbb{Z}_2^n}\zeta^{D_f(u)-\frac{q}{2}(v\cdot(y'',y')\oplus\vartheta(v))+\frac{q}{2}(c\cdot y)\Delta_{0_m}^u(g)}
\end{aligned}
\tag{5.4}
$$

进一步，分两种情况。

(a)当 $u\neq 0_n$ 时，f，$f+\dfrac{q}{2}g_0$ 和 $f+\dfrac{q}{2}g_1$ 均是 gbent 函数，因此对任意的 $y\in\mathbb{Z}_2^m$，有

$$
\sum_{x\in\mathbb{Z}_2^n}\zeta^{D_f(u)-\frac{q}{2}(v\cdot(y'',y')\oplus\vartheta(v))+\frac{q}{2}(c\cdot y)\Delta_{0_m}^u(g)}
$$

根据式(5.4)，有 $\mathcal{C}_h(u,v)=0$ 。

(b)当 $u=0_n$ 时，由式(5.4)，有

$$
\mathcal{C}_h(u,v)=\sum_{x\in\mathbb{Z}_2^n}\sum_{y\in\mathbb{Z}_2^m}\zeta^{-\frac{q}{2}(v\cdot(y'',y')\oplus\vartheta(v))}=0
$$

②如果 $c\cdot v=1$，那么有

$$
\begin{aligned}
\mathcal{C}_h(u,v) &= \sum_{x\in\mathbb{Z}_2^n}\zeta^{D_f(u)}\sum_{y\in\mathbb{Z}_2^m}\zeta^{\frac{q}{2}(c\cdot y)\Delta_v^u(g)-\frac{q}{2}g_{c\cdot(y\oplus v)}(x\oplus u)-\frac{q}{2}(v\cdot(y'',y')\oplus\vartheta(v))} \\
&= \sum_{x\in\mathbb{Z}_2^n}\sum_{y\in\mathbb{Z}_2^m,c\cdot y=0}\zeta^{D_f(u)-\frac{q}{2}g_1(x\oplus u)-\frac{q}{2}(v\cdot(y'',y')\oplus\vartheta(v))} \\
&\quad+\sum_{x\in\mathbb{Z}_2^n}\sum_{y\in\mathbb{Z}_2^m,c\cdot y=1}\zeta^{D_f(u)+\frac{q}{2}g_1(x\oplus u)-qg_0(x\oplus u)-\frac{q}{2}(v\cdot(y'',y')\oplus\vartheta(v))} \\
&= \sum_{x\in\mathbb{Z}_2^n}\sum_{y\in\mathbb{Z}_2^m,c\cdot y=0}\zeta^{D_f(u)-\frac{q}{2}g_1(x\oplus u)-\frac{q}{2}(v\cdot(y'',y')\oplus\vartheta(v))} \\
&\quad+\sum_{x\in\mathbb{Z}_2^n}\sum_{y\in\mathbb{Z}_2^m,c\cdot y=1}\zeta^{D_f(u)+\frac{q}{2}g_1(x\oplus u)-\frac{q}{2}(v\cdot(y'',y')\oplus\vartheta(v))} \\
&= \sum_{x\in\mathbb{Z}_2^n}\zeta^{D_f(u)}(-1)^{g_1(x\oplus u)}\sum_{y\in\mathbb{Z}_2^m}(-1)^{v\cdot(y'',y')\oplus\vartheta(v)}
\end{aligned}
\tag{5.5}
$$

又知 $\sum_{y\in\mathbb{Z}_2^m}(-1)^{v\cdot(y'',y')\oplus\vartheta(v)}=0$，因此 $\mathcal{C}_h(u,v)=0$。

结合上面两种情况，对任意的 $(u,v)\neq 0_{n+m}$ 均有 $\mathcal{C}_h(u,v)=0$。证毕。

接下来叙述文献[2]中的一个广义结果，它的证明可以直接得到。

命题 5.1[7]　设 q 和 n 是两个正偶数。设 ϕ 是 $\mathbb{Z}_2^{n/2}$ 上的一个布尔置换，且 $\varrho:\mathbb{Z}_2^{n/2}\to\mathbb{Z}_q$ 是任意一个函数。那么，函数 $f:\mathbb{Z}_2^n\to\mathbb{Z}_q$，定义为

$$f(x^{(1)},x^{(2)})=\varrho(x^{(2)})+\frac{q}{2}x^{(1)}\cdot\phi(x^{(2)})$$

是一个 gbent 函数且它的对偶函数为 $\varrho(\phi^{-1}(x^{(1)}))+\frac{q}{2}x^{(2)}\cdot(\phi^{-1}(x^{(1)}))$。

借助命题 5.1，给出定理 5.1 的一个特例。

例 5.1　设 q 和 n 是两个正偶数。设 $\phi^{(0)}$ 和 $\phi^{(0)}\oplus\phi^{(1)}$ 是 $\mathbb{Z}_2^{n/2}$ 上的两个置换，其中，$\phi^{(1)}$ 也是 $\mathbb{Z}_2^{n/2}$ 上的一个 $(\frac{n}{2},\frac{n}{2})$-函数（$\phi^{(0)},\phi^{(1)}$ 能从文献[14]中得到）。设 η_0 和 η_1 是任意两个从 $\mathbb{Z}_2^{n/2}$ 映射到 $\mathbb{Z}_q$ 的函数。设 $c\in\mathbb{Z}_2^m$ 使得 $\mathrm{wt}(c)$ 为偶数。对所有 $x^{(1)},x^{(2)}\in\mathbb{Z}_2^{n/2}$，定义从 $\mathbb{Z}_2^n$ 到 $\mathbb{Z}_q$ 的函数 f,g 为

$$f(x^{(1)},x^{(2)})=\eta_0(x^{(2)})+\frac{q}{2}x^{(1)}\cdot\phi^{(0)}(x^{(2)})$$

$$g(x^{(1)},x^{(2)})=\eta_1(x^{(2)})+x^{(1)}\cdot\phi^{(1)}(x^{(2)})$$

从命题 5.1 可知，f 和 $f+\frac{q}{2}g$ 均是 n 元 gbent 函数。

令 $f(x)=f(x^{(1)},x^{(2)})$，$g_0(x)=g_1(x)=g(x^{(1)},x^{(2)})$。那么，由定理 5.1 可知，$h$ 定义为

$$\begin{aligned}h(x,y)=&\eta_0(x^{(2)})+\frac{q}{2}x^{(1)}\cdot\phi^{(0)}(x^{(2)})\\&+\frac{q}{2}(c\cdot y)\left(\eta_1(x^{(2)})+x^{(1)}\cdot\phi^{(1)}(x^{(2)})\right)+\frac{q}{2}\vartheta(y)\end{aligned}$$

是一个 gbent 函数。

表 5.1 为本章所得 gbent 函数和文献[7]和[15]中所得 gbent 函数的比较。

表 5.1　gbent 函数形式的比较

变量个数	q	表示形式	文献来源
$n+2$	2	$h(x,y)=f(x)\oplus(y_1\oplus y_2)g(x)\oplus y_1y_2$	[15]
$n+2$	偶整数	$h(x,y)=f(x)+(y_1\oplus y_2)g(x)+\frac{q}{2}y_1y_2$	[7]
$n+m$	偶整数	$h(x,y)=f(x)+\frac{q}{2}(c\cdot y)g_{c\cdot y}(x)+\frac{q}{2}\vartheta(y)$	[13]

5.2　$\mathcal{GB}_n^8$ 上广义 Bent 函数的进一步构造

设 $f\in\mathcal{GB}_n^8$，定义为

$$f(x)=\upsilon_0(x)+\upsilon_1(x)\cdot 2+\upsilon_2(x)\cdot 2^2 \tag{5.6}$$

其中，$\upsilon_i(x)\in\mathcal{B}_n, i=0,1,2$。

本节集中设计初始函数 $\upsilon_0,\upsilon_1,\upsilon_2$ 使得 f 为 gbent 函数。在文献[7]中，Stănică 等人给出了式(5.6)中函数 f 为 gbent 函数的充分必要条件。

定理 5.2[7]　设 $f\in\mathcal{GB}_n^8$ 是式(5.6)所定义的函数。则有下面结论成立。

(1) 如果 n 是偶数，那么 f 是一个 gbent 函数当且仅当 $\upsilon_2,\upsilon_0\oplus\upsilon_2,\upsilon_1\oplus\upsilon_2,\upsilon_0\oplus\upsilon_1\oplus\upsilon_2$ 均是 Bent 函数，且

$$W_{\upsilon_0\oplus\upsilon_2}(u)W_{\upsilon_1\oplus\upsilon_2}(u)=W_{\upsilon_2}(u)W_{\upsilon_0\oplus\upsilon_1\oplus\upsilon_2}(u) \tag{5.7}$$

对所有的 $u\in\mathbb{Z}_2^n$ 均成立。

(2) 如果 n 是奇数，那么 f 是一个 gbent 函数当且仅当 $\upsilon_2,\upsilon_0\oplus\upsilon_2,\upsilon_1\oplus\upsilon_2,\upsilon_0\oplus\upsilon_1\oplus\upsilon_2$ 均是 semi-Bent 函数，且对所有的 $u\in\mathbb{Z}_2^n$，有

$$W_{\upsilon_0\oplus\upsilon_2}(u)=W_{\upsilon_2}(u)=0, |W_{\upsilon_1\oplus\upsilon_2}(u)|=|W_{\upsilon_0\oplus\upsilon_1\oplus\upsilon_2}(u)|=2^{(n+1)/2}$$

或者

$$|W_{\upsilon_0\oplus\upsilon_2}(u)|=|W_{\upsilon_2}(u)|=2^{(n+1)/2},\ W_{\upsilon_1\oplus\upsilon_2}(u)=W_{\upsilon_0\oplus\upsilon_1\oplus\upsilon_2}(u)=0$$

注 5.1　从定理 5.2 可知，式(5.6)中的函数 f 为 gbent 函数的充分条件非常强。下面提供一些 f 为 gbent 函数的充分条件。

首先讨论 n 是偶数的情况。根据 Bent 函数和它对偶之间的关系，对所有的 u

式(5.7)成立等价于式(5.8)恒成立。

$$(-1)^{\widetilde{(\upsilon_0 \oplus \upsilon_2)}(u)}(-1)^{\widetilde{(\upsilon_1 \oplus \upsilon_2)}(u)}(-1)^{\tilde{\upsilon}_2(u)}(-1)^{\widetilde{(\upsilon_0 \oplus \upsilon_1 \oplus \upsilon_2)}(u)} = 1 \tag{5.8}$$

因此，下面给出式(5.6)中的函数 f 为 gbent 函数的充分条件。

定理 5.3 设 n 是一个偶数，$\upsilon_0,\upsilon_1,\upsilon_2 \in \mathcal{B}_n$，$f \in \mathcal{GB}_n^8$ 是式(5.6)所定义的函数。则有下面的结论成立。

(1) 如果 $\upsilon_0,\upsilon_1,\upsilon_2$ 是 Bent 函数，且 $\upsilon_2,\upsilon_0 \oplus \upsilon_2,\upsilon_1 \oplus \upsilon_2,\upsilon_0 \oplus \upsilon_1 \oplus \upsilon_2$ 也是 Bent 函数，其中

$$\widetilde{(\upsilon_0 \oplus \upsilon_2)}(x) = \tilde{\upsilon}_0(x) \oplus \tilde{\upsilon}_2(x)$$

$$\widetilde{(\upsilon_1 \oplus \upsilon_2)}(x) = \tilde{\upsilon}_1(x) \oplus \tilde{\upsilon}_2(x)$$

$$\widetilde{(\upsilon_0 \oplus \upsilon_1 \oplus \upsilon_2)}(x) = \tilde{\upsilon}_0(x) \oplus \tilde{\upsilon}_1(x) \oplus \tilde{\upsilon}_2(x)$$

那么当 n 为偶数时，$\upsilon_0,\upsilon_1,\upsilon_2$ 满足定理 5.2 的充分条件。

(2) 设 $\upsilon_2 \in \mathcal{B}_n$ 是一个 Bent 函数。如果 $\upsilon_0 = \upsilon_1$ 和 $\upsilon_0 \oplus \upsilon_2$ 也是 Bent 函数，那么当 n 为偶数时，$\upsilon_0,\upsilon_1,\upsilon_2$ 满足定理 5.2 的充分条件，也就是说，f 是一个 gbent 函数。

(3) 设 $\upsilon_0(x) = a_0 \cdot x, \upsilon_1(x) = a_1 \cdot x$ 是两个线性函数。设 $\upsilon_2 \in \mathcal{B}_n$ 是一个 Bent 函数。如果

$$\tilde{\upsilon}_2(x) \oplus \tilde{\upsilon}_2(x \oplus a_0) \oplus \tilde{\upsilon}_2(x \oplus a_1) \oplus \tilde{\upsilon}_2(x \oplus a_0 \oplus a_1) = 0$$

那么当 n 为偶数时，$\upsilon_0,\upsilon_1,\upsilon_2$ 满足定理 5.2 的充分条件，也就是说，f 是一个 gbent 函数。

(4) 设 $\upsilon_0(x) = a_0 \cdot x$ 是一个线性函数。设 $\upsilon_2 \in \mathcal{B}_n$ 是一个 Bent 函数。如果 $\upsilon_1 \oplus \upsilon_2$ 是一个 Bent 函数，且满足式(5.9)，那么当 n 为偶数时，$\upsilon_0,\upsilon_1,\upsilon_2$ 满足定理 5.2 的充分条件，也就是说，f 是一个 gbent 函数。

$$\tilde{\upsilon}_2(x) \oplus \tilde{\upsilon}_2(x \oplus a_0) \oplus \widetilde{(\upsilon_1 \oplus \upsilon_2)}(x) \oplus \widetilde{(\upsilon_1 \oplus \upsilon_2)}(x \oplus a_0) = 0 \tag{5.9}$$

证明 根据(1)和(2)的假设，定理 5.2 和式(5.8)，容易知道 $\upsilon_0,\upsilon_1,\upsilon_2$ 满足定理 5.2 的充分条件。

从(3)可知，$\upsilon_2,\upsilon_0 \oplus \upsilon_2,\upsilon_1 \oplus \upsilon_2,\upsilon_0 \oplus \upsilon_1 \oplus \upsilon_2$ 均是 Bent 函数，因为 υ_0,υ_1 是两个

线性函数。根据引理 5.2，有

$$\widetilde{(\upsilon_0 \oplus \upsilon_2)}(x) = \tilde{\upsilon}_2(x \oplus a_0)$$
$$\widetilde{(\upsilon_1 \oplus \upsilon_2)}(x) = \tilde{\upsilon}_2(x \oplus a_1)$$
$$\widetilde{(\upsilon_0 \oplus \upsilon_1 \oplus \upsilon_2)}(u) = \tilde{\upsilon}_2(x \oplus a_0 \oplus a_1)$$

因此，如果

$$\tilde{\upsilon}_2(x) \oplus \tilde{\upsilon}_2(x \oplus a_0) \oplus \tilde{\upsilon}_2(x \oplus a_1) \oplus \tilde{\upsilon}_2(x \oplus a_0 \oplus a_1) = 0$$

那么式(5.8)成立。

利用证明(3)的方法，可以证明(4)。证毕。

注 5.2　就定理 5.3 结论(2)而言，容易找到两个函数 υ_0, υ_2 使得 υ_2 和 $\upsilon_0 \oplus \upsilon_2$ 是 Bent 函数。例如，设 $\upsilon_2(x)$ 是一个 Bent-negabent 函数，那么 $\sigma_2(x) \oplus \upsilon_2(x)$ 是 Bent 函数，其中 $\sigma_2(x)$ 表示 n 元二次元素对称函数，即

$$\sigma_2(x) = \bigoplus_{i_1, i_2} x_{i_1} x_{i_2}, \forall x = (x_1, x_2, \cdots, x_n) \in \mathbb{Z}_2^n, 1 \leqslant i_1 < i_2 \leqslant n$$

因此，对任意一个 Bent-negabent 函数 υ_2，都可以获得一个 gbent 函数 f。事实上，如果 (υ_0, υ_2) 是一个二维 Bent 函数(即 υ_0, υ_2 和 $\upsilon_0 \oplus \upsilon_2$ 均是 Bent 函数)，那么也可以获得一个 gbent 函数 f。

Dillon 在文献[16]中提供了一种验证函数是否属于 M-M 完全类 $\mathcal{M}^{\#}$ 的方法。

一个 n 元 Bent 函数 f 属于 $\mathcal{M}^{\#}$ 当且仅当存在 $\mathbb{Z}_2^n$ 的一个 $\dfrac{n}{2}$ 维子空间 V 对于任意的 $\alpha, \beta \in V$ 使得二阶差分，定义如式(5.10)所示均等于 0。

$$D_{\alpha,\beta} f(x) = f(x) \oplus f(x \oplus \alpha) \oplus f(x \oplus \beta) \oplus f(x \oplus \alpha \oplus \beta) \tag{5.10}$$

如果 $\upsilon_2 \in \mathcal{M}$，那么能够获得它的对偶[17]。因此，对于 $\mathcal{M}$ 类中的任意 Bent 函数 υ_2，能够找到两个向量 a_0, a_1 使得

$$\tilde{\upsilon}_2(x) \oplus \tilde{\upsilon}_2(x \oplus a_0) \oplus \tilde{\upsilon}_2(x \oplus a_1) \oplus \tilde{\upsilon}_2(x \oplus a_0 \oplus a_1) = 0$$

就定理 5.3 中结论(4)而言，可以找到应用的例子(在文献[14]中有两个例子，例 1 和例 2)。

对于定理 5.3 中结论(1)来说，找 3 个不同的 Bent 函数 $\upsilon_0, \upsilon_1, \upsilon_2$ 使得

$$\widetilde{(\upsilon_0 \oplus \upsilon_2)}(x) = \tilde{\upsilon}_0(x) \oplus \tilde{\upsilon}_2(x)$$

$$\widetilde{(\upsilon_1 \oplus \upsilon_2)}(x) = \tilde{\upsilon}_1(x) \oplus \tilde{\upsilon}_2(x)$$

$$\widetilde{(\upsilon_0 \oplus \upsilon_1 \oplus \upsilon_2)}(x) = \tilde{\upsilon}_0(x) \oplus \tilde{\upsilon}_1(x) \oplus \tilde{\upsilon}_2(x)$$

接下来，讨论n是奇数的情况。

设n是一个正奇数，$g_1, g_2 \in \mathcal{B}_n$。如果$n$元 semi-Bent 函数$g_1$和$g_2$对任意的$w \in \mathbb{Z}_2^n$满足

$$W_{g_1}(w) = 0 \text{ 当且仅当 } W_{g_2}(w) \neq 0$$

那么称g_1和g_2是互补的n元 semi-Bent 函数。

引理 5.3[10]　设n是一个偶数，$f \in \mathcal{B}_n$。那么f是一个n元 Bent 函数当且仅当$\mathbb{Z}_2^{n-1}$上的两个函数$f(x_1, \cdots, x_{j-1}, 0, x_{j+1}, \cdots, x_n)$和$f(x_1, \cdots, x_{j-1}, 1, x_{j+1}, \cdots, x_n)$是互补的$(n-1)$元 semi-Bent 函数，其中$j = 1, 2, \cdots, n$。

定理 5.4　设k, n是两个正整数且$n = 2k-1$。设$\varphi = (\varphi_1, \cdots, \varphi_k), \phi = (\phi_1, \cdots, \phi_k)$是两个从$\mathbb{Z}_2^k$到$\mathbb{Z}_2^k$的映射，且这两个映射使得$\phi$和$\phi \oplus \varphi = (\phi_1 \oplus \varphi_1, \cdots, \phi_k \oplus \varphi_k)$均是$\mathbb{Z}_2^k$上的布尔置换。令$\Delta_j = \{\phi(y) \mid y \in \mathbb{Z}_2^{j-1} \times \{0\} \times \mathbb{Z}_2^{k-j}\}$，$y_\epsilon^{(j)} = (y_1, \cdots, y_{j-1}, \epsilon, y_{j+1}, \cdots, y_k)$，其中$\epsilon \in \mathbb{Z}_2, j = 1, 2, \cdots, k$。设$f \in \mathcal{GB}_n^8$是式(5.6)所定义的，且设

$$\upsilon_0(x, y_0^{(j)}) = a_0 \cdot x \oplus \varphi(y_0^{(j)}) \cdot x$$

$$\upsilon_1(x) = \left(\phi(y_0^{(j)}) \oplus \phi(y_1^{(j)})\right) \cdot x \oplus g(y_0^{(j)}) \oplus g(y_1^{(j)})$$

$$\upsilon_2(x) = \phi(y_0^{(j)}) \cdot x \oplus g(y_0^{(j)})$$

其中，$a_0 \in \mathbb{Z}_2^k$。如果存在一个正整数$\varrho(\varrho \leqslant k)$使得$\{(\phi \oplus \varphi)(y) \mid y \in \mathbb{Z}_2^{\varrho-1} \times \{0\} \times \mathbb{Z}_2^{k-\varrho}\} = \Delta_\varrho$（如果$a_0 \neq 0_k$，则进一步要求$\Delta_\varrho$是$\mathbb{Z}_2^k$的线性子空间且$a_0 \in \Delta_\varrho$），那么$\upsilon_0, \upsilon_1, \upsilon_2$满足定理 5.2 的$n$是奇数的情况，也就是说，$f$是一个 gbent 函数。

证明　从定理 5.2 的结论(2)可知，f是一个 gbent 函数需要满足两个条件。从 M-M 类 Bent 函数的定义可知，$\phi(y) \cdot x \oplus g(y)$是一个$2k$元的 Bent 函数，其中$\phi$是$\mathbb{Z}_2^k$上的一个布尔置换。从引理 5.3 可知

$$\phi(y_0^{(j)}) \cdot x \oplus g(y_0^{(j)}) \text{ 和 } \phi(y_1^{(j)}) \cdot x \oplus g(y_1^{(j)})$$

是$\mathbb{Z}_2^{2k-1}$上的两个互补的 semi-Bent 函数，其中$j \in \{1, 2, \cdots, k\}$。又知道$\upsilon_2$和$\upsilon_2 \oplus \upsilon_1$

是 $\mathbb{Z}_2^{2k-1}$ 上的两个互补的 semi-Bent 函数。因为 $a_0 \cdot x$ 是一个 k 元的线性函数，且 $\phi \oplus \varphi$ 是 $\mathbb{Z}_2^k$ 上的一个布尔置换，所以有 $\upsilon_0 \oplus \upsilon_2$ 和 $\upsilon_0 \oplus \upsilon_1 \oplus \upsilon_2$ 是 $\mathbb{Z}_2^{2k-1}$ 上的两个互补 semi-Bent 函数。因此，对定理 5.2 的结论(2)，只要证明

$$\sup(W_{\upsilon_2}) = \sup(W_{\upsilon_0 \oplus \upsilon_2})$$

即可。

设 $\alpha, \beta \in \mathbb{Z}_2^k, \beta_\epsilon^{(j)} = (\beta_1, \cdots, \beta_{j-1}, \epsilon, \beta_{j+1}, \cdots, \beta_k)$。有

$$\begin{aligned} W_{\upsilon_2}(\alpha, \beta_0^{(j)}) = & \sum_{y_0^{(j)} \in \mathbb{Z}_2^k, \phi(y_0^{(j)}) = \alpha \oplus a_0} (-1)^{g(y_0^{(j)}) \oplus y_0^{(j)} \cdot \beta_0^{(j)}} \sum_{x \in \mathbb{Z}_2^k} (-1)^{\phi(y_0^{(j)}) \cdot x \oplus (\alpha \oplus a_0) \cdot x} \\ & + \sum_{y_0^{(j)} \in \mathbb{Z}_2^k, \phi(y_0^{(j)}) \neq \alpha \oplus a_0} (-1)^{g(y_0^{(j)}) \oplus y_0^{(j)} \cdot \beta_0^{(j)}} \sum_{x \in \mathbb{Z}_2^k} (-1)^{\phi(y_0^{(j)}) \cdot x \oplus (\alpha \oplus a_0) \cdot x} \end{aligned}$$

进一步，可得

$$W_{\upsilon_2}(\alpha, \beta_0^{(j)}) = \begin{cases} 0, & \phi^{-1}(\alpha \oplus a_0) \notin \mathbb{Z}_2^{j-1} \times \{0\} \times \mathbb{Z}_2^{k-j} \\ 2^k (-1)^{g(\phi^{-1}(\alpha \oplus a_0)) \oplus \phi^{-1}(\alpha \oplus a_0) \cdot \beta_0^{(j)}}, & \phi^{-1}(\alpha \oplus a_0) \in \mathbb{Z}_2^{j-1} \times \{0\} \times \mathbb{Z}_2^{k-j} \end{cases}$$

因此，有

$$\sup(W_{\upsilon_2}) = (a_0 \oplus \varDelta_j) \times \left(\mathbb{Z}_2^{j-1} \times \{0\} \times \mathbb{Z}_2^{k-j}\right)$$

相似的，可得

$$\sup(W_{\upsilon_0 \oplus \upsilon_2}) = \{a_0 \oplus (\phi \oplus \varphi)(y) \mid y \in \mathbb{Z}_2^{j-1} \times \{0\} \times \mathbb{Z}_2^{k-j}\} \times \left(\mathbb{Z}_2^{j-1} \times \{0\} \times \mathbb{Z}_2^{k-j}\right)$$

从已知条件可知，存在一个正整数 $\varrho(\varrho \leqslant k)$ 使得

$$\{(\phi \oplus \varphi)(y) \mid y \in \mathbb{Z}_2^{\varrho-1} \times \{0\} \times \mathbb{Z}_2^{k-\varrho}\} = \varDelta_\varrho$$

其中，$\varDelta_\varrho$ 是 $\mathbb{Z}_2^k$ 的一个线性子空间，$a_0 \in \varDelta_\varrho$ (假设 $a_0 \neq 0$，其他的情况类似)，那么有 $j = \varrho$，并且

$$\sup(W_{\upsilon_2}) = (a_0 \oplus \varDelta_\varrho) \times \left(\mathbb{Z}_2^{\varrho-1} \times \{0\} \times \mathbb{Z}_2^{k-\varrho}\right) = \sup(W_{\upsilon_0 \oplus \upsilon_2})$$

进一步，对所有的 $(\alpha, \beta_0^{(\varrho)}) \in \mathbb{Z}_2^n$，有

$$W_{\upsilon_0 \oplus \upsilon_2}(\alpha, \beta_0^{(\varrho)}) = W_{\upsilon_2}(\alpha, \beta_0^{(\varrho)}) = 0$$

$$|W_{\upsilon_1 \oplus \upsilon_2}(\alpha, \beta_0^{(\varrho)})| = |W_{\upsilon_0 \oplus \upsilon_1 \oplus \upsilon_2}(\alpha, \beta_0^{(\varrho)})| = 2^k$$

或者

$$|W_{\upsilon_0\oplus\upsilon_2}(\alpha,\ \beta_0^{(\varrho)})|=|W_{\upsilon_2}(\alpha,\ \beta_0^{(\varrho)})|=2^k$$

$$W_{\upsilon_1\oplus\upsilon_2}(\alpha,\ \beta_0^{(\varrho)})=W_{\upsilon_0\oplus\upsilon_1\oplus\upsilon_2}(\alpha,\ \beta_0^{(\varrho)})=0$$

证毕。

例 5.2　设 $\phi^{(1)}(y_1,\cdots,y_{k-1})=(\phi_1(y_1,\cdots,y_{k-1}),\cdots,\phi_{k-1}(y_1,\cdots,y_{k-1}))$ 是 $\mathbb{Z}_2^{k-1}$ 上的一个布尔置换。设 $\pi(y_1,\cdots,y_{k-1})$ 是 $\mathbb{Z}_2^{k-1}$ 上的一个正交置换。令 $\varphi^{(1)}(y_1,\cdots,y_{k-1})=\pi\left(\phi^{(1)}(y_1,\cdots,y_{k-1})\right)$。根据正交置换的性质，可知 $\phi^{(1)}$ 和 $\phi^{(1)}\oplus\varphi^{(1)}$ 是 $\mathbb{Z}_2^{k-1}$ 上的两个布尔置换。令

$$\varphi(y_1,\cdots,y_k)=(\varphi^{(1)}(y_1,\cdots,y_{k-1}),0)$$
$$\phi(y_1,\cdots,y_k)=(\phi^{(1)}(y_1,\cdots,y_{k-1}),y_k)$$
$$\varrho=k$$

进一步，有

$$\{(\phi\oplus\varphi)(y)\mid y\in\mathbb{Z}_2^{\varrho-1}\times\{0\}\}=\Delta_\varrho=\{\phi(y)\mid y\in\mathbb{Z}_2^{\varrho-1}\times\{0\}\}$$

从文献[14]可知，至少能构造 $2^{2^{n-2}}$ 个 $(n-1)$ 元正交置换。又知道 $(n-1)$ 元置换有 $2^{n-1}!$ 个。因此，至少能够构造 $2^{2^{n-2}}\times 2^{n-1}!$ 个 n 元 gbent 函数，其中 n 是奇数。

如果令 $\varphi=0_k$，那么立即有下面的推论。

推论 5.1　设 k,n 是两个正整数，且 $n=2k-1$。设 $x,y\in\mathbb{Z}_2^k$，$\phi=(\phi_1,\phi_2,\cdots,\phi_k)$ 是 $\mathbb{Z}_2^k$ 上的一个布尔置换。令 $\Delta_j=\{\phi(y)\mid y\in\mathbb{Z}_2^{j-1}\times\{0\}\times\mathbb{Z}_2^{k-j}\}$，$y_\epsilon^{(j)}=(y_1,\cdots,y_{j-1},\epsilon,y_{j+1},\cdots,y_k)$，其中 $1\leqslant j\leqslant k,\epsilon\in\mathbb{Z}_2$。设 $f\in\mathcal{GB}_n^8$ 是式 (5.6) 定义的函数，设 $\upsilon_0(x,y_0^{(j)})=a_0\cdot x$，$\upsilon_1(x)=\left(\phi(y_0^{(j)})\oplus\phi(y_1^{(j)})\right)\cdot x\oplus g(y_0^{(j)})\oplus g(y_1^{(j)})$，$\upsilon_2(x)=\phi(y_0^{(j)})\cdot x\oplus g(y_0^{(j)})$，其中 $a_0\in\mathbb{Z}_2^k$。如果存在一个正整数 $\varrho(\varrho\leqslant k)$ 使得 Δ_ϱ 是 $\mathbb{Z}_2^k$ 的一个线性子空间且 $a_0\in\Delta_\varrho$，那么 $\upsilon_0,\upsilon_1,\upsilon_2$ 满足引理 5.2 中 n 是奇数的情况，也就是说，f 是一个 gbent 函数。

参考文献

[1] Kumar P V, Scholtz R A, Welch L R. Generalized Bent functions and their properties. Journal of Combinatorial Theory, 1985, 40(1): 90-107.

[2] Schmidt K U. Quaternary constant-amplitude codes for multicode CDMA. IEEE Transactions on Information Theory, 2009, 55(4): 1824-1832.

[3] Solé P, Tokareva N. Connections between quaternary and binary Bent functions. IACR

Cryptology Eprint Archive, 2009, 1: 16-18.

[4] Stănică P, Gangopadhyay S, Chaturvedi A, et al. Nega-hadamard transform, Bent and negabent functions//Sequences and Their Applications-SETA 2010. Berlin, Heidelberg: Springer, 2010, 6338: 359-372.

[5] Stănică P, Gangopadhyay S, Singh B K. Some results concerning generalized Bent functions. Faculty Publications, 2014, 2011 (1) : 31-35.

[6] Martinsen T, Meidl W, Stănică P. Generalized Bent functions and their gray images// Proceedings of International Workshop on the Arithmetic of Finite Fields, Ghent, 2016.

[7] Stănică P, Martinsen T, Gangopadhyay S, et al. Bent and generalized Bent Boolean functions. Designs Codes & Cryptography, 2013, 69 (1) : 77-94.

[8] Mcfarland R L. A family of difference sets in non-cyclic groups. Journal of Combinatorial Theory, 1973, 15 (1) : 1-10.

[9] Singh B K. On cross-correlation spectrum of generalized Bent functions in generalized Maiorana-McFarland class. Information Sciences Letters, 2013, 2 (3) : 139-145.

[10] Zheng Y, Zhang X M. Relationships between Bent functions and complementary plateaued functions//Information Security and Cryptology - ICISC'99. Berlin, Heidelberg: Springer, 1999, 1787: 60-75.

[11] Rothaus O S. On "Bent" functions. Journal of Combinatorial Theory, Series A, 1976, 20 (3) : 300-305.

[12] Carlet C. Boolean Functions for Cryptography and Error Correcting Codes Cambridge: Cambridge University Press, 2010: 257-397.

[13] Zhang F, Xia S, Stanica P, et al. Further results on constructions of generalized Bent Boolean functions. Science China Information Sciences, 2016, 59 (5) : 059102

[14] Carlet C, Zhang F, Hu Y. Secondary constructions of Bent function and their enforcement. Advances in Mathematics of Communications, 2012, 6 (3) : 305-314.

[15] Zhao Y, Li H. On Bent functions with some symmetric properties. Discrete Applied Mathematics, 2006, 154 (17) : 2537-2543.

[16] Dillon J. Elementary hadamard difference sets. City of College Park: University of Maryland, College Park, 1974.

[17] Mesnager S. Several new infinite families of Bent functions and their duals. IEEE Transactions on Information Theory, 2014, 60 (7) : 4397-4407.

第 6 章　高非线性度布尔函数和谱不相交 plateaued 函数集的构造

本章利用间接构造给出了一个构造高非线性度弹性函数方法和一个构造谱不相交 plateaued 函数的方法。部分内容在文献[1]中也可以查阅到，为了可读性，将保留一些定理的证明。

设 f 是 n 元布尔函数，对于任意的 $\omega \in \mathbb{F}_2^n$，如果存在一个偶数 λ 使得 $(W_f(\omega))^2$ 等于 λ 或 0，那么称 f 为 plateaued 函数。

6.1　高非线性度布尔函数的间接构造

在文献[2]中，Dillon 给出了布尔函数的间接构造，该构造被称为直和构造：$h(x,y) = f(x) \oplus g(y)$，它是一个 Bent 函数当且仅当函数 f 和 g 均是 Bent 函数，并且对一般的布尔函数而言，函数 h 的 Walsh 谱能根据函数 f 和 g 的 Walsh 谱直接得到。在文献[3]中，Carlet 给出了一个关于布尔函数的更广义间接构造，被人们称为非直和构造。下面将该构造用于构造高非线性度布尔函数。

引理 6.1[3-5]　设 n 和 m 是两个正整数，r 和 k 也是两个正整数且满足 $r<n$，$k<m$。设 f_0 和 f_1 是两个 n 元 r 阶弹性函数，设 g_0 和 g_1 是两个 m 元 k 阶弹性函数。定义

$$h(x,y) = f_0(x) \oplus g_0(y) \oplus (f_0 \oplus f_1)(x)(g_0 \oplus g_1)(y), x \in \mathbb{F}_2^n, y \in \mathbb{F}_2^m$$

那么 h 是一个 $(n+m)$ 元 $(r+k+1)$ 阶的弹性函数，其非线性度为

$$2^{n+m-1} - \frac{1}{4} \max_{(\alpha,\beta)\in\mathbb{F}_2^{n+m}} \{|W_{f_0}(\alpha)[W_{g_0}(\beta)+W_{g_1}(\beta)] + W_{f_1}(\alpha)[W_{g_0}(\beta)-W_{g_1}(\beta)]|\}$$

为了构造更多的高非线性度布尔函数，下面给出一个广义非直和构造，该构造能构造 Bent 函数和高非线性度弹性函数。

引理 6.2[6]　设 n 和 m 是两个偶整数。设 $x \in \mathbb{F}_2^n, y \in \mathbb{F}_2^m$，$f_0, f_1$ 和 f_2 是 n 元 Bent

函数。设 g_0, g_1 和 g_2 是 m 元 Bent 函数。如果 $f_0 \oplus f_1 \oplus f_2$ 和 $g_0 \oplus g_1 \oplus g_2$ 是 Bent 函数且 $\widetilde{f_0 \oplus f_1 \oplus f_2} = \tilde{f}_0 \oplus \tilde{f}_1 \oplus \tilde{f}_2$，那么

$$h(x,y) = f_0(x) \oplus g_0(y) \oplus (f_0 \oplus f_1)(x)(g_0 \oplus g_1)(y) \oplus (f_1 \oplus f_2)(x)(g_1 \oplus g_2)(y)$$

是 $(n+m)$ 元 Bent 函数。

引理 6.3　设 n 是一个偶整数，m 是一个正整数。设 f_0, f_1 和 f_2 是 n 元 Bent 函数，使得 $\nu_1 = f_0 \oplus f_1 \oplus f_2$ 也是一个 Bent 函数且 $\tilde{\nu}_1 = \tilde{f}_0 \oplus \tilde{f}_1 \oplus \tilde{f}_2$。设 g_0, g_1 和 g_2 是 m 元的布尔函数。记 ν_2 为 $g_0 \oplus g_1 \oplus g_2$。设 h 是引理 6.2 中定义的函数且 $\alpha \in \mathbb{F}_2^n, \beta \in \mathbb{F}_2^m$。那么有以下结论。

(1) 如果 $W_{f_0}(\alpha) = W_{f_1}(\alpha) = W_{f_2}(\alpha)$，那么

$$W_{\nu_1}(\alpha) = W_{f_0}(\alpha)$$

进一步，有

$$W_h(\alpha,\beta) = W_{g_0}(\beta) W_{f_0}(\alpha)$$

(2) 如果 $W_{f_0}(\alpha) = W_{f_1}(\alpha) \neq W_{f_2}(\alpha)$，那么

$$W_{\nu_1}(\alpha) = W_{f_2}(\alpha)$$

进一步，有

$$W_h(\alpha,\beta) = W_{g_0 \oplus g_1 \oplus g_2}(\beta) W_{f_0}(\alpha)$$

(3) 如果 $W_{f_0}(\alpha) \neq W_{f_1}(\alpha) = W_{f_2}(\alpha)$，那么

$$W_{\nu_1}(\alpha) = W_{f_0}(\alpha)$$

进一步，有

$$W_h(\alpha,\beta) = W_{g_1}(\beta) W_{f_0}(\alpha)$$

(4) 如果 $W_{f_0}(\alpha) = W_{f_2}(\alpha) \neq W_{f_1}(\alpha)$，那么

$$W_{\nu_1}(\alpha) = W_{f_1}(\alpha)$$

进一步，有

$$W_h(\alpha,\beta) = W_{g_2}(\beta) W_{f_0}(\alpha)$$

证明 因为

$$
\begin{aligned}
W_h(\alpha,\beta) &= \sum_{x\in\mathbb{F}_2^n}\sum_{y\in\mathbb{F}_2^m}(-1)^{h(x,y)\oplus\alpha\cdot x\oplus\beta\cdot y} \\
&= \sum_{\substack{x\in\mathbb{F}_2^n\\ f_0(x)=f_1(x)=f_2(x)=0}}(-1)^{\alpha\cdot x}\sum_{y\in\mathbb{F}_2^m}(-1)^{g_0(y)\oplus\beta\cdot y} \\
&\quad+\sum_{\substack{x\in\mathbb{F}_2^n\\ f_0(x)=f_1(x)=f_2(x)=1}}(-1)^{1\oplus\alpha\cdot x}\sum_{y\in\mathbb{F}_2^m}(-1)^{g_0(y)\oplus\beta\cdot y} \\
&\quad+\sum_{\substack{x\in\mathbb{F}_2^n\\ f_0(x)\neq f_1(x)=f_2(x)=0}}(-1)^{1\oplus\alpha\cdot x}\sum_{y\in\mathbb{F}_2^m}(-1)^{g_1(y)\oplus\beta\cdot y} \\
&\quad+\sum_{\substack{x\in\mathbb{F}_2^n\\ f_0(x)\neq f_1(x)=f_2(x)=1}}(-1)^{\alpha\cdot x}\sum_{y\in\mathbb{F}_2^m}(-1)^{g_1(y)\oplus\beta\cdot y} \\
&\quad-\sum_{x\in\mathbb{F}_2^n}(-1)^{\alpha\cdot x}\left(\frac{1-(-1)^{f_0(x)}}{2}\right)\left(\frac{1-(-1)^{f_1(x)}}{2}\right)\left(\frac{1+(-1)^{f_2(x)}}{2}\right)
\end{aligned}
\tag{6.1}
$$

所以

$$
\begin{aligned}
W_h(\alpha,\beta) &= \frac{1}{4}W_{g_0}(\beta)\left[W_{f_0}(\alpha)+W_{f_1}(\alpha)+W_{f_2}(\alpha)+W_{f_0\oplus f_1\oplus f_2}(\alpha)\right] \\
&\quad+\frac{1}{4}W_{g_1}(\beta)\left[W_{f_0}(\alpha)-W_{f_1}(\alpha)-W_{f_2}(\alpha)+W_{f_0\oplus f_1\oplus f_2}(\alpha)\right] \\
&\quad+\frac{1}{4}W_{g_2}(\beta)\left[W_{f_0}(\alpha)-W_{f_1}(\alpha)+W_{f_2}(\alpha)-W_{f_0\oplus f_1\oplus f_2}(\alpha)\right] \\
&\quad+\frac{1}{4}W_{g_0\oplus g_1\oplus g_2}(\beta)\left[W_{f_0}(\alpha)+W_{f_1}(\alpha)-W_{f_2}(\alpha)-W_{f_0\oplus f_1\oplus f_2}(\alpha)\right] \\
&= 2^{n/2-2}W_{g_0}(\beta)\left[(-1)^{\tilde{f}_0(\alpha)}+(-1)^{\tilde{f}_1(\alpha)}+(-1)^{\tilde{f}_2(\alpha)}+(-1)^{\tilde{v}_1(\alpha)}\right] \\
&\quad+2^{n/2-2}W_{g_1}(\beta)\left[(-1)^{\tilde{f}_0(\alpha)}-(-1)^{\tilde{f}_1(\alpha)}-(-1)^{\tilde{f}_2(\alpha)}+(-1)^{\tilde{v}_1(\alpha)}\right] \\
&\quad+2^{n/2-2}W_{g_2}(\beta)\left[(-1)^{\tilde{f}_0(\alpha)}-(-1)^{\tilde{f}_1(\alpha)}+(-1)^{\tilde{f}_2(\alpha)}-(-1)^{\tilde{v}_1(\alpha)}\right] \\
&\quad+2^{n/2-2}W_{g_0\oplus g_1\oplus g_2}(\beta)\left[(-1)^{\tilde{f}_0(\alpha)}+(-1)^{\tilde{f}_1(\alpha)}-(-1)^{\tilde{f}_2(\alpha)}-(-1)^{\tilde{v}_1(\alpha)}\right]
\end{aligned}
\tag{6.2}
$$

由于$v_1(x)$是一个n元 Bent 函数，且$\tilde{v}_1=\tilde{f}_0\oplus\tilde{f}_1\oplus\tilde{f}_2$，结论得证。证毕。

定理 6.1 设n是一个正偶数。设m和k是两个正数且$k<m-1$。设f_0,f_1和f_2是n元 Bent 函数。设g_0,g_1和g_2是m元k阶弹性函数。记v_1为$f_0\oplus f_1\oplus f_2$，v_2为

$g_0 \oplus g_1 \oplus g_2$。设 h 是引理 6.2 中定义的函数。如果 ν_1 是 Bent 函数，ν_2 是一个 k 阶弹性函数且 $\tilde{\nu}_1 = \tilde{f}_0 \oplus \tilde{f}_1 \oplus \tilde{f}_2$，那么函数 h 是一个 $(n+m)$ 元的 k 弹性函数。进一步，有

$$N_h \geqslant 2^{n+m-1} - 2^{n/2-1} \max\left\{\max_{\beta\in\mathbb{F}_2^m}\{|W_{g_0}(\beta)|\}, \max_{\beta\in\mathbb{F}_2^m}\{|W_{g_1}(\beta)|\}, \max_{\beta\in\mathbb{F}_2^m}\{|W_{g_2}(\beta)|\}, \max_{\beta\in\mathbb{F}_2^m}\{|W_{\nu_2}(\beta)|\}\right\} \tag{6.3}$$

其中，等号成立当且仅当

$$\begin{aligned}\{f_0, f_0\oplus 1\}\cap\{f_1, f_1\oplus 1\} &= \{f_0, f_0\oplus 1\}\cap\{f_2, f_2\oplus 1\}\\ &= \{f_1, f_1\oplus 1\}\cap\{f_2, f_2\oplus 1\}\\ &= \varnothing\end{aligned}$$

证明　根据 Xiao-Massey 定理[7]可知，想要证明函数 h 是一个 $(n+m)$ 元 k 阶弹性函数，只要证明对于任意的 $\alpha\in\mathbb{F}_2^n, \beta\in\mathbb{F}_2^m$ 当 $0\leqslant \mathrm{wt}(\alpha,\beta)\leqslant k$ 时，都有 $W_h(\alpha,\beta)$ 等于 0 即可。

由于 g_0, g_1, g_2 和 $g_0\oplus g_1\oplus g_2$ 是 k 阶弹性函数，即对于任意的 $\beta\in\mathbb{F}_2^m$ 使得 $0\leqslant \mathrm{wt}(\beta)\leqslant k$，有 $W_{g_i}(\beta)=0$ 和 $W_{g_0\oplus g_1\oplus g_2}(\beta)=0$，其中 $i=0,1,2$。进一步，从式(6.2)可知，h 是一个 $(n+m)$ 元 k 阶弹性函数。

接下来，考虑函数 h 的非线性度。

根据引理 6.3 可知

$$N_h \geqslant 2^{n+m-1} - 2^{n/2-1} \max\left\{\max_{\beta\in\mathbb{F}_2^m}\{|W_{g_0}(\beta)|\}, \max_{\beta\in\mathbb{F}_2^m}\{|W_{g_1}(\beta)|\}, \max_{\beta\in\mathbb{F}_2^m}\{|W_{g_2}(\beta)|\}, \max_{\beta\in\mathbb{F}_2^m}\{|W_{\nu_2}(\beta)|\}\right\}$$

上式等号成立当且仅当引理 6.3 中的四种情况均发生，也就是说

$$\begin{aligned}\{f_0, f_0\oplus 1\}\cap\{f_1, f_1\oplus 1\} &= \{f_0, f_0\oplus 1\}\cap\{f_2, f_2\oplus 1\}\\ &= \{f_1, f_1\oplus 1\}\cap\{f_2, f_2\oplus 1\}\\ &= \varnothing\end{aligned}$$

证毕。

从引理 6.3 可以得出如下的间接构造。

定理 6.2　设 n 是一个正偶数。设 m 和 k 是两个正数且 $k<m-1$。设 f_0, f_1 和 f_2 是 n 元 Bent 函数且使得 $\nu_1 = f_0\oplus f_1\oplus f_2$ 也是一个 Bent 函数，$\tilde{\nu}_1 = \tilde{f}_0\oplus\tilde{f}_1\oplus\tilde{f}_2$。

设 p 和 q 是两个 m 元 k 阶弹性函数。

若 $W_{f_0}(0_n)=W_{f_1}(0_n)=W_{f_2}(0_n)$ 或 $W_{f_0}(0_n)\neq W_{f_1}(0_n)=W_{f_2}(0_n)$ ，其中 $0_n=(0,0,\cdots,0)\in\mathbb{F}_2^n$ ，则令 $g_0(y)=p(y)$, $g_1(y)=q(y)$, $g_2(y)=q(y)\oplus y_i$, $y\in\mathbb{F}_2^m$ ，其中 $i\in\{1,2,\cdots,m\}$ 。

若 $W_{f_0}(0_n)=W_{f_1}(0_n)\neq W_{f_2}(0_n)$ 或 $W_{f_0}(0_n)=W_{f_2}(0_n)\neq W_{f_1}(0_n)$ ，则令 $g_0(y)=p(y)\oplus y_i, g_1(y)=q(y)\oplus y_i, g_2(y)=q(y)$, $y\in\mathbb{F}_2^m$ 。

设 h 是引理 6.2 所定义的函数。那么，h 是一个 $(n+m)$ 元 k 阶弹性函数，该函数的非线性度为

$$N_h\geqslant 2^{n+m-1}-2^{n/2-1}\max\left\{\max_{\beta\in\mathbb{F}_2^m}\{|W_p(\beta)|\},\max_{\beta\in\mathbb{F}_2^m}\{|W_q(\beta)|\}\right\}\tag{6.4}$$

式(6.4)中等号成立当且仅当 $f_0=f_1=f_2$ 不成立。

证明 由于 $p(y)$ (resp. $q(y)$)是一个 m 元 k 阶弹性函数，所以函数 $p(y)\oplus y_i$ (resp. $q(y)\oplus y_i$)的弹性阶至少为 $k-1$ ，也就是说，对任意的 β 使得 $\mathrm{wt}(\beta)\leqslant k-1$ ，均有

$$W_{p(y)\oplus y_i}(\beta)=0 \text{ (resp. } W_{q(y)\oplus y_i}(\beta)=0\text{)}$$

从定理 6.1 可知，函数 h 的弹性阶至少是 $(k-1)$ 。下面证明 h 是一个 $(n+m)$ 元 k 阶弹性函数。

当 $W_{f_0}(0_n)=W_{f_1}(0_n)=W_{f_2}(0_n)$ 或 $W_{f_0}(0_n)\neq W_{f_1}(0_n)=W_{f_2}(0_n)$ 时，有

$$g_0(y)=p(y),\quad g_1(y)=q(y),\quad g_2(y)=q(y)\oplus y_i$$

这样，g_0 和 g_1 是 k 阶弹性函数，g_2 (resp. $g_0\oplus g_1\oplus g_2$)的弹性阶至少是 $(k-1)$ 。设 $(\alpha,\beta)\in\mathbb{F}_2^{n+m}$ 且 $\mathrm{wt}(\alpha,\beta)=k$ 。有以下两种情况需要考虑。

(1) 如果 $\mathrm{wt}(\alpha)\geqslant 1$ ，那么 $\mathrm{wt}(\beta)\leqslant k-1$ 。进而可知

$$W_{g_0\oplus g_1\oplus g_2}(\beta)=0 \quad \text{和} \; W_{g_2}(\beta)=0$$

而

$$W_{g_0}(\beta)=0 \text{ 且 } W_{g_1}(\beta)=0$$

从方程(6.2)可知，$W_h(\alpha,\beta)=0$ 。

(2) 如果 $\mathrm{wt}(\alpha)=0$ ，即 $\alpha=0_n$ ，那么 $\mathrm{wt}(\beta)=k$ 。由于 g_0 和 g_1 是 k 阶弹性函数，

那么有

$$W_{g_0}(\beta)=0\text{，}\ W_{g_1}(\beta)=0$$

根据引理 6.3 可知，若

$$W_{f_0}(\alpha)=W_{f_1}(\alpha)=W_{f_2}(\alpha)(\text{resp.}\,W_{f_0}(\alpha)\neq W_{f_1}(\alpha)=W_{f_2}(\alpha))$$

则有

$$W_h(\alpha,\beta)=W_{g_0}(\beta)W_{f_0}(\alpha)\ (\text{resp. } W_h(\alpha,\beta)=W_{g_1}(\beta)W_{f_0}(\alpha))$$

所以 $W_h(\alpha,\beta)=0$。

当 $W_{f_0}(0_n)=W_{f_1}(0_n)\neq W_{f_2}(0_n)$ 或 $W_{f_0}(0_n)=W_{f_2}(0_n)\neq W_{f_1}(0_n)$ 时，有

$$g_0(y)=p(y)\oplus y_i\text{，}\ g_1(y)=q(y)\oplus y_i\text{，}\ g_2(y)=q(y)$$

用相同的方法可以证明，当 $\text{wt}(\alpha,\beta)=k$ 时，$W_h(\alpha,\beta)=0$。

于是，式(6.4)能被直接得到。根据引理 6.3 可知，式(6.4)中等号成立当且仅当 $f_0=f_1=f_2$ 不成立。证毕。

注 6.1　若 $N_p=N_q$，则 $N_h=2^{n+m-1}-2^{n/2-1}\max\limits_{\beta\in\mathbb{F}_2^m}\{|W_p(\beta)|\}$。于是，如果选择 PW 函数[5]作为初始函数 p,q，那么可以得到非线性度较高的 $(n+15)$ 元函数，其非线性为

$$2^{n+15-1}-2^{(n+15-1)/2}+2^{n/2+5-1}+2^{n/2+3-1}$$

如果选择 $p(y)$ 和 $f_i(x)$ (resp. $p(y),q(y),f_i(x)$ 和 $f_j(x)$)，其中 $i,j=0,1,2,i\neq j$，作为直和构造(resp. 非直和构造)的初始函数，那么也可以得到相同非线性度的函数，但是上面定理所构造的函数与直和构造(resp. 非直和构造)所构造的函数是不相同的。

6.2　谱不相交布尔函数的间接构造

根据引理 6.3 可知，$W_h(\alpha,\beta)=W_{g_0}(\beta)W_{f_0}(\alpha)$ (或 $W_{g_1}(\beta)W_{f_0}(\alpha)$，或 $W_{g_2}(\beta)W_{f_0}(\alpha)$，或 $W_{g_0\oplus g_1\oplus g_2}(\beta)W_{f_0}(\alpha)$)。因此，有下面的引理。

引理 6.4　设 $g_0,g_1,g_2,g_0\oplus g_1\oplus g_2$ 是 m 元 r 阶 plateaued 函数。设 f_0,f_1 和 f_2 是 n 元 Bent 函数，使得 $\nu_1=f_0\oplus f_1\oplus f_2$ 也是 Bent 函数，且 $\tilde{\nu}_1=\tilde{f}_0\oplus\tilde{f}_1\oplus\tilde{f}_2$。设 h

是引理 6.2 中定义的函数。那么 h 是一个 $(n+m)$ 元 $(n+r)$ 阶 plateaued 函数。

定理 6.3　设 n 是一个正偶数，m 是一个正整数。设 $x\in\mathbb{F}_2^n, y\in\mathbb{F}_2^m$。设 f_0, f_1 和 f_2 是 n 元 Bent 函数使得 $\nu_1=f_0\oplus f_1\oplus f_2$ 也是 Bent 函数且 $\tilde{\nu}_1=\tilde{f}_0\oplus\tilde{f}_1\oplus\tilde{f}_2$。设 g_0, g_1 和 g_2 是 m 元布尔函数，g_3 为函数 $g_0\oplus g_1\oplus g_2$。如果 g_0, g_1, g_2 和 g_3 是 m 元 $2\left\lfloor\dfrac{m-2}{2}\right\rfloor$ 阶 plateaued 函数，并且 $\{g_0, g_1, g_2, g_3\}$ 是一个四元谱不相交函数集。那么函数 h_0, h_1, h_2 和 h_3，定义为

$$
\begin{aligned}
h_0(x,y)&=f_0(x)\oplus g_0(y)\oplus(f_0\oplus f_1)(x)(g_0\oplus g_1)(y)\oplus(f_1\oplus f_2)(x)(g_1\oplus g_2)(y)\\
h_1(x,y)&=f_0(x)\oplus g_1(y)\oplus(f_0\oplus f_1)(x)(g_1\oplus g_2)(y)\oplus(f_1\oplus f_2)(x)(g_2\oplus g_3)(y)\\
h_2(x,y)&=f_0(x)\oplus g_2(y)\oplus(f_0\oplus f_1)(x)(g_2\oplus g_3)(y)\oplus(f_1\oplus f_2)(x)(g_3\oplus g_0)(y)\\
h_3(x,y)&=f_0(x)\oplus g_3(y)\oplus(f_0\oplus f_1)(x)(g_3\oplus g_0)(y)\oplus(f_1\oplus f_2)(x)(g_0\oplus g_1)(y)
\end{aligned}
$$

是 $(n+m)$ 元 $\left(n+2\left\lfloor\dfrac{m-2}{2}\right\rfloor\right)$ 阶 plateaued 函数。进一步，$\{h_0, h_1, h_2, h_3\}$ 也是一个四元谱不相交函数集。

证明　根据引理 6.4 可知，h_0, h_1, h_2 和 h_3 是 $(n+m)$ 元 $\left(n+2\left\lfloor\dfrac{m-2}{2}\right\rfloor\right)$ 阶 plateaued 函数。

根据引理 6.3 可知

$$
W_{h_0}(\alpha,\beta)=W_{g_0}(\beta)W_{f_0}(\alpha)\ (\text{或}\,W_{g_1}(\beta)W_{f_0}(\alpha)，\text{或}\,W_{g_2}(\beta)W_{f_0}(\alpha)，\text{或}\ W_{g_0\oplus g_1\oplus g_2}(\beta)W_{f_0}(\alpha))
$$

令

$$
\varDelta_i=\{\alpha\,|\,W_{h_0}(\alpha,\beta)=W_{g_i}(\beta)W_{f_0}(\alpha)\}
$$

其中，$i=0,1,2,3$。那么，若 $i\neq j$，则有

$$
\bigcup_{i=0}^{3}\varDelta_i=\mathbb{F}_2^n\ \text{且}\ \varDelta_i\cap\varDelta_j=\varnothing
$$

进一步，有

$$
\sup(W_{h_0})=\bigcup_{i=0}^{3}\left(\sup(W_{g_i})\times\varDelta_i\right)
$$

其中，“×”表示多个集合的笛卡儿积。

根据引理 6.3 和函数 h_2,h_3,h_4 的定义，有

$$\{\alpha \mid W_{h_j}(\alpha,\beta)=W_{g_i}(\beta)W_{f_0}(\alpha)\}=\Delta_{(i+j) \mod 4}$$

其中，$i=0,1,2,3$，$j=1,2,3$。进一步，有

$$\sup(W_{h_j})=\bigcup_{i=0}^{3}\left(\sup(W_{g_i})\times \Delta_{(i+j) \mod 4}\right)$$

因为对 $i\neq j$，有

$$\Delta_i \cap \Delta_j=\varnothing \text{ 且 } \sup(W_{g_i})\cap \sup(W_{g_j})=\varnothing$$

所以，对 $i\neq j$，有

$$\sup(W_{h_i})\cap \sup(W_{h_j})=\varnothing$$

证毕。

注 6.2　满足上面定理条件的函数 g_0，g_1，g_2 和 g_3 是容易得到的。设 $y=(y_1,\cdots,y_m)\in\mathbb{F}_2^m$，$\eta$ 是一个 $(m-2)$ 元 Bent（或 semi-Bent）函数。设 $g_0(y)=\eta(y_1,\cdots,y_{m-2})$，$g_1(y)=\eta(y_1,\cdots,y_{m-2})\oplus y_{m-1}$，$g_2(y)=\eta(y_1,\cdots,y_{m-2})\oplus y_m$，$g_3$ 为 $g_0\oplus g_1\oplus g_2$。注意到 $h_3=h_0\oplus h_1\oplus h_2$（定理 6.3 构造的函数）。因此，函数 h_0,h_1,h_2 和 h_3 满足定理 6.1 的初始条件。

注意到上面所给函数 g_0，g_1，g_2 和 g_3 有至少三个非零线性结构 $(0,0,\cdots,0,1,1),(0,0,\cdots,0,1,0),(0,0,\cdots,0,0,1)\in\mathbb{F}_2^m$。

下面给出一种构造函数 h_0,h_1,h_2,h_3 的方法，且该方法所构造的函数仅有一个非零线性结构。

借助 M-M 类 Bent 函数，下面给出一个构造函数 h_0,h_1,h_2,h_3 的具体方法。

定理 6.4　设 n $(n>2)$ 是一个正偶数，m 是一个正整数。设 $x=(x',x'')\in\mathbb{F}_2^n$，$x',x''\in\mathbb{F}_2^{n/2}$。设 ϕ 是 $\mathbb{F}_2^{n/2}$ 上的一个布尔置换，$\rho_1,\rho_2\in\mathcal{B}_{n/2}$。定义 M-M 类 Bent 函数 $\vartheta(x)=x'\cdot\phi(x'')\oplus\rho_1(x'')$，$\theta(x)=x'\cdot\phi(x'')\oplus\rho_2(x'')$。设 a' 是 $\mathbb{F}_2^{n/2}$ 上任意一个非零元素，$a=(a',0,\cdots,0)\in\mathbb{F}_2^n$。设 $f_0(x)=\vartheta(x)$, $f_1(x)=\vartheta(x\oplus a)$, $f_2(x)=\theta(x)$。设 η 是 $(m-2)$ 元的 Bent 函数（resp. 没有非零线性结构的 semi-Bent 函数）。设 $g_0(y)=\eta(y_1,\cdots,y_{m-2})$，$g_1(y)=\eta(y_1,\cdots,y_{m-2})\oplus y_{m-1}$，$g_2(y)=\eta(y_1,\cdots,y_{m-2})\oplus y_m$，其中 $y\in\mathbb{F}_2^m$。设 g_3 是 $g_0\oplus g_1\oplus g_2$ 函数。设 h_0,h_1,h_2 和 h_3 是定理 6.3 中定义的。如

果 ρ_1,ρ_2 和 ϕ 满足下面条件，那么 h_0 和 h_2 仅有一个非零线性结构 $(a',0,\cdots,0,1,1)$，h_1 和 h_3 仅有一个非零线性结构 $(a',0,\cdots,0,0,1)$。另外，$\{h_0,h_1,h_2,h_3\}$ 是一个四元谱不相交函数集。

(1) $(\rho_1\oplus\rho_2)(x'')\neq \text{const}$。

(2) 对任意的 $\alpha'\in\mathbb{F}_2^{n/2}$，有 $\alpha'\cdot\phi(x'')\oplus(\rho_1\oplus\rho_2)(x'')\neq \text{const}$。

证明　根据函数 f_0,f_1 和 f_2 的定义可知，它们满足定理 6.3 的初始条件。

由定理 6.3 可知，h_0 是一个 $(n+m)$ 元 $\left(n+2\left\lfloor\dfrac{m-2}{2}\right\rfloor\right)$ 阶 plateaued 函数。设 $\alpha=(\alpha',\alpha'')\in\mathbb{F}_2^n$，$\beta\in\mathbb{F}_2^m$，其中 $\alpha',\alpha''\in\mathbb{F}_2^{n/2}$。根据函数 h_0 的定义可知

$$\begin{aligned}h_0(x,y)=&f_0(x)\oplus\eta(y_1,\cdots,y_{m-2})\oplus(f_0\oplus f_1)(x)y_{m-1}\\&\oplus(f_1\oplus f_2)(x)(y_{m-1}\oplus y_m)\end{aligned}\tag{6.5}$$

进一步，有

$$\begin{aligned}D_{(\alpha,\beta)}h_0(x,y)=&D_\alpha f_0(x)\oplus D_{(\beta_1,\cdots,\beta_{m-2})}\eta(y_1,\cdots,y_{m-2})\\&\oplus D_\alpha(f_0\oplus f_1)(x)y_{m-1}\oplus(f_0\oplus f_1)(x\oplus\alpha)\beta_{m-1}\\&\oplus D_\alpha(f_1\oplus f_2)(x)(y_{m-1}\oplus y_m)\\&\oplus(f_1\oplus f_2)(x\oplus\alpha)(\beta_{m-1}\oplus\beta_m)\\=&D_\alpha f_0(x)\oplus D_{(\beta_1,\cdots,\beta_{m-2})}\eta(y_1,\cdots,y_{m-2})\\&\oplus D_\alpha(f_0\oplus f_2)(x)y_{m-1}\oplus(f_0\oplus f_2)(x\oplus\alpha)\beta_{m-1}\\&\oplus D_\alpha(f_1\oplus f_2)(x)y_m\oplus(f_1\oplus f_2)(x\oplus\alpha)\beta_m\end{aligned}\tag{6.6}$$

根据上面的等式，有

$$\begin{aligned}D_{(\alpha,\beta)}h_0(x,y)=&D_\alpha f_0(x)\oplus D_{(\beta_1,\cdots,\beta_{m-2})}\eta(y_1,\cdots,y_{m-2})\\&\oplus D_{\alpha''}(\rho_1\oplus\rho_2)(x'')y_{m-1}\oplus(\rho_1\oplus\rho_2)(x''\oplus\alpha'')\beta_{m-1}\\&\oplus D_{\alpha''}\big(\alpha'\cdot\phi(x'')\oplus(\rho_1\oplus\rho_2)(x'')\big)y_m\\&\oplus\big(\alpha'\cdot\phi(x''\oplus\alpha'')\oplus(\rho_1\oplus\rho_2)(x''\oplus\alpha'')\big)\beta_m\end{aligned}\tag{6.7}$$

如果 $(\beta_1,\cdots,\beta_{m-2})\neq 0_{m-2}\in\mathbb{F}_2^{m-2}$，那么有 $D_{(\alpha,\beta)}h_0(x,y)\neq 0$。

接下来讨论当 $(\beta_1,\cdots,\beta_{m-2})=0_{m-2}\in\mathbb{F}_2^{m-2}$ 时，函数 h_0 的非零线性结构。

(1) 当 $\alpha=a=(a',0,\cdots,0)$ 时，有四种情况需要考虑。

①若 $\beta_{m-1}=\beta_m=0$，从式 (6.7) 可得

$$D_{(a,\beta)}h_0(x,y)=D_a f_0(x)\neq \text{const}$$

②若 $\beta_{m-1}=0,\beta_m=1$，从式(6.7)和 $(\rho_1\oplus\rho_2)(x'')\neq \text{const}$ 可得

$$\begin{aligned}D_{(a,\beta)}h_0(x,y)&=D_a f_0(x)\oplus a'\cdot\phi(x'')\oplus(\rho_1\oplus\rho_2)(x''\oplus\alpha'')\\&=(\rho_1\oplus\rho_2)(x'')\neq \text{const}\end{aligned}$$

③若 $\beta_{m-1}=1,\beta_m=0$，从式(6.7)和 $a'\cdot\phi(x'')\oplus(\rho_1\oplus\rho_2)(x'')\neq \text{const}$ 可得

$$\begin{aligned}D_{(a,\beta)}h_0(x,y)&=D_a f_0(x)\oplus(\rho_1\oplus\rho_2)(x'')\\&=a'\cdot\phi(x'')\oplus(\rho_1\oplus\rho_2)(x'')\neq \text{const}\end{aligned}$$

④若 $\beta_{m-1}=1,\beta_m=1$，从式(6.7)可得

$$D_{(a,\beta)}h_0(x,y)=0$$

也就是说，只有 $(a',0,\cdots,0,1,1)\in\mathbb{F}_2^{n+m}$ 是 h_0 的非零线性结构。

(2) 当 $\alpha=0_n$ 时，有三种情况需要考虑。

①当 $\beta_{m-1}=0,\beta_m=1$ 时，从式(6.7)和 $a'\cdot\phi(x'')\oplus(\rho_1\oplus\rho_2)(x'')\neq \text{const}$ 可得

$$D_{(0_n,\beta)}h_0(x,y)=a'\cdot\phi(x'')\oplus(\rho_1\oplus\rho_2)(x'')\neq \text{const}$$

②当 $\beta_{m-1}=1,\beta_m=0$ 时，从式(6.7)和 $(\rho_1\oplus\rho_2)(x'')\neq \text{const}$ 可得

$$D_{(0_n,\beta)}h_0(x,y)=(\rho_1\oplus\rho_2)(x'')\neq \text{const}$$

③当 $\beta_{m-1}=1,\beta_m=1$ 时，从式(6.7)和 a' 是一个非零向量可得

$$D_{(a,\beta)}h_0(x,y)=a'\cdot\phi(x'')\neq \text{const}$$

(3) 当 $\alpha\neq a$ 且 $\alpha\neq 0_n$ 时，有两种情况需要考虑。

①当 $\beta_{m-1}=\beta_m=0$ 时，从式(6.7)和 $f_0(x)$ 是一个 n 元 Bent 函数可得

$$\begin{aligned}D_{(\alpha,\beta)}h_0(x,y)&=D_\alpha f_0(x)\oplus D_{\alpha''}(\rho_1\oplus\rho_2)(x'')y_{m-1}\\&\quad\oplus D_{\alpha''}\big(a'\cdot\phi(x'')\oplus(\rho_1\oplus\rho_2)(x'')\big)y_m\neq \text{const}\end{aligned}$$

②当 $(\beta_{m-1},\beta_m)\neq(0,0)$，从式(6.7)可得

$$\begin{aligned}D_{(\alpha,\beta)}h_0(x,y)&=D_\alpha f_0(x)\oplus D_{\alpha''}(\rho_1\oplus\rho_2)(x'')y_{m-1}\\&\quad\oplus(\rho_1\oplus\rho_2)(x''\oplus\alpha'')\beta_{m-1}\\&\quad\oplus D_{\alpha''}\big(a'\cdot\phi(x'')\oplus(\rho_1\oplus\rho_2)(x'')\big)y_m\\&\quad\oplus\big(a'\cdot\phi(x''\oplus\alpha'')\oplus(\rho_1\oplus\rho_2)(x''\oplus\alpha'')\big)\beta_m\end{aligned}\tag{6.8}$$

根据式(6.8)，有两种情况需要考虑。

(a) 如果 $\alpha''=0_{n/2}\in\mathbb{F}_2^{n/2}$，那么

$$\begin{aligned}D_{(\alpha,\beta)}h_0(x,y)=&\alpha'\cdot\phi(x'')\oplus(\rho_1\oplus\rho_2)(x''\oplus\alpha'')\beta_{m-1}\\&\oplus(a'\cdot\phi(x'')\oplus(\rho_1\oplus\rho_2)(x''))\beta_m\end{aligned}$$

进一步，对任意的 $\alpha'\in\mathbb{F}_2^{n/2}$，$\alpha'\cdot\phi(x'')\oplus(\rho_1\oplus\rho_2)(x'')\neq\text{const}$，即

$$D_{(\alpha,\beta)}h_0(x,y)\neq\text{const}$$

(b) 如果 $\alpha''\neq 0_{n/2}\in\mathbb{F}_2^{n/2}$，那么

$$\begin{aligned}D_\alpha f_0(x)=&\rho_1(x'')\oplus\rho_1(x''\oplus\alpha'')\oplus\alpha'\cdot\phi(x'')\\&\oplus x'\cdot(\phi(x'')\oplus\phi(x''\oplus\alpha''))\end{aligned}$$

从已知条件可知，ϕ 是一个布尔置换，所以对任意的非零向量 α''，有

$$\phi(x'')\oplus\phi(x''\oplus\alpha'')\neq 0_{n/2}\in\mathbb{F}_2^{n/2}$$

因此，在 $D_\alpha f_0(x)$ 的代数正规型中一定有变量 x_i，其中 $i\in\{1,2,\cdots,n/2\}$。于是，有

$$D_{(\alpha,\beta)}h_0(x,y)\neq\text{const}$$

结合上面三种情况可知，函数 h_0 仅有非零线性结构 $(a',0,\cdots,0,1,1)$。

运用同样的方法，可以证明函数 h_2 仅有一个非零线性结构 $(a',0,\cdots,0,1,1)$，函数 h_1 和 h_3 仅有一个非零线性结构 $(a',0,\cdots,0,0,1)$。

根据定理 6.3 和注 6.2 可知，$\{h_0,h_1,h_2,h_3\}$ 是一个四元谱不相交函数集。证毕。

注 6.3　如果条件 $(\rho_1\oplus\rho_2)(x'')\neq\text{const}$ 成立，那么 n 一定严格大于 4。根据 M-M 类 Bent 函数的定义，对任意的 $n/2$ 元布尔函数，函数 $\vartheta(x)=x'\cdot\phi(x'')\oplus\rho_1(x'')$ 和 $\theta(x)=x'\cdot\phi(x'')\oplus\rho_2(x'')$ 均是 Bent 函数。因此，定理 6.4 的条件是容易满足的。

定理 6.5　设 n 是一个正偶数，m,t 是两个正整数且 $1<t\leqslant\left\lfloor\dfrac{m-2}{2}\right\rfloor$。设 f_0,f_1 和 f_2 是 n 元 Bent 函数，使得 $\nu_1=f_0\oplus f_1\oplus f_2$ 也是 Bent 函数，且 $\tilde{\nu}_1=\tilde{f}_0\oplus\tilde{f}_1\oplus\tilde{f}_2$。设 g_0,g_1,g_2 是 m 元布尔函数。设 g_3 为 $g_0\oplus g_1\oplus g_2$ 函数。设 h_0,h_1,h_2 和 h_3 是定理 6.3 中定义的。如果 g_0,g_1,g_2,g_3,f_0 和 f_2 满足下面条件，那么 h_0,h_1,h_2 和 h_3 均没有非零线性结构。

(1) g_0, g_1, g_2 和 g_3 是 m 元 $2\left\lfloor \frac{m-2}{2} \right\rfloor$ 阶 plateaued 函数。

(2) $\{g_0, g_1, g_2, g_3\}$ 是一个谱不相交函数集。

(3) 函数 g_0 和 g_2 仅有一个非零线性结构 $(a', 0, \cdots, 0, 1, 1)$，函数 g_1 和 g_3 仅有非零线性结构 $(a', 0, \cdots, 0, 0, 1)$，其中 $a' \neq 0_t \in \mathbb{F}_2^t$。

(4) $f_0 \oplus f_2 \neq \text{const}$。

证明　设 $\alpha \in \mathbb{F}_2^n, \beta \in \mathbb{F}_2^m$。根据函数 h_0 的定义，有

$$\begin{aligned} h_0(x,y) = f_0(x) \oplus g_0 \oplus (f_0 \oplus f_1)(x)(g_0 \oplus g_1)(y) \\ \oplus (f_1 \oplus f_2)(x)(g_1 \oplus g_2)(y) \end{aligned} \tag{6.9}$$

进一步，有

$$\begin{aligned} D_{(\alpha,\beta)}h_0(x,y) = D_\alpha f_0(x) \oplus D_\beta g_0(y) \\ \oplus D_\alpha (f_0 \oplus f_1)(x) D_\beta (g_0 \oplus g_1)(y) \\ \oplus D_\alpha (f_1 \oplus f_2)(x) D_\beta (g_1 \oplus g_2)(y) \end{aligned} \tag{6.10}$$

下面讨论 h_0 的线性结构。

(1) 当 $\alpha \neq 0_n$ 时，有三种情况需要考虑。

①当 $\beta = (a', 0, \cdots, 0, 1, 1)$ 时，从 $D_\beta g_1(y) \neq \text{const}$ 和式(6.10)可知

$$\begin{aligned} D_{(\alpha,\beta)}h_0(x,y) &= D_\alpha f_0(x) \oplus D_\alpha (f_0 \oplus f_1)(x) D_\beta g_1(y) \\ &\quad \oplus D_\alpha (f_1 \oplus f_2)(x) D_\beta g_1(y) \\ &\neq \text{const} \end{aligned}$$

②当 $\beta = 0_m$ 时，从式(6.10)可知

$$D_{(\alpha,\beta)}h_0(x,y) \neq \text{const}$$

③当 $\beta \neq (a', 0, \cdots, 0, 1, 1)$ 和 0_m 时，有式(6.10)成立。

假设 $D_{(\alpha,\beta)}h_0(x,y) = \text{const}$。那么一定有

$$\begin{aligned} D_\alpha (f_0 \oplus f_1)(x) &= \text{const} \\ &= D_\alpha (f_1 \oplus f_2)(x) \end{aligned}$$

和

$$\begin{aligned} D_\beta (g_0 \oplus g_1)(y) &= \text{const} \\ &= D_\beta (g_1 \oplus g_2)(y) \end{aligned}$$

然而，对 $D_\alpha (f_0 \oplus f_2)(x) = \text{const}$ 和 $D_\beta (g_0 \oplus g_2)(y) = \text{const}$，有四种情况需要考虑。

(a) 若 $D_\alpha(f_0 \oplus f_2)(x)=0$ 且 $D_\beta(g_0 \oplus g_2)(y)=0$，则

$$\begin{aligned}D_{(\alpha,\beta)}h_0(x,y) &= D_\alpha f_0(x) \oplus D_\beta g_0(y)\\ &\neq \text{const}\end{aligned}$$

(b) 若 $D_\alpha(f_0 \oplus f_2)(x)=0$ 且 $D_\beta(g_0 \oplus g_2)(y)=1$，则

$$\begin{aligned}D_{(\alpha,\beta)}h_0(x,y) &= D_\alpha f_1(x) \oplus D_\beta g_0(y)\\ &\neq \text{const}\end{aligned}$$

(c) 若 $D_\alpha(f_0 \oplus f_2)(x)=1$ 且 $D_\beta(g_0 \oplus g_2)(y)=0$，则

$$\begin{aligned}D_{(\alpha,\beta)}h_0(x,y) &= D_\alpha f_0(x) \oplus D_\beta g_1(y)\\ &\neq \text{const}\end{aligned}$$

(d) 若 $D_\alpha(f_0 \oplus f_2)(x)=1$ 且 $D_\beta(g_0 \oplus g_2)(y)=1$，则

$$\begin{aligned}D_{(\alpha,\beta)}h_0(x,y) &= D_\alpha f_1(x) \oplus D_\beta g_1(y) \oplus 1\\ &\neq \text{const}\end{aligned}$$

结合以上的情况可知，与假设 $D_{(\alpha,\beta)}h_0(x,y)=\text{const}$ 矛盾。因此，有 $D_{(\alpha,\beta)}h_0(x,y)\neq \text{const}$。

(2) 当 $\alpha=0_n$ 时，有三种情况需要考虑。

①当 $\beta=(a',0,\cdots,0,1,1)$ 时，从 $f_0(x)\oplus f_2(x)\neq 0$，$D_\beta g_1(y)\neq \text{const}$ 和式(6.10)可知

$$\begin{aligned}D_{(\alpha,\beta)}h_0(x,y) &= (f_0 \oplus f_1)(x)D_\beta(g_0 \oplus g_1)(y)\\ &\quad \oplus (f_1 \oplus f_2)(x)D_\beta(g_1 \oplus g_2)(y)\\ &= (f_0 \oplus f_2)(x)D_\beta g_1(y)\\ &\neq \text{const}\end{aligned}$$

②当 $\beta=(a',0,\cdots,0,0,1)$ 时，从式(6.10)可知

$$\begin{aligned}D_{(\alpha,\beta)}h_0(x,y) &= D_\beta g_0(y) \oplus (f_0 \oplus f_1)(x)D_\beta g_0(y)\\ &\quad \oplus (f_1 \oplus f_2)(x)D_\beta g_2(y)\\ &= D_\beta g_0(y) \oplus (f_0 \oplus f_2)(x)D_\beta g_0(y)\\ &\quad \oplus (f_1 \oplus f_2)(x)Q(y)\\ &\neq \text{const}\end{aligned}$$

其中，$Q(y)=D_\beta g_2(y)\oplus D_\beta g_0(y)$。

如果 $D_{(\alpha,\beta)}h_0(x,y)=\text{const}$，那么下面的方程组

$$\begin{cases}(f_0 \oplus f_2)(x) \oplus (f_1 \oplus f_2)(x) = 1 \\ Q(y) = D_\beta g_0(y)\end{cases} \tag{6.11}$$

成立，因为 $(f_0 \oplus f_2)(x) \neq \text{const}$ 且 $D_\beta g_0(y) \neq \text{const}$。

从式(6.11)可知，$D_\beta g_2(y) = 0$。又知道 g_2 仅有一个非零线性结构 $(a', 0, \cdots, 0, 1, 1)$，也就是说，$D_{(a',0,\cdots,0,0,1)} g_2(y) \neq 0$。因此，$D_{(\alpha,\beta)} h_0(x, y) \neq \text{const}$。

③当 $\beta \neq (a', 0, \cdots, 0, 1, 1), (a', 0, \cdots, 0, 0, 1)$ 和 0_m 时，从式(6.10)可知

$$\begin{aligned} D_{(\alpha,\beta)} h_0(x, y) = {} & D_\beta g_0(y) \oplus (f_0 \oplus f_1)(x) D_\beta (g_0 \oplus g_1)(y) \\ & \oplus (f_1 \oplus f_2)(x) D_\beta (g_1 \oplus g_2)(y) \end{aligned}$$

从已知条件可知

$$f_0 \oplus f_2 \neq \text{const}$$

那么一定有

$$f_0 \oplus f_1 \neq \text{const} \text{ 或 } f_1 \oplus f_2 \neq \text{const}$$

如果 $f_0 \oplus f_1 \neq \text{const}$，那么有两种情况需要考虑。

(a) 如果 $D_\beta (g_0 \oplus g_1)(y) \neq 0$，由于 $f_0 \oplus f_1 \neq \text{const}$ 和 $f_0 \oplus f_2 \neq \text{const}$，那么 $D_{(\alpha,\beta)} h_0(x, y) \neq \text{const}$。

(b) 如果 $D_\beta (g_0 \oplus g_1)(y) = 0$，有

$$D_{(\alpha,\beta)} h_0(x, y) = D_\beta g_0(y) \oplus (f_1 \oplus f_2)(x) D_\beta (g_1 \oplus g_2)(y)$$

那么有三种情况需要考虑。

(i) 如果 $f_1 \oplus f_2 \neq \text{const}$，那么显然

$$D_{(\alpha,\beta)} h_0(x, y) \neq \text{const}$$

(ii) 如果 $f_1 \oplus f_2 = 0$，那么

$$D_{(\alpha,\beta)} h_0(x, y) = D_\beta g_0(y) \neq \text{const}$$

(iii) 如果 $f_1 \oplus f_2 = 1$，那么

$$\begin{aligned} D_{(\alpha,\beta)} h_0(x, y) &= D_\beta g_0(y) \oplus D_\beta g_1(y) \oplus D_\beta g_2(y) \\ &= D_\beta g_3(y) \\ &\neq \text{const} \end{aligned}$$

对于 $f_1 \oplus f_2 \neq \text{const}$，同样可以利用(2)中第 3 种情况来证明 $D_{(\alpha,\beta)}h_0(x,y) \neq \text{const}$。借助同样的方法，可以证明函数 h_1, h_2 和 h_3 没有非零线性结构。证毕。

从定理 6.5 的证明过程，立即有下面的推论。

推论 6.1 设 n 是一个正偶数，m 是一个正整数。设 f_0, f_1 和 f_2 是 n 元 Bent 函数，使得 $\nu_1 = f_0 \oplus f_1 \oplus f_2$ 也是 Bent 函数，且 $\tilde{\nu}_1 = \tilde{f}_0 \oplus \tilde{f}_1 \oplus \tilde{f}_2$。设 g_0, g_1, g_2 是 m 元布尔函数。设 g_3 为 $g_0 \oplus g_1 \oplus g_2$。设 h_0, h_1, h_2 和 h_3 是定理 6.3 中定义的。如果 g_0, g_1, g_2, g_3, f_0 和 f_2 满足下面条件，那么 h_0, h_1, h_2 和 h_3 均没有非零线性结构。

(1) g_0, g_1, g_2 和 g_3 是 m 元 $2\left\lfloor \dfrac{m-2}{2} \right\rfloor$ 阶 plateaued 函数。

(2) $\{g_0, g_1, g_2, g_3\}$ 是一个谱不相交函数集。

(3) 函数 g_0, g_1, g_2, g_3 没有非零线性结构。

(4) $f_0 \oplus f_2 \neq \text{const}$。

6.3 基于 plateaued 函数的平衡布尔函数构造

接下来利用 6.2 节结论给出一个构造谱不相交函数的具体构造，并分析四个函数中有三个函数为平衡函数的前提条件。

定理 6.6 设 q 是一个正偶数。设 $x \in \mathbb{F}_2^q, y \in \mathbb{F}_2^2$。设 f_0, f_1 和 f_2 是 q 元 Bent 函数，使得 $\nu_1 = f_0 \oplus f_1 \oplus f_2$ 也是 Bent 函数，且 $\tilde{\nu}_1 = \tilde{f}_0 \oplus \tilde{f}_1 \oplus \tilde{f}_2$。设 $g_0 = y_1, g_1 = y_2$ 和 $g_2 = y_1 \oplus y_2$。设 h_0, h_1, h_2 和 h_3 为定理 6.3 中所定义的函数。那么 h_0, h_1, h_2 和 h_3 是 $(q+2)$ 元 q 阶 plateaued 函数，$\{h_0, h_1, h_2, h_3\}$ 也是一个四元不相交谱函数集。进一步，有以下结论成立。

(1) 若 $W_{f_0}(0_q) = W_{f_1}(0_q) = W_{f_2}(0_q)$，则 h_0, h_1, h_2 是平衡函数。

(2) 若 $W_{f_0}(0_q) = W_{f_1}(0_q) \neq W_{f_2}(0_q)$，则 h_1, h_2, h_3 是平衡函数。

(3) 若 $W_{f_0}(0_q) \neq W_{f_1}(0_q) = W_{f_2}(0_q)$，则 h_0, h_1, h_3 是平衡函数。

(4) 若 $W_{f_0}(0_q) = W_{f_2}(0_q) \neq W_{f_1}(0_q)$，则 h_0, h_2, h_3 是平衡函数。

证明 根据 plateaued 函数的定义可知，$g_0 = y_1, g_1 = y_2, g_2 = y_1 \oplus y_2$ 和 $g_3 = 0$ 是 2 元 0 阶 plateaued 函数。由定理 6.3 可得，h_0, h_1, h_2 和 h_3 是 $(q+2)$ 元 q 阶 plateaued 函数，$\{h_0, h_1, h_2, h_3\}$ 也是一个不相交谱函数集。

根据引理 6.3 可知，如果 $W_{f_0}(\alpha)=W_{f_1}(\alpha)=W_{f_2}(\alpha)$，那么

$$W_{h_0}(\alpha,\beta)=W_{g_0}(\beta)W_{f_0}(\alpha)$$

$$W_{h_1}(\alpha,\beta)=W_{g_1}(\beta)W_{f_0}(\alpha)$$

且

$$W_{h_2}(\alpha,\beta)=W_{g_2}(\beta)W_{f_0}(\alpha)$$

因此，若 $W_{f_0}(0_q)=W_{f_1}(0_q)=W_{f_2}(0_q)$，则 h_0,h_1,h_2 是平衡函数。

如果 $W_{f_0}(\alpha)=W_{f_1}(\alpha)\neq W_{f_2}(\alpha)$，那么

$$W_{h_1}(\alpha,\beta)=W_{g_0}(\beta)W_{f_0}(\alpha)$$

$$W_{h_2}(\alpha,\beta)=W_{g_1}(\beta)W_{f_0}(\alpha)$$

且

$$W_{h_3}(\alpha,\beta)=W_{g_2}(\beta)W_{f_0}(\alpha)$$

因此，若 $W_{f_0}(0_q)=W_{f_1}(0_q)\neq W_{f_2}(0_q)$，则 h_1,h_2,h_3 是平衡函数。

如果 $W_{f_0}(\alpha)\neq W_{f_1}(\alpha)=W_{f_2}(\alpha)$，那么

$$W_{h_0}(\alpha,\beta)=W_{g_1}(\beta)W_{f_0}(\alpha)$$

$$W_{h_1}(\alpha,\beta)=W_{g_2}(\beta)W_{f_0}(\alpha)$$

且

$$W_{h_3}(\alpha,\beta)=W_{g_0}(\beta)W_{f_0}(\alpha)$$

因此，若 $W_{f_0}(0_q)\neq W_{f_1}(0_q)=W_{f_2}(0_q)$，则 h_0,h_1,h_3 是平衡函数。

如果 $W_{f_0}(\alpha)=W_{f_2}(\alpha)\neq W_{f_1}(\alpha)$，那么

$$W_{h_0}(\alpha,\beta)=W_{g_2}(\beta)W_{f_0}(\alpha)$$

$$W_{h_2}(\alpha,\beta)=W_{g_0}(\beta)W_{f_0}(\alpha)$$

且

$$W_{h_3}(\alpha,\beta)=W_{g_1}(\beta)W_{f_0}(\alpha)$$

因此，若 $W_{f_0}(0_q)=W_{f_2}(0_q)\neq W_{f_1}(0_q)$，则 h_0,h_2,h_3 是平衡函数。证毕。

注 6.4　定理 6.6 中初始函数 f_0, f_1 和 f_2 是存在的，文献[8]中给出了该类函数的构造方法。因此，定理 6.6 所构造的谱不相交函数集是存在的。

根据定理 6.3 和定理 6.6，有下面的结论。

推论 6.2　设 q 是一个正偶数。设 $x \in \mathbb{F}_2^q, y \in \mathbb{F}_2^2$。设 f_0, f_1 和 f_2 是 q 元 Bent 函数，使得 $\nu_1 = f_0 \oplus f_1 \oplus f_2$ 也是 Bent 函数，且 $\tilde{\nu}_1 = \tilde{f}_0 \oplus \tilde{f}_1 \oplus \tilde{f}_2$。设 g_0, g_1 和 g_2 是 m 元布尔函数。设 g_3 为函数 $g_0 \oplus g_1 \oplus g_2$。如果 g_0, g_1, g_2 和 g_3 是 m 元 $2\left\lfloor \dfrac{m-2}{2} \right\rfloor$ 阶 plateaued 函数，并且 $\{g_0, g_1, g_2, g_3\}$ 是一个四元不相交谱函数集，设 h_0, h_1, h_2 和 h_3 为定理 6.3 中所定义的函数，那么 h_0, h_1, h_2 和 h_3 是 $(q+m)$ 元 $\left(q + 2\left\lfloor \dfrac{m-2}{2} \right\rfloor\right)$ 阶 plateaued 函数，$\{h_0, h_1, h_2, h_3\}$ 也是一个四元不相交谱函数集。进一步，有以下结论成立。

(1) 若 $W_{f_0}(0_q) = W_{f_1}(0_q) = W_{f_2}(0_q)$，则 h_0, h_1, h_2 是平衡函数。

(2) 若 $W_{f_0}(0_q) = W_{f_1}(0_q) \neq W_{f_2}(0_q)$，则 h_1, h_2, h_3 是平衡函数。

(3) 若 $W_{f_0}(0_q) \neq W_{f_1}(0_q) = W_{f_2}(0_q)$，则 h_0, h_1, h_3 是平衡函数。

(4) 若 $W_{f_0}(0_q) = W_{f_2}(0_q) \neq W_{f_1}(0_q)$，则 h_0, h_2, h_3 是平衡函数。

注 6.5　根据定理 6.3，能很容易地得到推论 6.2 中的 g_0, g_1, g_2 和 g_3。因此，可以迭代构造出含有四个函数的谱不相交函数集。

基于定理 6.6 和文献[8]中的构造方法，下面给出一个构造平衡函数的方法且所构造函数变元数为 4 的倍数。

构造 6.1　设 k 是一个正偶数，$\Lambda^{(\tau')} = \{\tau \mid \tau \in \mathbb{F}_2^k, \tau'' \in \mathbb{F}_2^{k-2}$ 且 $\tau = (\tau'', \tau')\}$，其中 $\tau' \in \mathbb{F}_2^2$。设 $\phi(y) = (\phi_1(y), \cdots, \phi_k(y))$ 是一个 k 元布尔置换，且使得集合

$$\Xi^{(\tau')} = \{y \mid y \in \mathbb{F}_2^k, \tau \in \Lambda^{(\tau')} \text{且} \phi(y) = \tau\}$$

是一个仿射子空间。设 $E = \{\tau \mid \tau \in \mathbb{F}_2^k$ 且 $(\tau_1, \cdots, \tau_{k-2}) = 0_{k-2}\}$，构造的函数为

$$f(y,x) = \bigoplus_{\tau \in \mathbb{F}_2^k} \prod_{i=1}^{k} (x_i \oplus \tau_i \oplus 1)\psi_\tau(y) \tag{6.12}$$

其中，当 $\tau = 0_k \in \mathbb{F}_2^k$ 时，ψ_τ 为非线性度不小于 $\left(2^{k-1} - 2^{\lceil (k-1)/2 \rceil}\right)$ 且代数次数为 $(k-1)$ 的平衡函数；当 $\tau \in \{(0_{k-2},0,1),(0_{k-2},1,0),(0_{k-2},1,1)\}$ 时，$\{\psi_{(0_{k-2},0,1)}, \psi_{(0_{k-2},1,0)}, \psi_{(0_{k-2},1,1)}\} = \{h_{i0}, h_{i1}, h_{i2}\}$，其中 $\{i0, i1, i2\} \subset \{0,1,2,3\}$ 且 h_{i0}, h_{i1}, h_{i2} 是定理 6.6 中定义的平衡函数；

当 $\tau \in \mathbb{F}_2^k \setminus E$ 时，$\psi_\tau(y) = \tau \cdot (\phi_1(y),\cdots,\phi_k(y))$。

引理 6.5[9]　设 $\phi(y) = (\phi_1(y),\cdots,\phi_k(y))$ 是式(6.12)所定义的 k 元布尔置换，f 是式(6.12)所构造的函数，$\alpha,\beta \in \mathbb{F}_2^k$，则

$$\sum_{x\in\mathbb{F}_2^k\setminus E}\sum_{y\in\mathbb{F}_2^k}(-1)^{f(y,x)\oplus\beta\cdot y\oplus\alpha\cdot x}\in\{0,\pm 2^k\}$$

下面给出所构造函数的一些性质。

定理 6.7　设 f 是构造 6.1 中式(6.12)所构造的函数，那么有以下结论成立。

(1) f 是平衡函数。

(2) $N_f \geqslant 2^{2k-1} - 2^{k-1} - 2^{k/2} - 2^{\lceil (k-1)/2 \rceil}$。

(3) $\deg(f) = 2k-1$。

证明　(1) f 可以看成是 2^k 个 k 元布尔函数毗连得到的，因此只要证明所毗连的 2^k 个 k 元布尔函数均为平衡函数即可。$\phi(y)$ 是一个 k 元布尔置换，则当 $\tau \in \mathbb{F}_2^k \setminus E$ 时，可知

$$\psi_\tau(y) = \tau \cdot (\phi_1(y),\cdots,\phi_k(y))$$

为平衡函数。根据构造 6.1 和定理 6.6 可知，$\psi_{(0_{k-2},0,1)},\psi_{(0_{k-2},1,0)},\psi_{(0_{k-2},1,1)}$ 是平衡函数。又知，当 $\tau = 0_k \in \mathbb{F}_2^k$ 时，$\psi_\tau(y)$ 为平衡函数。所以 f 是平衡函数。

根据引理 6.5，对任意的 $\alpha,\beta \in \mathbb{F}_2^k$，有

$$\sum_{x\in\mathbb{F}_2^k\setminus E}\sum_{y\in\mathbb{F}_2^k}(-1)^{f(y,x)\oplus\beta\cdot y\oplus\alpha\cdot x}\in\{0,\pm 2^k\}$$

(2) 从定理 6.6 可知，集合 $\{\psi_{(0_{k-2},0,1)},\psi_{(0_{k-2},1,0)},\psi_{(0_{k-2},1,1)}\} = \{h_{i0},h_{i1},h_{i2}\}$ 中函数的循环 Walsh 谱是不相交的，且是 k 元 $(k-2)$ 阶 plateaued 函数。进一步，可知

$$\max_{\tau\in\{(0_{k-2},0,1),(0_{k-2},1,0),(0_{k-2},1,1)\},\beta\in\mathbb{F}_2^k}\left|W_{\psi_\tau}(\beta)\right| = 2^{(k+2)/2}$$

从函数的构造方法可知，$\left|W_{\psi_{0_k}}(\beta)\right| \leqslant 2^{\lceil (k+1)/2 \rceil}$。函数 f 的循环 Walsh 谱为

$$\begin{aligned}W_f(\beta,\alpha) &= \sum_{x\in\mathbb{F}_2^k}\sum_{y\in\mathbb{F}_2^k}(-1)^{f(y,x)\oplus\beta\cdot y\oplus\alpha\cdot x}\\ &= \sum_{x\in\mathbb{F}_2^k\setminus E}\sum_{y\in\mathbb{F}_2^k}(-1)^{f(y,x)\oplus\beta\cdot y\oplus\alpha\cdot x}\end{aligned}$$

$$+\sum_{x\in E\setminus\{0_k\}}\sum_{y\in\mathbb{F}_2^k}(-1)^{f(y,x)\oplus\beta\cdot y\oplus\alpha\cdot x}$$
$$+\sum_{x=0_k}\sum_{y\in\mathbb{F}_2^k}(-1)^{f(y,x)\oplus\beta\cdot y\oplus\alpha\cdot x}$$

那么，$\left|W_f(\beta,\alpha)\right|\leqslant 2^k+2^{(k+2)/2}+2^{\lceil(k+1)/2\rceil}$。

根据非线性度定义，函数 f 的非线性度为 $N_f\geqslant 2^{2k-1}-2^{k-1}-2^{k/2}-2^{\lceil(k-1)/2\rceil}$。

(3) 根据函数 f 的构造法可知，置换 $\phi(y)$ 中的每一个分量函数 $\phi_i(y)(i=1,\cdots,k)$ 在 f 中出现偶数次(函数没有合并同类项)。那么在 $f(y,x)$ 的代数正规型中一定不含 $x_1\cdots x_k\phi_i(y),i=1,\cdots,k$。当 $\tau\in E\setminus\{0_k\}$ 时，有

$$\deg(\psi_\tau(y))\leqslant(k-2)/2+1=k/2$$

最后，根据已知条件可知，当 $\tau=0_k\in\mathbb{F}_2^k$ 时，$\psi_{0_k}(y)$ 的代数次数为 $k-1$。综上所述，函数 f 的代数次数为 $2k-1$。证毕。

注 6.6　函数 $\psi_{0_k}(y)$ 能够从文献[10]中容易地得到。根据文献[11]和[12]可知，可以构造出没有非零线性结构的 h_0,h_1,h_2,h_3。由于本节所毗连的函数中有三个 plateaued 函数与文献[8]中的不同，故所构造的平衡函数也与文献[8]中的函数不相同。

定理 6.8[13]　设 f 是构造 6.1 中式(6.12)所构造的函数，那么有

$$\begin{aligned}f(y,x)&=\bigoplus_{\tau\in\mathbb{F}_2^k}\prod_{i=1}^{k}(x_i\oplus\tau_i\oplus 1)\psi_\tau(y)\\&=\bigoplus_{\varepsilon\in\mathbb{F}_2^k}\prod_{i=1}^{k}(y_i\oplus\varepsilon_i\oplus 1)\zeta_\varepsilon(x)\end{aligned}\tag{6.13}$$

进一步，对任意的 $\tau,\varepsilon\in\mathbb{F}_2^k$，都有函数 $\psi_\tau(y)$ 和 $\zeta_\varepsilon(x)$ 是非线性函数。

证明　根据构造 6.1，对每一个 $\tau\in\mathbb{F}_2^k$，显然有 $\psi_\tau(y)$ 是非线性函数。

从式(6.13)可知，对任意的 $\varepsilon\in\mathbb{F}_2^k$，有 $\zeta_\varepsilon(x)=f(\varepsilon,x)$。因此，对任意的 $\theta\in\mathbb{F}_2^k$，只要证明 $f(\theta,x)$ 是一个非线性函数即可。有

$$f(y,x)=\bigoplus_{\tau\in\mathbb{F}_2^k}\prod_{i=1}^{k}(x_i\oplus\tau_i\oplus 1)\psi_\tau(y)$$
$$=\bigoplus_{\tau\in\mathbb{F}_2^k\setminus E}\prod_{i=1}^{k}(x_i\oplus\tau_i\oplus 1)\big(\phi(y)\cdot\tau\big)$$

$$\oplus\prod_{i=1}^{k-1}(x_i\oplus 1)x_k h_{i0}(y)\oplus\prod_{i=1}^{k-2}(x_i\oplus 1)(x_k\oplus 1)x_{k-1}h_{i1}(y)$$

$$\oplus\prod_{i=1}^{k-2}(x_i\oplus 1)x_{k-1}x_k h_{i2}(y)\oplus\prod_{i=1}^{k}(x_i\oplus 1)\psi_0(y)$$

$$=\bigoplus_{\tau\in\mathbb{F}_2^k}\prod_{i=1}^{k}(x_i\oplus\tau_i\oplus 1)\big(\phi(y)\cdot\tau\big)\bigoplus_{\tau\in E\setminus\{(0,\cdots,0\}}\prod_{i=1}^{k}(x_i\oplus\tau_i\oplus 1)\big(\phi(y)\cdot\tau\big)$$

$$\oplus\prod_{i=1}^{k-1}(x_i\oplus 1)x_k h_{i0}(y)\oplus\prod_{i=1}^{k-2}(x_i\oplus 1)(x_k\oplus 1)x_{k-1}h_{i1}(y)$$

$$\oplus\prod_{i=1}^{k-2}(x_i\oplus 1)x_{k-1}x_k h_{i2}(y)\oplus\prod_{i=1}^{k}(x_i\oplus 1)\psi_0(y)$$

$$=\bigoplus_{\tau\in\mathbb{F}_2^k}\prod_{i=1}^{k}(x_i\oplus\tau_i\oplus 1)\big(\phi(y)\cdot\tau\big)\bigoplus_{\tau\in E\setminus\{(0,\cdots,0\}}\prod_{i=1}^{k}(x_i\oplus\tau_i\oplus 1)\big(\phi(y)\cdot\tau\big)$$

$$\oplus\prod_{i=1}^{k}(x_i\oplus 1)\psi_0(y)\oplus\prod_{i=1}^{k-2}(x_i\oplus 1)\Big((x_{k-1}\oplus 1)x_k h_{i0}(y)$$

$$\oplus(x_k\oplus 1)x_{k-1}h_{i1}(y)\oplus x_{k-1}x_k h_{i2}(y)\Big)$$

$$=\bigoplus_{\tau\in\mathbb{F}_2^k}\prod_{i=1}^{k}(x_i\oplus\tau_i\oplus 1)\big(\phi(y)\cdot\tau\big)\oplus\prod_{i=1}^{k}(x_i\oplus 1)\psi_0(y)$$

$$\oplus\prod_{i=1}^{k-2}(x_i\oplus 1)\Big((x_{k-1}\oplus 1)x_k(h_{i0}(y)\oplus\phi_k(y))$$

$$\oplus(x_k\oplus 1)x_{k-1}(h_{i1}(y)\oplus\phi_{k-1}(y))\oplus x_{k-1}x_k(h_{i2}(y)\oplus\phi_{k-1}(y)\oplus\phi_k(y))\Big)$$

令

$$P(y,x)=\bigoplus_{\tau\in\mathbb{F}_2^k}\prod_{i=1}^{k}(x_i\oplus\tau_i\oplus 1)\big(\phi(y)\cdot\tau\big)$$

$$Q(y,x)=\prod_{i=1}^{k}(x_i\oplus 1)\psi_0(y)$$

$$Z(y,x)=\prod_{i=1}^{k-2}(x_i\oplus 1)\Big((x_{k-1}\oplus 1)x_k(h_{i0}(y)\oplus\phi_k(y))$$

$$\oplus(x_k\oplus 1)x_{k-1}(h_{i1}(y)\oplus\phi_{k-1}(y))\oplus x_{k-1}x_k(h_{i2}(y)\oplus\phi_{k-1}(y)\oplus\phi_k(y))\Big)$$

因为 $P(y,x)$ 是一个 Bent 函数，所以对任意的 $\theta\in\mathbb{F}_2^k$，$P(\theta,x)$ 是一个线性函数。又

知，如果$\psi_0(\theta)$=1，那么$Q(\theta,x)=\prod_{i=1}^{k}(x_i\oplus 1)$；如果$\psi_0(\theta)$=0，那么$Q(\theta,x)=0$。

下面证明$Z(\theta,x)$在什么情况下是一个线性函数，什么情况下不是一个线性函数。

(1) 若$(h_{i0}(y)\oplus\phi_k(y),h_{i1}(y)\oplus\phi_{k-1}(y),h_{i2}(y)\oplus\phi_{k-1}(y)\oplus\phi_k(y))=(0,0,0)$，则

$$Z(\theta,x)=0$$

(2) 若$(h_{i0}(y)\oplus\phi_k(y),h_{i1}(y)\oplus\phi_{k-1}(y),h_{i2}(y)\oplus\phi_{k-1}(y)\oplus\phi_k(y))=(0,0,1)$，则

$$Z(\theta,x)=\prod_{i=1}^{k-2}(x_i\oplus 1)x_{k-1}x_k$$

(3) 若$(h_{i0}(y)\oplus\phi_k(y),h_{i1}(y)\oplus\phi_{k-1}(y),h_{i2}(y)\oplus\phi_{k-1}(y)\oplus\phi_k(y))=(0,1,0)$，则

$$Z(\theta,x)=\prod_{i=1}^{k-2}(x_i\oplus 1)(x_k\oplus 1)x_{k-1}$$

(4) 若$(h_{i0}(y)\oplus\phi_k(y),h_{i1}(y)\oplus\phi_{k-1}(y),h_{i2}(y)\oplus\phi_{k-1}(y)\oplus\phi_k(y))=(1,0,0)$，则

$$Z(\theta,x)=\prod_{i=1}^{k-2}(x_i\oplus 1)(x_{k-1}\oplus 1)x_k$$

(5) 若$(h_{i0}(y)\oplus\phi_k(y),h_{i1}(y)\oplus\phi_{k-1}(y),h_{i2}(y)\oplus\phi_{k-1}(y)\oplus\phi_k(y))=(0,1,1)$，则

$$Z(\theta,x)=\prod_{i=1}^{k-2}(x_i\oplus 1)x_{k-1}$$

(6) 若$(h_{i0}(y)\oplus\phi_k(y),h_{i1}(y)\oplus\phi_{k-1}(y),h_{i2}(y)\oplus\phi_{k-1}(y)\oplus\phi_k(y))=(1,0,1)$，则

$$Z(\theta,x)=\prod_{i=1}^{k-2}(x_i\oplus 1)x_k$$

(7) 若$(h_{i0}(y)\oplus\phi_k(y),h_{i1}(y)\oplus\phi_{k-1}(y),h_{i2}(y)\oplus\phi_{k-1}(y)\oplus\phi_k(y))=(1,1,0)$，则

$$Z(\theta,x)=\prod_{i=1}^{k-2}(x_i\oplus 1)(x_{k-1}\oplus x_k)$$

(8) 若$(h_{i0}(y)\oplus\phi_k(y),h_{i1}(y)\oplus\phi_{k-1}(y),h_{i2}(y)\oplus\phi_{k-1}(y)\oplus\phi_k(y))=(1,1,1)$，则

$$Z(\theta,x)=\prod_{i=1}^{k-2}(x_i\oplus 1)(x_{k-1}x_k\oplus x_{k-1}\oplus x_k)$$

进一步，结合 $P(\theta,x)$, $Q(\theta,x)$ 和 $Z(\theta,x)$ ，可知对任意的 $\tau,\varepsilon\in\mathbb{F}_2^k$ ，函数 $\zeta_\varepsilon(x)$ 是非线性函数。证毕。

关于更多高非线性度弹性函数直接和间接构造可以参看文献[14]～[34]。

参 考 文 献

[1] 张凤荣. 高非线性度布尔函数的设计与分析. 徐州: 中国矿业大学出版社, 2014.

[2] Dillon J. Elementary hadamard difference sets. City of College Park: University of Maryland, College Park, 1974.

[3] Carlet C. On the secondary constructions of resilient and Bent functions. Cryptography and Combinatorics, 2004, 23: 3-28.

[4] Carlet C. On Bent and highly nonlinear balanced/resilient functions and their algebraic immunities//Applied Algebra, Algebraic Algorithms and Error-Correcting Codes. Berlin, Heidelberg: Springer, 2006, 3857: 1-28.

[5] Carlet C. Boolean Functions for Cryptography and Error Correcting Codes. Cambridge: Cambridge University Press, 2010, 257-397.

[6] Carlet C, Zhang F, Hu Y. Secondary constructions of Bent function and their enforcement. Advances in Mathematics of Communications, 2012, 6(3): 305-314.

[7] Xiao G, Massey J L. A spectral characterization of correlation-immune combining functions. IEEE Transactions on Information Theory, 1988, 34(3): 569-571.

[8] Zhang F, Hu Y, Jia Y, et al. New constructions of balanced Boolean functions with high nonlinearity and optimal algebraic degree. International Journal of Computer Mathematics, 2012, 89(10): 1319-1331.

[9] 张卫国. 密码函数及其构造. 西安: 西安电子科技大学, 2006.

[10] Rothaus O S. On "Bent" functions. Journal of Combinatorial Theory, Series A, 1976, 20(3): 300-305.

[11] Carlet C, Feng K. An infinite class of balanced functions with optimal algebraic immunity, good immunity to fast algebraic attacks and good nonlinearity//Advances in Cryptology-ASIACRYPT 2008. Berlin, Heidelberg: Springer, 2008, 5350: 425-440.

[12] Chen Y, Lu P. Two classes of symmetric Boolean functions with optimum algebraic immunity: construction and analysis. IEEE Transactions on Information Theory, 2011, 57(4): 2522-2538.

[13] 张轶毅, 孟凡荣, 张凤荣, 等. 基于 plateaued 函数的平衡布尔函数构造. 计算机应用, 2016, 36(6): 1563-1566.

[14] Siegenthaler T. Correlation-immunity of nonlinear combining functions for cryptographic

applications. IEEE Transactions on Information Theory, 1984, 30(5): 776-780.

[15] Tarannikov Y. On resilient Boolean functions with maximal possible nonlinearity//Progress in Cryptology-INDOCRYPT 2000. Berlin, Heidelberg: Springer, 2000, 1977: 19-30.

[16] Pasalic E, Maitra S, Johansson T, et al. New constructions of resilient and correlation immune Boolean functions achieving upper bound on nonlinearity. Electronic Notes in Discrete Mathematics, 2001, 6: 158-167.

[17] Camion P, Canteaut A. Correlation-immune and resilient functions over a finite alphabet and their applications in cryptography. Designs Codes & Cryptography, 1999, 16(2): 121-149.

[18] Charpin P, Pasalic E. Highly nonlinear resilient functions through disjoint codes in projective spaces. Designs Codes & Cryptography, 2005, 37(2): 319-346.

[19] Hu Y, Xiao G. Resilient functions over finite fields. IEEE Transactions on Information Theory, 2003, 49(8): 2040-2046.

[20] Johansson T, Pasalic E. A construction of resilient functions with high nonlinearity. IEEE Transactions on Information Theory, 2000, 49(2): 494-501.

[21] Khoo K, Gong G. New constructions for resilient and highly nonlinear Boolean functions// Information Security and Privacy. Berlin, Heidelberg: Springer, 2003, 2727: 498-509.

[22] Kurosawa K, Satoh T, Yamamoto K. Highly nonlinear t-resilient functions. Journal of Universal Computer Science, 1997, 3(1): 721-729.

[23] Maitra S, Pasalic E. Further constructions of resilient Boolean functions with very high nonlinearity. IEEE Transactions on Information Theory, 2002, 48(7): 1825-1834.

[24] Pasalic E, Johansson T. Further results on the relation between nonlinearity and resiliency for Boolean functions//Cryptography and Coding. Berlin, Heidelberg: Springer, 1999, 1746: 35-44.

[25] Pasalic E, Maitra S. Linear codes in generalized construction of resilient functions with very high nonlinearity. IEEE Transactions on Information Theory, 2002, 48(8): 2182-2191.

[26] Sarkar P, Maitra S. Construction of nonlinear Boolean functions with important cryptographic properties//Advances in Cryptology - EUROCRYPT 2000. Berlin, Heidelberg: Springer, 2000, 1807: 485-506.

[27] Sarkar P, Maitra S. Construction of nonlinear resilient Boolean functions using “small” affine functions. IEEE Transactions on Information Theory, 2004, 50(9): 2185-2193.

[28] Zhang W, Xiao G. Construction of almost optimal resilient Boolean functions via concatenating Maiorana-McFarland functions. Science China Information Sciences, 2011, 54(4): 909-912.

[29] Zhang X, Zheng Y. Cryptographically resilient functions. IEEE Transactions on Information Theory, 1997, 43(5): 1740-1747.

[30] Zhang F, Carlet C, Hu Y P, et al. Secondary constructions of highly nonlinear Boolean functions

and disjoint spectra plateaued functions. Information Sciences, 2014, 283: 94-106.

[31] Zhang W, Xiao G. Constructions of almost optimal resilient Boolean functions on large even number of variables. IEEE Transactions on Information Theory, 2009, 55(12): 5822-5831.

[32] Zhang W, Pasalic E. Generalized Maiorana-McFarland construction of resilient Boolean functions with high nonlinearity and good algebraic properties. IEEE Transactions on Information Theory, 2014, 60(10): 6681-6695.

[33] Zhang W, Pasalic E. Improving the lower bound on the maximum nonlinearity of 1-resilient Boolean functions and designing functions satisfying all cryptographic criteria. Information Sciences, 2017, 36(C): 21-30.

[34] Zhang F, Wei Y, Pasalic E, et al. Large sets of disjoint spectra plateaued functions inequivalent to partially linear functions. IEEE Transactions on Information Theory, 2018, 64(4): 2987-2999.

第 7 章　谱不相交函数集的设计

第 6 章中研究了谱不相交函数集的构造，给出了一个四元组谱不相交函数集。然而，集合的势太小。2009 年，文献[1]提出了一个公开问题：如何构造一个势比较大的谱不相交函数集，且使得函数集中的函数不等价于部分线性函数。基于以上的问题，文献[2]对谱不相交函数集做了进一步的研究。本章给出了具有很大势的谱不相交函数集，该函数集中函数没有非零线性结构，弹性阶是 1。此外，在固定函数变元和弹性阶的前提下，给出了一个势更大的谱不相交函数集。最后给出了大量高非线性度奇数变元弹性函数，特别是，当函数变元大于 33 时，给出了目前非线性度最优的奇数变元平衡函数。

7.1　谱不相交函数集的非直和构造

本节给出一个有效的构造“谱不相交函数集”的方法。由于构造是借助非直和构造得到，因此先介绍非直和构造。

命题 7.1[3,4]　设 n 和 m 是两个正偶整数。设 $x\in\mathbb{F}_2^n, y\in\mathbb{F}_2^m$。设 f_0 和 f_1 是两个 n 元 Bent 函数。设 g_0 和 g_1 是两个 m 元 Bent 函数。那么函数 $h\in\mathcal{B}_{n+m}$，定义为

$$h(x,y)=f_0(x)\oplus g_0(y)\oplus(f_0\oplus f_1)(x)(g_0\oplus g_1)(y)$$

是 Bent 函数。

这个间接构造也可以被修改为以下弹性函数的构造。

命题 7.2[3,4]　设 $s,t,n,m\in\mathbb{N}$，其中 $t<n$，$s<m$。设 $f_0,f_1\in\mathcal{B}_n$ 是两个 t 阶弹性函数，$g_0,g_1\in\mathcal{B}_m$ 是两个 s 阶弹性函数。那么如式 (7.1) 所示为一个 $(n+m)$ 元 $(s+t+1)$ 阶弹性函数。

$$h(x,y)=f_0(x)\oplus g_0(y)\oplus(f_0\oplus f_1)(x)(g_0\oplus g_1)(y) \tag{7.1}$$

注 7.1　在本书中称任意布尔函数都是 0 阶相关免疫函数(也是 (−1) 阶相关弹性函数)，并且称平衡函数是 0 阶弹性函数。此外，非直和构造也被应用于构造旋

转对称函数[5]、Bent-negabent 函数[6]和 Bent 函数[7]等。

假设在一些给定变元空间中谱不相交函数集存在，则在更大变元空间上同样势的谱不相交函数也存在。

定理 7.1[2]　设 n 是一个偶整数，$m,l,t\in\mathbb{N}$。设 $f_0,f_1\in\mathcal{B}_n$ 是两个不同的 Bent 函数且 $\{g_0,\cdots,\ g_{l-1}\}$ 是一个谱不相交函数集，其中 $g_i\in\mathcal{B}_m$，$\mathrm{res}(g_i)\geqslant t$，$i\in\{0,\cdots,l-1\}$。那么如式(7.2)所定义的 $\{h_0,h_1,\cdots,h_{l-1}\}$ 也是 $\mathbb{F}_2^{n+m}$ 上的一个谱不相交函数集。

$$h_i(x,y)=f_0(x)\oplus g_i(y)\oplus(f_0\oplus f_1)(x)(g_i\oplus g_{(i+1)\bmod l})(y) \tag{7.2}$$

其中，$(x,y)\in\mathbb{F}_2^n\times\mathbb{F}_2^m$。进一步，对任意 $i=0,1,\cdots,l-1$，有

$$\max_{\alpha\in\mathbb{F}_2^n,\beta\in\mathbb{F}_2^m}|W_{h_i}(\alpha,\beta)|=\max\{2^{n/2}\max_{\beta\in\mathbb{F}_2^m}|W_{g_i}(\beta)|,2^{n/2}\max_{\beta\in\mathbb{F}_2^m}|W_{g_{(i+1)\bmod l}}(\beta)|\}$$

证明　根据文献[2]可知，对所有的布尔函数，有

$$W_{h_i}(\alpha,\beta)=\frac{1}{2}W_{g_i}(\beta)\left[W_{f_0}(\alpha)+W_{f_1}(\alpha)\right]+\frac{1}{2}W_{g_{(i+1)\bmod l}}(\beta)\left[W_{f_0}(\alpha)-W_{f_1}(\alpha)\right] \tag{7.3}$$

令 $\varDelta_0=\{\alpha|\ W_{f_0}(\alpha)=W_{f_1}(\alpha),\alpha\in\mathbb{F}_2^n\}$，$\varDelta_1=\{\alpha|\ W_{f_0}(\alpha)=-W_{f_1}(\alpha),\alpha\in\mathbb{F}_2^n\}$。那么 $\varDelta_0\bigcup\varDelta_1=\mathbb{F}_2^n$ 且 $\varDelta_0\bigcap\varDelta_1=\varnothing$。因此，有

$$\sup(W_{h_i})=\left(\sup(W_{g_i})\times\varDelta_0\right)\bigcup\left(\sup(W_{g_{(i+1)\bmod l}})\times\varDelta_1\right)$$

因为 $\varDelta_0\bigcap\varDelta_1=\varnothing$ 且 $\sup(W_{g_i})\bigcap\sup(W_{g_j})=\varnothing$，所以对任意 $i\neq j\in\{0,\cdots,l-1\}$，有

$$\sup(W_{h_i})\bigcap\sup(W_{h_j})=\varnothing$$

由命题 7.2 可知，对任意的 $i\in\{0,\cdots,l-1\}$ 均有 $\mathrm{res}(h_i)\geqslant t$。因此，根据式(7.3)可知，对任意的 i=0,1,$\cdots$,$l-1$，均有

$$\max_{\alpha\in\mathbb{F}_2^n,\beta\in\mathbb{F}_2^m}|W_{h_i}(\alpha,\beta)|=\max\{2^{n/2}\max_{\beta\in\mathbb{F}_2^m}|W_{g_i}(\beta)|,2^{n/2}\max_{\beta\in\mathbb{F}_2^m}|W_{g_{(i+1)\bmod l}}(\beta)|\}$$

证毕。

注 7.2　设 h_i 是定理 7.1 中定义的函数。由式子(7.3)可知，对任意的 $i\in\{0,1,\cdots,l-1\}$，如果 g_i 是一个 m 元的 t 阶弹性 plateaued 函数，那么 h_i 是一个 $(n+m)$ 元 t 阶弹性 plateaued 函数。

接下来，运用 cycles 的概念来广义定理 7.1 的方法。

定义 7.1　设σ是集合 X 的一个置换，如果对集合 $X \setminus S$ 中的任意元素 x，均有$\sigma(x)=x$，对集合 $S=\{s_0,s_1,\cdots,s_{k-1}\}$ 有 $s_{i+1}=\sigma(s_i)$，其中，$0\leqslant i<k$，$s_k=s_0$，那么称σ为 S 上一个长度为 k 的 cycle。一个长度为 k 的 cycle，记为 k-cycle。

若σ是一个 l-cycle，则定理 7.1 中的函数 h_i 可以表示为

$$h_i(x,y)=f_0(x)\oplus g_i(y)\oplus(f_0\oplus f_1)(x)(g_i\oplus g_{\sigma(i)})(y) \tag{7.4}$$

本章接下来总是假设 $n\geqslant 4$，且是一个正偶数，$m,l,t\in\mathbb{N}$ 且有 $m>t$。为了便利，令 $\sigma=(01\cdots l-1)$，即 $\sigma(i)=(i+1) \mod l$ 对 $i=0,\cdots,l-1$ 均成立，且对一些正整数 j，有 $\sigma^j(i)=\sigma^{j-1}(\sigma(i))$。进一步，$f_0$ 和 f_1 是两个不同的 n 元 Bent 函数，且使得对任意的$\alpha\in\mathbb{F}_2^n$，均有 $(f_0\oplus f_1)(x)\neq D_\alpha f_0(x)$ 成立。

注 7.3　“对任意的$\alpha\in\mathbb{F}_2^n$，均有 $(f_0\oplus f_1)(x)\neq D_\alpha f_0(x)$ 成立”这个条件是容易满足的。例如，设 $n=4$，$f_0(x)=x_1x_2\oplus x_3x_4$，$f_1=x_1x_2\oplus x_3x_4\oplus x_1x_3$，那么对任意 $\alpha\in\mathbb{F}_2^n$，$(f_0\oplus f_1)(x)=x_1x_3$ 均不等于 $D_\alpha f_0(x)$，因为 x_1x_3 是不平衡的。在本章中，$\mathrm{Ker}(f)$ 表示函数 f 的线性核，即由函数 f 线性结构所组成的空间。

定理 7.2[2]　设 $\{g_0,\cdots,g_{l-1}\}$ 是一个谱不相交函数集，其中 $g_i\in\mathcal{B}_m$，且对任意的 $i\in\{0,\cdots,l-1\}$ 均有 $\mathrm{res}(g_i)\geqslant t$。设 $\{h_0,h_1,\cdots,h_{l-1}\}$ 是式(7.4)定义的函数，其中σ是一个 l-cycle。那么 $\mathrm{Ker}(h_i)$ 是 $\{0_n\}\times\mathrm{Ker}(g_i)$ 的一个子空间。

证明　根据 h_i 的定义，有

$$\begin{aligned}D_{(\alpha,\beta)}h_i(x,y)=&D_\alpha f_0(x)\oplus D_\beta g_i(y)\oplus(g_i\oplus g_{\sigma(i)})(y)D_\alpha(f_0\oplus f_1)(x)\\&\oplus(f_0\oplus f_1)(x\oplus\alpha)D_\beta(g_i\oplus g_{\sigma(i)})(y)\end{aligned} \tag{7.5}$$

如果 $\alpha\neq 0_n\in\mathbb{F}_2^n$，那么 $D_{(\alpha,\beta)}h_i(x,y)\neq\mathrm{const}$，这是因为 $f_0\in\mathcal{B}_n$ 是 Bent 函数，并且对任意的$\alpha\in\mathbb{F}_2^n$均有 $(f_0\oplus f_1)(x)\neq D_\alpha f_0(x)$ 成立。

如果 $\alpha=0_n$，那么式(7.5)为

$$D_{(0_n,\beta)}h_i(x,y)=D_\beta g_i(y)\oplus(f_0\oplus f_1)(x)(D_\beta g_i\oplus D_\beta g_{\sigma(i)})(y) \tag{7.6}$$

这里有两种情况需要考虑。

(1) 如果 $\beta\notin\mathrm{Ker}(g_i)$，那么由 $D_\beta g_i(y)\neq\mathrm{const}$ 可知，$(0_n,\beta)$ 不是 h_i 的一个非零线性结构。

(2) 如果 $\beta\in\mathrm{Ker}(g_i)$，即 $D_\beta g_i(y)=\varepsilon\in\mathbb{F}_2$，那么

$$D_{(0_n,\beta)}h_i(x,y)=\varepsilon\oplus(f_0\oplus f_1)(x)(D_\beta g_i\oplus D_\beta g_{\sigma(i)})(y)$$

因此，$(0_n,\beta)$ 是 h_i 的一个非零线性结构当且仅当

$$D_\beta g_i(y)=\varepsilon,(D_\beta g_i\oplus D_\beta g_{\sigma(i)})(y)=0 \tag{7.7}$$

结合情况(1)和(2)，有 $\mathrm{Ker}(h_i)\subset\{0_n\}\times\mathrm{Ker}(g_i)$。证毕。

接下来，将非直和构造作用到 Bent 函数和线性函数上来构造谱不相交函数集。

推论 7.1　设 $x\in\mathbb{F}_2^n,y\in\mathbb{F}_2^m$，$f_0$ 和 f_1 是两个不同的 n 元 Bent 函数，且对任意的 $\alpha\in\mathbb{F}_2^n$ 均有 $(f_0\oplus f_1)(x)\neq D_\alpha f_0(x)$。设 $l=\sum\limits_{j=t+1}^{m}\binom{m}{j}$，定义 m 元线性函数的集合为

$$\{g_i(y)=c^{(i)}\cdot y\mid c^{(i)}\in\mathbb{F}_2^m,\mathrm{wt}(c^{(i)})>t,i=0,1,\cdots,l-1\}$$

设 $\{h_0,h_1,\cdots,h_{l-1}\}$ 是式(7.4)所定义的函数，其中 σ 是一个 l-cycle。那么 $\mathrm{Ker}(h_i)\subset\mathbb{F}_2^{n+m}$ 且 $\dim(\mathrm{Ker}(h_i))=m-1$。

证明　根据定理 7.2 的证明可知，只要考虑当 $\alpha=0_n$ 时，$D_{(\alpha,\beta)}h_i$ 的值即可。有

$$D_{(0_n,\beta)}h_i(x,y)=c^{(i)}\cdot\beta\oplus(f_0\oplus f_1)(x)(c^{(i)}\oplus c^{(\sigma(i))})\cdot\beta$$

因此，$D_{(0_n,\beta)}h_i(x,y)$ 等于一个常数当且仅当

$$(c^{(i)}\oplus c^{(\sigma(i))})\cdot\beta=0 \tag{7.8}$$

对任意的 $i\in\{0,1,\cdots,l-1\}$，有 $c^{(i)}\neq c^{(\sigma(i))}$，这暗示了方程 $(c^{(i)}\oplus c^{(\sigma(i))})\cdot\beta=0$ 是一个关于 $\beta_1,\cdots,\beta_m$ 的线性函数。方程 $(c^{(i)}\oplus c^{(\sigma(i))})\cdot\beta=0$ 的解空间恰好是函数 h_i 的核，它的维数等于 $m-1$。证毕。

注 7.4　推论 7.1 方法所构造的谱不相交函数集不等价于文献[1]和[8]中的谱不相交函数集。更准确地说，设 $x\in\mathbb{F}_2^n,y\in\mathbb{F}_2^m$，文献[1]和[8]中的谱不相交函数集为

$$\Gamma_{n/2}=\{\mathfrak{h}_i\mid \mathfrak{h}_i(x,y)=f(x)\oplus g_i(y),g_i(y)=c^{(i)}\cdot y,c^{(i)}\in\mathbb{F}_2^m,\mathrm{wt}(c^{(i)})>t\}$$

其中，$i=0,1,\cdots,\sum\limits_{j=t+1}^{m}\binom{m}{j}-1$。注意到，集合 $\Gamma_{n/2}$ 中的势等于推论 7.1 中所构造谱

不相交函数集的势。但是，$\dim(\mathrm{Ker}(\mathfrak{h}_i)) = m$ 而 $\dim(\mathrm{Ker}(h_i)) = m-1$。

7.2 谱不相交函数没有线性结构的条件

前面所构造的谱不相交函数集中的函数仍含有非零线性结构，维数为 $m-1$。然而，运用推论 7.1 迭代 m 次可以使得函数的非零线性结构的维数降为 0，即可以得到一个谱不相交函数集且集合中的每一个函数均没有非零线性结构。

定理 7.3[2]　设 $X^{(j)} = (x_{j,1},\cdots,x_{j,n}) \in \mathbb{F}_2^n$，其中 $j = 0,1,\cdots,m-1$。设 $f_0^{(j)}, f_1^{(j)} \in \mathcal{B}_n$ 是两个不同的 Bent 函数，使得对任意的 $\alpha \in \mathbb{F}_2^n$ 均有 $(f_0^{(j)} \oplus f_1^{(j)})(X^{(j)}) \neq D_\alpha f_0^{(j)}(X^{(j)})$。设 $C = \{c^{(0)}, c^{(1)}, \cdots, c^{(l-1)}\} \subset \mathbb{F}_2^m$ 是一个有序集且使得 $\mathrm{wt}(c^{(i)}) > t$，定义 $\{g_i^{(0)}(y) = c^{(i)} \cdot y \mid c^{(i)} \in C,\ i = 0,1,\cdots,l-1\}$。给定一个 l-cycle　σ，若根据式(7.9)定义函数集 $\{g_0^{(1)},\cdots,g_{l-1}^{(1)}\},\{g_0^{(2)},\cdots,g_{l-1}^{(2)}\},\cdots,\{g_0^{(m)},\cdots,g_{l-1}^{(m)}\}$：

$$\begin{aligned} g_i^{(j+1)}(X^{(j)},X^{(j-1)},\cdots,X^{(0)},y) = {} & f_0^{(j)}(X^{(j)}) \oplus g_i^{(j)}(X^{(j-1)},\cdots,X^{(0)},y) \\ & \oplus (f_0^{(j)} \oplus f_1^{(j)})(X^{(j)})(g_i^{(j)} \oplus g_{\sigma(i)}^{(j)})(X^{(j-1)},\cdots,X^{(0)},y) \end{aligned} \tag{7.9}$$

那么，对任意的 $j \in [0,1,\cdots,m-1]$，$\{g_0^{(j+1)}, g_1^{(j+1)}, \cdots, g_{l-1}^{(j+1)}\}$ 均是一个谱不相交函数集，其中 $g_i^{(j+1)} \in \mathcal{B}_{m+(j+1)n}$。$g_i^{(m)}$ 没有非零线性结构当且仅当 $\{c^{(i)} \oplus c^{(\sigma(i))}, c^{(i)} \oplus c^{(\sigma^2(i))}, \cdots, c^{(i)} \oplus c^{(\sigma^m(i))}\}$ 是 $\mathbb{F}_2^m$ 的一组基。

定理 7.3 的证明在本章附录中给出。

注 7.5　由注 7.2 可知，$g_i^{(j+1)}$ 是一个 t 阶弹性 plateaued 函数。如果选择 4 变元 Bent 函数 $x_{j1}x_{j2} \oplus x_{j3}x_{j4}$ 和 $x_{j1}x_{j2} \oplus x_{j3}x_{j4} \oplus x_{j1}x_{j3}$ 作为初始的 Bent 函数 $f_0^{(j)}$ 和 $f_1^{(j)}$，那么可以获得大量的 $5m$ 元 t 阶弹性 plateaued 函数。

为了满足定理 7.3 的条件，且使得谱不相交函数集尽可能得大，下面给出一些迭代构造方法。

推论 7.2　设 m 是一个正整数，$\{a^{(0)},\cdots,a^{(m-1)}\}$ 是 $\mathbb{F}_2^m$ 的一个基。令 $a^{(m+i)} = a^{(i)} \oplus \bigoplus_{j=1}^{m-1} d_j a^{(i+j)}$，其中 $d_j \in \mathbb{F}_2$，$\mathrm{wt}(d_1,\cdots,d_{m-1})$ 是一个奇数，$i = 0,1,\cdots,2^m-2$。那么，对任意 $i \in \{0,1,\cdots,2^m-2\}$，$\{a^{(i+1)}, a^{(i+2)}, \cdots, a^{(i+m)}\}$ 和 $\{a^{(i+1)} \oplus a^{(i)}, a^{(i+2)} \oplus a^{(i)}, \cdots, a^{(i+m)} \oplus a^{(i)}\}$ 均是 $\mathbb{F}_2^m$ 的一组基。

证明　设 $e^{(j)} \in \mathbb{F}_2^m$，$j=1,2,\cdots,m$ 使得 $\mathrm{wt}(e^{(j)})=1$ 且 $e_j^{(j)}=1$。首先，定义 $\mathbb{F}_2^m$ 上的两个 $m\times m$ 维矩阵 A 和 B：

$$A=\begin{bmatrix} e^{(2)} \\ \vdots \\ e^{(m)} \\ e^{(1)} \oplus \bigoplus_{j=1}^{m-1} d_j e^{(j+1)} \end{bmatrix},\quad B=\begin{bmatrix} e^{(1)} \\ e^{(1)} \\ \vdots \\ e^{(1)} \\ e^{(1)} \end{bmatrix}$$

因为对任意的 $i\in\{0,1,\cdots,2^m-2\}$，有 $a^{(m+i)}=a^{(i)}\oplus\bigoplus_{j=1}^{m-1}d_j a^{(i+j)}$，所以

$$\begin{bmatrix} a^{(i+1)} \\ a^{(i+2)} \\ \vdots \\ a^{(i+m)} \end{bmatrix}=A\begin{bmatrix} a^{(i)} \\ a^{(i+1)} \\ \vdots \\ a^{(i+m-1)} \end{bmatrix}$$

因此，由 A 是一个 $m\times m$ 可逆矩阵可知，对任意的 $i\in\{0,1,\cdots,2^m-2\}$，$\{a^{(i+1)},a^{(i+2)},\cdots,a^{(i+m)}\}$ 均是 $\mathbb{F}_2^m$ 上的一组基。进一步，因为 $\mathrm{wt}(d_1,d_2,\cdots,d_{m-1})$ 是奇数，所以 $A\oplus B$ 是一个 $m\times m$ 维可逆矩阵，也就是说，$\{a^{(i+1)}\oplus a^{(i)},a^{(i+2)}\oplus a^{(i)},\cdots,a^{(i+m)}\oplus a^{(i)}\}$ 是 $\mathbb{F}_2^m$ 上的一组基。

选择标准基 $e^{(1)},e^{(2)},\cdots,e^{(m)}$ 作为推论 7.1 的初始向量 $\{a^{(0)},a^{(1)},\cdots,a^{(m-1)}\}$，进而生成余下的元素 $a^{(i+m)}$。令 $c^{(i)}=a^{(i)}$，则

$$\{c^{(i)}\oplus c^{(\sigma(i))},c^{(i)}\oplus c^{(\sigma^2(i))},\cdots,c^{(i)}\oplus c^{(\sigma^m(i))}\}$$

是 $\mathbb{F}_2^m$ 的一组基。容易知道

$$\{c^{(i)}\oplus c^{(\sigma(i))},c^{(i)}\oplus c^{(\sigma^2(i))},\cdots,c^{(i)}\oplus c^{(\sigma^m(i))}\}=\{a^{(i+1)}\oplus a^{(i)},a^{(i+2)}\oplus a^{(i)},\cdots,a^{(i+m)}\oplus a^{(i)}\}$$

其中，$\sigma(i)=i+1,i<l$。证毕。

然而，当 $i=0,\cdots,2^m-2$ 时，推论 7.2 不能确保 $a^{(i)}$ 是互不相同的。因此，如何使得满足定理 7.3 和推论 7.2 条件的向量尽可能得多，向量 $(d_1,\cdots,d_{m-1})\in\mathbb{F}_2^{m-1}$ 满足什么条件使得式(7.10)成立？

$$\{a^{(0)},a^{(1)},\cdots,a^{(2^m-2)}\}=\mathbb{F}_2^m\setminus\{0_m\} \tag{7.10}$$

其中，$\mathrm{wt}(d)$ 是奇数。

接下来，利用有限域上多项式的相伴矩阵来解决上面问题。注意到，最主要

的目标是获得一个势尽可能大的集合 C。

众所周知，如果 $p(z)=z^m+d_{m-1}z^{m-1}+\cdots+d_1z+1$，其中 $d_i\in\mathbb{F}_2$ 是域 $\mathbb{F}_2$ 上的一个本原多项式(即 $\mathrm{wt}(d_1,\cdots,d_{m-1})$ 是奇数)，那么，它的阶是 2^m-1。$p(z)$ 的相伴矩阵 D 为

$$D=\begin{bmatrix} 0 & 0 & \dots & 0 & 1 \\ 1 & 0 & \dots & 0 & d_1 \\ \vdots & \vdots & \ddots & \vdots & \vdots \\ 0 & 0 & \dots & 1 & d_{m-1} \end{bmatrix}$$

因此，当 $0\leqslant i<j\leqslant 2^m-2$ 时，有 $D^i\neq D^j$。进一步，可以证明矩阵 D^{T} 使得式(7.10)成立，其中 D^{T} 是矩阵 D 的转置。

推论 7.3　设 $\{a^{(0)},\cdots,a^{(m-1)}\}$ 是 $\mathbb{F}_2^m$ 上的一组基，$p(z)=z^m+d_{m-1}z^{m-1}+\cdots+d_1z+1$ 是 $\mathbb{F}_2$ 上的一个本原多项式。令 $a^{(m+i)}=a^{(i)}\oplus\bigoplus_{j=1}^{m-1}d_ja^{(i+j)}$，其中 $i=0,1,\cdots,2^m-2$。那么，有

$$\{a^{(0)},a^{(1)},\cdots,a^{(2^m-2)}\}=\mathbb{F}_2^m\setminus\{0_m\}$$

因此，选择一个向量 $d\in\mathbb{F}_2^{m-1}$ 使得它相应的伴随多项式 $p(z)$ 是一个本原多项式，就可以确保生成的集合 C 满足定理 7.3 的条件。另外，通过计算机搜索发现，也存在 $d\in\mathbb{F}_2^{m-1}$ 使得它相应的伴随多项式不是本原多项式，但所生成的 C 也满足定理 7.3 的条件且使得 $\{a^{(0)},a^{(1)},\cdots,a^{(2^m-2)}\}=\mathbb{F}_2^m\setminus\{0_m\}$。

7.3　借助广义非直和构造构造高非线性度弹性函数

这部分借助广义非直和构造[7]，给出另一个构造谱不相交函数集方法，且使得所构造的谱不相交函数集的势更大。

为了便于描述，首先定义本节所用的一些符号。令

$$x=(x_1,\cdots,x_{\mu-1},x_\mu,x_{\mu+1},\cdots,x_n)\in\mathbb{F}_2^n$$

$$x^{[\bar{\mu}]}=(x_1,\cdots,x_{\mu-1},x_{\mu+1},\cdots,x_n)\in\mathbb{F}_2^{n-1}$$

$$f(x)|_{x_\mu=\varepsilon}=f(x_1,\cdots,x_{\mu-1},\varepsilon,x_{\mu+1},\cdots,x_n)$$

其中，$\varepsilon\in\mathbb{F}_2$。同样的概念也用于任意向量 $\alpha\in\mathbb{F}_2^n$。

借助命题 7.1，文献[7]给出了如下一个新的构造 Bent 函数的方法。

推论 7.4[7]　设 n 和 m 是两个正偶数，$f\in\mathcal{B}_n$ 和 $g\in\mathcal{B}_m$ 是两个 Bent 函数。设 $x\in\mathbb{F}_2^n$ 和 $y\in\mathbb{F}_2^m$，f 为 $f_\varepsilon(x^{[\bar{\mu}]})=f(x)|_{x_\mu=\varepsilon}$，$g$ 为 $g_\varepsilon(y^{[\bar{\rho}]})=g(y)|_{y_\rho=\varepsilon}$，其中 $\varepsilon\in\mathbb{F}_2$，$\mu\in\{1,\cdots,n\}$，$\rho\in\{1,\cdots,m\}$。函数 h 定义为

$$h(x^{[\bar{\mu}]},y^{[\bar{\rho}]})=f_0(x^{[\bar{\mu}]})\oplus g_0(y^{[\bar{\rho}]})\oplus(f_0\oplus f_1)(x^{[\bar{\mu}]})(g_0\oplus g_1)(y^{[\bar{\rho}]}),y\in\mathbb{F}_2^m$$

是 $(n+m-2)$ 元 Bent 函数。

7.3.1　构造势更大的谱不相交函数集

在给出新的构造谱不相交函数集之前，首先给出几个概念。

定义 7.2[9]　设 p 是一个奇正整数，$g_1,g_2\in\mathcal{B}_p$ 是两个 semi-Bent 函数。如果 g_1 和 g_2 满足 $W_{g_1}(\omega)=0$ 当且仅当 $W_{g_2}(\omega)\neq 0$ 对任意的 $\omega\in\mathbb{F}_2^p$ 均成立，那么 g_1 和 g_2 称为互补的 semi-Bent 函数。

引理 7.1[9]　设 $f\in\mathcal{B}_n$，其中 n 是偶数。那么 f 是一个 Bent 函数当且仅当对任意的 $\mu\in\{1,2,\cdots,n\}$，$\mathbb{F}_2^{n-1}$ 上的函数 $f(x)|_{x_\mu=0}$ 和 $f(x)|_{x_\mu=1}$ 均是互补的 semi-Bent 函数。设 $C'=\{c^{(i)}\in\mathbb{F}_2^{m+1}|\ \mathrm{wt}(c^{(i)})>t\}$，那么 $|C'|=\sum_{j=t+1}^{m+1}\binom{m+1}{j}$。

定理 7.4　设 $n,m,t\in\mathbb{N}$，其中 n 是偶数且 $m>t$。设 $f\in\mathcal{B}_n$ 是一个 Bent 函数，其限制为 $f_\varepsilon(x^{[\bar{\mu}]})=f(x)|_{x_\mu=\varepsilon}$，其中 $x=(x_1,\cdots,x_n)\in\mathbb{F}_2^n$，$\varepsilon\in\mathbb{F}_2$。设 $\{g_i(y)=c^{(i)}\cdot y|\ c^{(i)}\in C'\}$，$y\in\mathbb{F}_2^{m+1}$，是 $\mathcal{B}_{m+1}$ 的一个线性函数子集。那么，集合 $\{\hbar_0^{\langle n-1\rangle},\cdots,\hbar_{\zeta-1}^{\langle n-1\rangle}\}$，定义为

$$\hbar_i^{\langle n-1\rangle}(x^{[\bar{\mu}]},y)=f_0(x^{[\bar{\mu}]})\oplus g_{2i}(y)\oplus(f_0\oplus f_1)(x^{[\bar{\mu}]})(g_{2i}\oplus g_{2i+1})(y)$$

是一个 $(n+m)$ 元的谱不相交函数集，其中 $\zeta=\left\lfloor\sum_{j=t+1}^{m+1}\binom{m+1}{j}\Big/2\right\rfloor$。进一步，对任意的 $i\in\{0,\cdots,\zeta-1\}$，有 $\mathrm{res}(\hbar_i^{\langle n-1\rangle})\geqslant t$，$N_{\hbar_i^{\langle n-1\rangle}}=2^{n+m-1}-2^{n/2+m-1}$。

证明　如文献[3]所证明的，对所有的函数，均有

$$W_{\hbar_i^{\langle n-1\rangle}}(\alpha^{[\bar{\mu}]},\beta)=\frac{1}{2}W_{g_{2i}}(\beta)\big(W_{f_0}+W_{f_1}\big)(\alpha^{[\bar{\mu}]})+\frac{1}{2}W_{g_{2i+1}}(\beta)\big(W_{f_0}-W_{f_1}\big)(\alpha^{[\bar{\mu}]})\quad(7.11)$$

其中，$\alpha^{[\bar{\mu}]}\in\mathbb{F}_2^{n-1},\beta\in\mathbb{F}_2^{m+1}$。根据引理 7.1 可知

$$\{\alpha^{[\bar{\mu}]}|\ W_{f_0}(\alpha^{[\bar{\mu}]}) \neq 0, \alpha^{[\bar{\mu}]} \in \mathbb{F}_2^{n-1}\} = \{\alpha^{[\bar{\mu}]}|\ W_{f_1}(\alpha^{[\bar{\mu}]}) = 0, \alpha^{[\bar{\mu}]} \in \mathbb{F}_2^{n-1}\}$$

和

$$\{\alpha^{[\bar{\mu}]}|\ W_{f_0}(\alpha^{[\bar{\mu}]}) = 0, \alpha^{[\bar{\mu}]} \in \mathbb{F}_2^{n-1}\} = \{\alpha^{[\bar{\mu}]}|\ W_{f_1}(\alpha^{[\bar{\mu}]}) \neq 0, \alpha^{[\bar{\mu}]} \in \mathbb{F}_2^{n-1}\}$$

也就是说

$$\{\alpha^{[\bar{\mu}]}|\ W_{f_0}(\alpha^{[\bar{\mu}]}) \pm W_{f_1}(\alpha^{[\bar{\mu}]}) \neq 0, \alpha^{[\bar{\mu}]} \in \mathbb{F}_2^{n-1}\} = \mathbb{F}_2^{n-1}$$

和

$$\sup(W_{\hbar_i^{\langle n-1\rangle}}) = \left(\sup(W_{g_{2i}}) \times \mathbb{F}_2^{n-1}\right) \bigcup \left(\sup(W_{g_{2i+1}}) \times \mathbb{F}_2^{n-1}\right)$$

进一步，当$i \neq j$时，有

$$\sup(W_{\hbar_i^{\langle n-1\rangle}}) \bigcap \sup(W_{\hbar_j^{\langle n-1\rangle}}) = \varnothing$$

所以对于 $i \neq j$，有

$$\left(\sup(W_{g_{2i}}) \bigcup \sup(W_{g_{2i+1}})\right) \bigcap \left(\sup(W_{g_{2j}}) \bigcup \sup(W_{g_{2j+1}})\right) = \varnothing$$

从命题 7.2 可知，对任意的$i \in \{0, \cdots, \zeta - 1\}$，均有$\mathrm{res}(\hbar_i^{\langle n-1\rangle}) \geqslant t$。结合引理 7.1 和$f$是Bent函数可知，$f_0$和$f_1$是$\mathbb{F}_2^{n-1}$上的互补semi-Bent函数。进一步，由式(7.11)可得

$$W_{\hbar_i^{\langle n-1\rangle}}(\alpha^{[\bar{\mu}]}, \beta) \in \{0, \pm 2^{n/2+m}\}$$

即

$$N_{\hbar_i^{\langle n-1\rangle}} = 2^{n+m-1} - 2^{n/2+m-1}$$

证毕。

容易证明定理 7.4 和推论 7.1 所构造的函数具有相同的非线性度。另一方面，与推论 7.1 相比，由定理 7.4 所构造集合$\{\hbar_0^{\langle n-1\rangle}, \hbar_1^{\langle n-1\rangle}, \cdots, \hbar_{\zeta-1}^{\langle n-1\rangle}\}$的势更大。

命题 7.3　设$m, t \in \mathbb{N}$，其中n是偶数，$m > t$。设ζ是定理 7.4 所定义的，l是推论 7.1 中定义的。如果$1 \leqslant t \leqslant 4$或$t \leqslant \dfrac{m-1}{2}$，那么$\zeta > l$。

证明　由定理 7.4 和推论 7.1 可知

$$\zeta = \left\lfloor \sum_{j=t+1}^{m+1} \binom{m+1}{j} \Big/ 2 \right\rfloor$$

和

$$l = \sum_{j=t+1}^{m} \binom{m}{j}$$

进一步

$$\begin{aligned} 2^{m+1} &= \sum_{j=0}^{m+1} \binom{m+1}{j} = \sum_{j=0}^{t} \binom{m+1}{j} + \sum_{j=t+1}^{m+1} \binom{m+1}{j} \\ &= 2\left(\sum_{j=0}^{t} \binom{m}{j} + \sum_{j=t+1}^{m} \binom{m}{j} \right) \end{aligned} \tag{7.12}$$

由式(7.11)可知，$\zeta > l$ 当且仅当

$$\left\lceil \sum_{j=0}^{t} \binom{m+1}{j} \Big/ 2 \right\rceil < \sum_{j=0}^{t} \binom{m}{j} \tag{7.13}$$

也就是说

$$\frac{\sum_{j=0}^{t} \binom{m+1}{j}}{2} + 1 < \sum_{j=0}^{t} \binom{m}{j} \tag{7.14}$$

当 $t=1$ 时，式(7.13)显然成立。

当 $t=2$ 时，由式(7.14)可知，$m^2 - m - 4 > 0$，因为 $m > t = 2$。因此，当 $t=2$ 时，$\zeta > l$。类似地，可以证明当 $t = 3,4$ 时，$\zeta > l$。

接下来证明当 $t \leqslant \dfrac{m-1}{2}$ 时，$\zeta > l$。由式(7.14)可知，如果

$$\frac{\binom{m+1}{t}}{2} < \binom{m}{t} \tag{7.15}$$

那么式(7.14)成立。

根据式(7.15)可知，$t \leqslant \dfrac{m-1}{2}$。证毕。

注 7.6　从命题 7.3 的证明过程可知，当 $j=2,\cdots,t-1$ 时，$\dfrac{\binom{m+1}{j}}{2}<\binom{m}{j}$。因此，对于给定的 m，可能存在一个 t 使得 $t>\dfrac{m-1}{2}$ 且式(7.14)仍然成立。

与文献[1]中所构造的函数相比，根据 $\zeta>l$，借助文献[1]中构造 1 和构造 2，可以构造出非线性度更高的弹性函数。然而，所构造函数的非线性度略低于目前非线性度最好的函数[10-12]。

下面给出一个构造 1 阶弹性函数的例子。

例 7.1　设 $M=24$，$t=1$。设 $\varGamma_0=\{c\cdot X_{M/2}|\ c\in\mathbb{F}_2^{M/2},\mathrm{wt}(c)>t\}$。借助定理 7.4，可以定义一个 $(n+m=12)$ 元 1 阶弹性函数组成的谱不相交函数集：

$$\varTheta_7'=\{\hbar_i^{\langle 7\rangle},i=0,1,\cdots,\zeta-1\}$$

其中，$\zeta=\left\lfloor\sum_{j=t+1}^{M/2-7}\binom{M/2-7}{j}\Big/2\right\rfloor$，$n-1=7,m=M/2-n=4$。通过级联 $\varTheta_7'\cup\varGamma_0$ 中的 2^{12} 个函数，构造一个 $(24,1,-,2^{23}-2^{11}-2^7)$ 函数。

7.3.2　高非线性度弹性函数的一个新构造方法

本小节给出了一个构造奇变元高非线性度弹性函数的方法。该方法所构造函数的非线性度甚至高于目前知道的最好结果[11]。通过选择初始函数 f 和 g，运用推论 7.4 中的广义非直和构造来获得高非线性度弹性函数。一般来说，对任意的 f 和 g，均可以由它们的 Walsh 谱来确定推论 7.4 中函数 h 的非线性度。

定理 7.5　设 $n>1,m>1$ 是两个任意两个正整数。设 $f\in\mathcal{B}_n,g\in\mathcal{B}_m$，定义 f 和 g 的限制为

$$f_\varepsilon(x^{[\bar{\mu}]})=f(x)|_{x_\mu=\varepsilon};\ g_\varepsilon(y^{[\bar{\rho}]})=g(y)|_{y_\rho=\varepsilon},\ \varepsilon\in\mathbb{F}_2$$

其中，$\mu\in\{1,\cdots,n\}$，$\rho\in\{1,\cdots,m\}$。设 $h\in\mathcal{B}_{n+m-2}$ 是推论 7.4 中所定义的函数。那么

$$\begin{aligned}\max_{(\alpha^{[\bar{\mu}]},\beta^{[\bar{\rho}]})\in\mathbb{F}_2^{n-1}\times\mathbb{F}_2^{m-1}}|W_h(\alpha^{[\bar{\mu}]},\beta^{[\bar{\rho}]})|&\leqslant\frac{1}{2}M_{f_0,f_1}M_g+\frac{1}{2}\left(M_f-M_{f_0,f_1}\right)\left(2M_{g_0,g_1}-M_g\right)\\&\leqslant\frac{1}{2}M_gM_f\end{aligned}\tag{7.16}$$

其中，$M_g=\max_{\beta\in\mathbb{F}_2^m}|W_g(\beta)|$，$M_f=\max_{\alpha\in\mathbb{F}_2^n}|W_f(\alpha)|$，$M_{f_0,f_1}=\max_{\alpha^{[\bar{\mu}]}\in\mathbb{F}_2^{n-1}}\{|W_{f_0}(\alpha^{[\bar{\mu}]})|,|W_{f_1}(\alpha^{[\bar{\mu}]})|\}$，$M_{g_0,g_1}=\max_{\beta^{[\bar{\rho}]}\in\mathbb{F}_2^{m-1}}\{|W_{g_0}(\beta^{[\bar{\rho}]})|,|W_{g_1}(\beta^{[\bar{\rho}]})|\}$。

证明 如文献[3]中所证明的，对任意的函数，均有

$$W_h(\alpha^{[\bar{\mu}]},\beta^{[\bar{\rho}]})=\frac{1}{2}W_{f_0}(\alpha^{[\bar{\mu}]})\left(W_{g_0}+W_{g_1}\right)(\beta^{[\bar{\rho}]})+\frac{1}{2}W_{f_1}(\alpha^{[\bar{\mu}]})\left(W_{g_0}-W_{g_1}\right)(\beta^{[\bar{\rho}]}) \tag{7.17}$$

进而有

$$W_g(\beta)=W_{g_0}(\beta^{[\bar{\rho}]})+(-1)^{\beta_\rho}W_{g_1}(\beta^{[\bar{\rho}]})$$

类似地

$$W_f(\alpha)=W_{f_0}(\alpha^{[\bar{\mu}]})+(-1)^{\alpha_\mu}W_{f_1}(\alpha^{[\bar{\mu}]})$$

因为 β_ρ (resp. α_μ) 能取 0 或1，所以

$$\max_{\beta\in\mathbb{F}_2^m}|W_g(\beta)|=\max\left\{\max_{\beta^{[\bar{\rho}]}\in\mathbb{F}_2^{m-1}}\left|\left(W_{g_0}+W_{g_1}\right)(\beta^{[\bar{\rho}]})\right|,\max_{\beta^{[\bar{\rho}]}\in\mathbb{F}_2^{m-1}}\left|\left(W_{g_0}-W_{g_1}\right)(\beta^{[\bar{\rho}]})\right|\right\} \tag{7.18}$$

借助上面的关系，假设对任意的 $\alpha^{[\bar{\mu}]}\in\mathbb{F}_2^{n-1},\beta^{[\bar{\rho}]}\in\mathbb{F}_2^{m-1}$，均有

$$W_{g_i}(\beta^{[\bar{\rho}]})\geqslant 0$$

和

$$W_{f_i}(\alpha^{[\bar{\mu}]})\geqslant 0$$

其中，$i=0,1$。从式(7.17)可知

$$\begin{aligned}
&\max_{(\alpha^{[\bar{\mu}]},\beta^{[\bar{\rho}]})\in\mathbb{F}_2^{n-1}\times\mathbb{F}_2^{m-1}}|W_h(\alpha^{[\bar{\mu}]},\beta^{[\bar{\rho}]})|\\
&=\frac{1}{2}\max_{(\alpha^{[\bar{\mu}]},\beta^{[\bar{\rho}]})\in\mathbb{F}_2^{n-1}\times\mathbb{F}_2^{m-1}}|W_{f_0}(\alpha^{[\bar{\mu}]})\left(W_{g_0}+W_{g_1}\right)(\beta^{[\bar{\rho}]})+W_{f_1}(\alpha^{[\bar{\mu}]})\left(W_{g_0}-W_{g_1}\right)(\beta^{[\bar{\rho}]})|\\
&\leqslant\frac{1}{2}\max_{(\alpha^{[\bar{\mu}]},\beta^{[\bar{\rho}]})\in\mathbb{F}_2^{n-1}\times\mathbb{F}_2^{m-1}}\left(|W_{f_0}(\alpha^{[\bar{\mu}]})\left(W_{g_0}+W_{g_1}\right)(\beta^{[\bar{\rho}]})|+|W_{f_1}(\alpha^{[\bar{\mu}]})\left(W_{g_0}-W_{g_1}\right)(\beta^{[\bar{\rho}]})|\right)
\end{aligned} \tag{7.19}$$

根据式(7.18)和式(7.19)，假设

$$\max_{\beta \in \mathbb{F}_2^m} |W_g(\beta)| = \max_{\beta^{[\bar{\rho}]} \in \mathbb{F}_2^{m-1}} |\left(W_{g_0} + W_{g_1}\right)(\beta^{[\bar{\rho}]})|$$

并且

$$\max_{\beta^{[\bar{\rho}]} \in \mathbb{F}_2^{m-1}} \left(W_{g_0} - W_{g_1}\right)(\beta^{[\bar{\rho}]}) \geqslant 0$$

则

$$\max_{\beta^{[\bar{\rho}]} \in \mathbb{F}_2^{m-1}} |\left(W_{g_0} + W_{g_1}\right)(\beta^{[\bar{\rho}]})| > \max_{\beta^{[\bar{\rho}]} \in \mathbb{F}_2^{m-1}} |\left(W_{g_0} - W_{g_1}\right)(\beta^{[\bar{\rho}]})| \tag{7.20}$$

也就是说

$$\begin{aligned}
&\max_{(\alpha^{[\bar{\mu}]}, \beta^{[\bar{\rho}]}) \in \mathbb{F}_2^{n-1} \times \mathbb{F}_2^{m-1}} |W_h(\alpha^{[\bar{\mu}]}, \beta^{[\bar{\rho}]})| \\
&\leqslant \frac{1}{2} \max_{\alpha^{[\bar{\mu}]} \in \mathbb{F}_2^{n-1}} \max_{\beta \in \mathbb{F}_2^m} \left\{ |W_{f_0}(\alpha^{[\bar{\mu}]})| |W_g(\beta)| + |W_{f_1}(\alpha^{[\bar{\mu}]})\left(W_{g_0}(\beta^{[\bar{\rho}]}) - W_{g_1}(\beta^{[\bar{\rho}]})\right)| \right\} \qquad (7.21) \\
&\leqslant \frac{1}{2} M_{f_0,f_1} M_g + \frac{1}{2}\left(M_f - M_{f_0,f_1}\right)\left(2M_{g_0,g_1} - M_g\right)
\end{aligned}$$

容易证明，当 M_{g_0,g_1} 增加时，$\frac{1}{2} M_{f_0,f_1} M_g + \frac{1}{2}\left(M_f - M_{f_0,f_1}\right)\left(2M_{g_0,g_1} - M_g\right)$ 不会减小。又知道 $M_{g_0,g_1} \leqslant M_g$。因此

$$\frac{1}{2} M_{f_0,f_1} M_g + \frac{1}{2}\left(M_f - M_{f_0,f_1}\right)\left(2M_{g_0,g_1} - M_g\right) \leqslant \frac{1}{2} M_g M_f$$

证毕。

注 7.7 借助定理 7.5 中相同的定义，函数 h 的代数次数可以被确定。设 $\deg(f(x), x_\mu)$ 表示在 f 的代数正规型中含有变量 x_μ 的最大单项式的次数。假设

$$\deg(f(x)) > 1, \deg(g(y)) > 1$$
$$\deg(f(x), x_\mu) = \deg(f(x)), \deg(g(y), y_\rho) = \deg(g(y))$$

容易知道

$$\deg(h(x^{[\bar{\mu}]}, y^{[\bar{\rho}]})) = \deg(f(x)) + \deg(g(y)) - 2$$

就定理 7.5 中函数 h 的非线性度而言，可以提供一些条件使得 h 的非线性度优于通过直和方法构造函数的非线性度。

推论 7.5 设 $\vartheta \in \mathcal{B}_{n-2}$，$f \in \mathcal{B}_n$。设 $g \in \mathcal{B}_m$ 是一个非线性函数，$h \in \mathcal{B}_{n+m-2}$ 是

定理 7.5 中定义的函数。如果 $M_\vartheta \geqslant \frac{1}{2}M_f$，其中 $M_\vartheta = \max_{\alpha\in\mathbb{F}_2^{n-2}} |W_\vartheta(\alpha)|$，那么有

$$N_h > N_{\vartheta\oplus g} = 2^{n+m-3} - \frac{1}{2}M_\vartheta M_g \tag{7.22}$$

现在回顾一下文献[11]的构造 1 中的一类函数，并证明该类函数在限制了一个变量后的子函数与初始函数具有相同的弹性阶。这类函数可以作为推论 7.5 的初始函数。

定理 7.6[11]　设 n 是偶数。当 $1\leqslant i\leqslant n/2-1$ 时，令 $E_i=\varnothing$；当 $n/2\leqslant i\leqslant n-1$ 时，设 $E_i\subseteq\mathbb{F}_2^i$ 且 $E_i'=E_i\times\mathbb{F}_2^{n-i}$ 使得

$$\bigcup_{i=1}^{n-1}E_i'=\mathbb{F}_2^n \text{ 和 } E_{i_1}'\cap E_{i_2}'=\varnothing,\ 1\leqslant i_1<i_2\leqslant n-1$$

设 $x=(x_1,\cdots,x_n)\in\mathbb{F}_2^n$，$X_i'=(x_1,\cdots,x_i)\in\mathbb{F}_2^i$，$X_{n-i}''=(x_{i+1},\cdots,x_n)\in\mathbb{F}_2^{n-i}$。一个广义 M-M 类函数 $f\in\mathcal{B}_n$ 可以通过如下方式获得：

$$f(X_i',X_{n-i}'')=\varphi_i(X_i')\cdot X_{n-i}''\oplus g_i(X_i'),X_i'\in\mathcal{B}_i,1\leqslant i\leqslant n-1$$

其中，φ_i 是一个从 $\mathbb{F}_2^i$ 到 $\mathbb{F}_2^{n-i}$ 的映射，$g_i\in\mathcal{B}_i$。

设 $0\leqslant t\leqslant n/2-2$，$(a_{n/2},\cdots,a_{n-t-1})\in\mathbb{F}_2^{n/2-t}$（其中 $a_{n/2}=1$）是一个二元向量使得 $\sum_{i=n/2}^{n-t-1}a_i2^i$ 最大且满足条件：

$$\sum_{i=n/2}^{n-t-1}\left(a_i2^{n-i}\sum_{j=t+1}^{n-i}\binom{n-i}{j}\right)\geqslant 2^n$$

设 $e=\max\{i\,|\,a_i\neq 0,n/2\leqslant i\leqslant n-t-1\}$。对任意 $n/2\leqslant i\leqslant e$，若 $a_i=0$，则令

$$|E_i|=0$$

若 $a_i=1$，则令

$$|E_i|\leqslant\sum_{j=t+1}^{n-i}\binom{n-i}{j}$$

对任意的 $n/2\leqslant i\leqslant e$ 且 $a_i=1$，设 ψ_i 是一个从 E_i 到 T_i 单射，其中 $T_i=\{c|\ \mathrm{wt}(c)\geqslant t+1,c\in\mathbb{F}_2^{n-i}\}$。那么，函数 f 是一个 t 阶弹性函数且非线性度为

$$N_f \geqslant 2^{n-1} - 2^{n/2-1} - \sum_{i=n/2+1}^{e} a_i 2^{n-i-1}$$

命题 7.4　设 n 是偶数，f 是定理 7.6 中定义的函数。设函数 f 的限制为 $f_\varepsilon(x^{[\overline{\mu}]}) = f(x)|_{x_\mu=\varepsilon}$，其中 $\varepsilon \in \mathbb{F}_2$，$\mu \in \{1,\cdots,n/2\}$。若 f 是 n 元 t 阶弹性函数，则 f_0 和 f_1 是 $(n-1)$ 元 t 弹性函数。

证明　从文献[11]的定理 1 的证明过程可知

$$W_f(\omega) = \sum_{i=n/2}^{e} a_i S_i(\omega) \tag{7.23}$$

其中

$$S_i(\omega) = \sum_{X_i' \in E_i} (-1)^{(\omega_1,\cdots,\omega_i)\cdot X_i'} \sum_{X_{n-i}'' \in \mathbb{F}_2^{n-i}} (-1)^{\psi_i(X_i')\cdot X_{n-i}'' + (\omega_{i+1},\cdots,\omega_n)\cdot X_{n-i}''}$$

进一步，有

$$S_i(\omega) = \left(\sum_{X_i' \in E_i, x_\mu=0} (-1)^{(\omega_1,\cdots,\omega_i)\cdot X_i'} + \sum_{X_i' \in E_i, x_\mu=1} (-1)^{(\omega_1,\cdots,\omega_i)\cdot X_i'} \right) \Psi_i$$

因为 $1 \leqslant \mu \leqslant n/2$ 和 $i \geqslant n/2$，其中

$$\Psi_i = \sum_{X_{n-i}'' \in \mathbb{F}_2^{n-i}} (-1)^{\psi_i(X_i')\cdot X_{n-i}'' + (\omega_{i+1},\cdots,\omega_n)\cdot X_{n-i}''}$$

进一步，有

$$W_{f_j}(\omega) = \sum_{i=n/2}^{e} a_i S_i^{(j)}(\omega)$$

其中

$$S_i^{(j)}(\omega) = \sum_{X_i' \in E_i, x_\mu=j} (-1)^{(\omega_1,\cdots,\omega_i)\cdot X_i'} \Psi_i, j = 0,1$$

又知道，若 $\psi_i^{-1}(\omega_{i+1},\cdots,\omega_n) = \varnothing$，则

$$S_i(\omega) = 0$$

否则

$$S_i(\omega) = 2^{n-i}$$

从 ψ_i 和 T_i 的定义可知，当 $0\leqslant \mathrm{wt}(\omega)\leqslant t$ 时，有

$$\psi_i = 0$$

因此，当 f 是一个 n 元 t 阶弹性函数时，f_0 (resp. f_1) 是一个 $(n-1)$ 元 t 阶弹性函数。证毕。

7.3.3 奇变元弹性函数

为了说明定理 7.5 可以设计出更好的高非线性度弹性函数，选择两个恰当的初始函数 f 和 g 来获得新函数。设 m 是奇数，$g\in\mathcal{B}_m$ 是一个 s 阶弹性函数使得 $g_0(y^{[\bar{\rho}]})$ 和 $g_1(y^{[\bar{\rho}]})$ 是两个 $(m-1)$ 元 s 阶弹性函数，其中 $g_\varepsilon(y^{[\bar{\rho}]})=g(y)|_{y_\rho=\varepsilon}$，$\varepsilon\in\mathbb{F}_2$，$\rho\in\{1,\cdots,m\}$。如果选择一个前面定义的函数 $g\in\mathcal{B}_m$ 和一个 t 阶弹性函数 $f\in\mathcal{B}_n$ (定理 7.6 中定义的函数，n 是偶数) 作为定理 7.5 中的 f 的初始函数，那么 h 是一个 N 元 $(t+s+1)$ 阶弹性函数，其中 $N=m+n-2$。由于命题 7.4 确保了函数 f 的限制和 f 具有相同的弹性阶，那么根据命题 7.2 可知，h 是一个 $(t+s+1)$ 阶弹性函数。

现在选择文献[11]中构造 1 所构造的函数作为 $f\in\mathcal{B}_n$ (n 是偶数)。为了获得高非线性度函数，选择 $g\in\mathcal{B}_m$ 为 Kavut 和 Yücel[13] (标记为 KY 函数) 所构造的 9 变元非线性度为 242 的函数或 Patterson 和 Wiedemann[14] (表示为 PW 函数) 构造的 15 变元非线性度为 16276 的函数。注意到，g 是不平衡的，即 $\mathrm{res}(g)=s=-1$，也就是说，定理 7.5 中构造的函数 h 的弹性阶和函数 f 的弹性阶相同。

在很多情况下，定理 7.5 可以构造出目前最优非线性度弹性函数，其中弹性阶不等于 1。表 7.1 中给出了一个二阶弹性函数非线性度的比较，变元个数为

$$N=n+m-2$$

其中，N 是奇数。当 $N=35,\cdots,41$ 时，选择 $g\in\mathcal{B}_9$ 是一个 KY 函数；当 $N=43,45,\cdots,63$ 时，选择 $g\in\mathcal{B}_{15}$ 是一个 PW 函数。表中粗体部分表示利用定理 7.5 构造出的目前知道的最优非线性度。例如，设 $f\in\mathcal{B}_{34}$ 是一个 2 阶弹性函数，它的非线性度为[11]

$$N_f = 2^{33}-\frac{1}{2}(2^{17}+2^{12}+2^{11})$$

$g \in \mathcal{B}_9$ 的非线性度为

$$N_g = 242 = 2^8 - \frac{1}{2}(2^5 - 2^2)$$

那么，根据定理 7.5 可知，函数 $h \in \mathcal{B}_{41}$ 的非线性度为

$$N_h = 2^{40} - \frac{1}{2} \cdot \frac{1}{2}(2^{17} + 2^{12} + 2^{11})(2^5 - 2^2) = 2^{40} - 2^{20} + 86 \cdot 2^{10}$$

用 PW 函数 $g' \in \mathcal{B}_{15}$ 取代 $g \in \mathcal{B}_9$，可以获得函数 $h' \in \mathcal{B}_{47}$，它是一个非线性度为

$$N_{h'} = 2^{46} - \frac{1}{2} \cdot \frac{1}{2}(2^{17} + 2^{12} + 2^{11})(2^8 - 2^5 - 2^3) = 2^{46} - 2^{23} + 956 \cdot 2^{10}$$

的二阶弹性函数。此外， $h' \in \mathcal{B}_{47}$ 是目前知道的非线性度最高的 2 阶弹性函数。

表 7.1　非线性度比较(定理 7.5 与文献[11])

N	文献[11]的构造 4 非线性度	文献[11]的构造 3 非线性度	定理 7.5 非线性度
35	—	$2^{34}-2^{17}+2\cdot 2^{10}$	$2^{34}-2^{17}+2\cdot 2^{10}$
37	$2^{36}-2^{18}+16\cdot 2^{10}$	$2^{36}-2^{18}+4\cdot 2^{10}$	$\mathbf{2^{36}-2^{18}+18\cdot 2^{10}}$
39	$2^{38}-2^{19}+32\cdot 2^{10}$	$2^{38}-2^{19}+36\cdot 2^{10}$	$2^{38}-2^{19}+36\cdot 2^{10}$
41	$2^{40}-2^{20}+96\cdot 2^{10}-2^3$	$2^{40}-2^{20}+72\cdot 2^{10}$	$2^{40}-2^{20}+86\cdot 2^{10}$
43	$2^{42}-2^{21}+192\cdot 2^{10}$	$2^{42}-2^{21}+200\cdot 2^{10}$	$\mathbf{2^{42}-2^{21}+212\cdot 2^{10}}$
45	$2^{44}-2^{22}+445\cdot 2^{10}-2^3$	$2^{44}-2^{22}+424\cdot 2^{10}$	$2^{44}-2^{22}+424\cdot 2^{10}$
47	$2^{46}-2^{23}+928\cdot 2^{10}$	$2^{46}-2^{23}+870\cdot 2^{10}$	$\mathbf{2^{46}-2^{23}+956\cdot 2^{10}}$
49	$2^{48}-2^{24}+2\cdot 2^{20}$	$2^{48}-2^{24}+2^{20}+888\cdot 2^{10}$	$\mathbf{2^{48}-2^{24}+2\cdot 2^{20}+80\cdot 2^{10}}$
51	$2^{50}-2^{25}+4\cdot 2^{20}$	$2^{50}-2^{25}+4\cdot 2^{20}+160\cdot 2^{10}$	$2^{50}-2^{25}+4\cdot 2^{20}+160\cdot 2^{10}$
53	$2^{52}-2^{26}+9\cdot 2^{20}$	$2^{52}-2^{26}+8\cdot 2^{20}+320\cdot 2^{10}$	$\mathbf{2^{52}-2^{26}+9\cdot 2^{20}+320\cdot 2^{10}}$
55	$2^{54}-2^{27}+18\cdot 2^{20}$	$2^{54}-2^{27}+18\cdot 2^{20}+320\cdot 2^{10}$	$2^{54}-2^{27}+18\cdot 2^{20}+320\cdot 2^{10}$
57	$2^{56}-2^{28}+38\cdot 2^{20}-8$	$2^{56}-2^{28}+36\cdot 2^{20}+640\cdot 2^{10}$	$\mathbf{2^{56}-2^{28}+38\cdot 2^{20}+320\cdot 2^{10}}$
59	$2^{58}-2^{29}+76\cdot 2^{20}$	$2^{58}-2^{29}+76\cdot 2^{20}+640\cdot 2^{10}$	$\mathbf{2^{58}-2^{29}+76\cdot 2^{20}+768\cdot 2^{10}}$
61	$2^{60}-2^{30}+154\cdot 2^{20}$	$2^{60}-2^{30}+153\cdot 2^{20}+256\cdot 2^{10}$	$\mathbf{2^{60}-2^{30}+154\cdot 2^{20}+960\cdot 2^{10}}$
63	$2^{62}-2^{31}+312\cdot 2^{20}$	$2^{62}-2^{31}+309\cdot 2^{20}+896\cdot 2^{10}$	$\mathbf{2^{62}-2^{31}+313\cdot 2^{20}+256\cdot 2^{10}}$

注 7.8　目前知道的偶变元具有最高非线性度的 1 阶弹性函数是文献[12]给出的。然而，当 $\vartheta^{(n)}$ 属于文献[12]中的 1 阶弹性函数时，不能确定 $\vartheta_0^{(n)}(x^{[\overline{\mu}]}) = \vartheta^{(n)}(x)|_{x_\mu=0}$ 和 $\vartheta_1^{(n)}(x^{[\overline{\mu}]}) = \vartheta^{(n)}(x)|_{x_\mu=1}$ 是否是 $(n-1)$ 变元 1 阶弹性函数。另外，发现当

$n=12,14,\cdots,50$ 时，有

$$M_{f'^{(n+2)}}\geqslant 2M_{\vartheta^{(n)}}=2\left(2^{n/2}+2^{\left\lceil \frac{n}{4}+1\right\rceil}\right)$$

其中，$f'^{(n+2)}\in\mathcal{B}_{n+2}$ 是由文献[11]的构造 1 所构造的函数。这暗示了1阶弹性函数 $\vartheta^{(n)}\oplus g$ 的非线性度要优于或等于定理 7.5 所构造的函数。

7.3.4　奇变元高非线性度平衡函数

为了通过定理 7.5 设计奇变元高非线性度平衡函数 h，选择一个偶变元平衡函数 $f\in\mathcal{B}_n$（$\mathrm{res}(f)=t=0$）和一个奇变元高非线性函数 $g\in\mathcal{B}_m$，使得

$$\mathrm{res}(h)=t+s+1=0$$

另外，限制函数 $f\in\mathcal{B}_n$ 的一个变量得到的两个$(n-1)$元函数与 f 具有相同的弹性阶(由于 g 是不平衡的，故限制后的函数的弹性阶不会降低)。

由 Dobbertin[15]和 Seberry 等[16]分别发现已知最优非线性度的偶变元平衡函数恰好满足定理 7.5 所需的偶变元平衡函数。更准确地说，设 n 是偶数，$x=(X',X'')$，其中 $X'=(x_1\cdots,x_{n/2})$，$X''=(x_{n/2+1},\cdots,x_n)$。那么，函数 $f^{(n)}\in\mathcal{B}_n$[15,16]能被定义为

$$f^{(n)}(x)=\pi(X'')\cdot X'\oplus 1_{\pi^{-1}(0_{n/2})}(X'')\mathfrak{b}^{(n/2)}(X') \tag{7.24}$$

其中，π 是 $\mathbb{F}_2^{n/2}$ 上的一个置换，$\mathfrak{b}^{(n/2)}\in\mathcal{B}_{n/2}$ 是一个目前已知非线性度最优的平衡函数。当 $\pi(X'')=0_{n/2}$ 时，$1_{\pi^{-1}(0_{n/2})}(X'')$ 等于 1，否则$1_{\pi^{-1}(0_{n/2})}(X'')$ 等于 0。容易证明对任意的 $\mu\in\{n/2+1,\cdots,n\}$，由 $f^{(n)}\in\mathcal{B}_n$ 限制得到的两个 $(n-1)$ 元函数

$$f_0^{(n)}(x^{[\bar{\mu}]})=f^{(n)}(x)|_{x_\mu=0}$$

和

$$f_1^{(n)}(x^{[\bar{\mu}]})=f^{(n)}(x)|_{x_\mu=1}$$

也均是平衡函数。

为了确保可以构造出目前最高非线性度函数(目前非线性度最高的函数是通过直和方法获得的)，即

$$N_h>N_{f^{(n)}\oplus g}$$

根据推论 7.5 可知，偶变元初始函数必须满足$2M_{f^{(n)}} > M_{f^{(n+2)}}$。

推论 7.6　设$n \geqslant 8$是偶数，$f^{(n)}$是式(7.24)所定义的函数。那么

$$2M_{f^{(n)}} > M_{f^{(n+2)}}$$

证明　由函数$f^{(n)}$的定义可知

$$M_{f^{(n)}} = 2^{n/2} + M_{\mathfrak{b}(n/2)}$$

$$M_{f^{(n+2)}} = 2^{(n+2)/2} + M_{\mathfrak{b}((n+2)/2)}$$

只要证明$2M_{\mathfrak{b}(n/2)} > M_{\mathfrak{b}((n+2)/2)}$就可以证明$2M_{f^{(n)}} > M_{f^{(n+2)}}$。当$n = 8,10,12$时，容易被验证。不失一般性，当$\frac{n}{2} \geqslant 6$时，假设$n \equiv 0 \bmod 4$。众所周知，奇变元平衡函数最优非线性度是大于等于 Bent 级联限的，那么有

$$M_{\mathfrak{b}((n+2)/2)} = 2^{(n+4)/4} - \upsilon \leqslant 2^{\lfloor (n+2)/4 \rfloor + 1} \tag{7.25}$$

其中，υ是非负整数。进一步，由式(7.24)和式(7.25)可知

$$M_{\mathfrak{b}^{n/2}} = 2^{n/4} + 2^{\lfloor n/8 \rfloor} + \tau$$

和

$$M_{\mathfrak{b}((n+4)/2)} \leqslant 2^{(n+4)/4} + 2^{\lfloor (n+4)/8 \rfloor + 1}$$

其中，$\tau \leqslant 2^{\lfloor n/8 \rfloor}$是非负的。进而有

$$2M_{\mathfrak{b}(n/2)} > M_{\mathfrak{b}((n+2)/2)}$$

如果$2^{(n+4)/4} - 2\upsilon > 2^{\lfloor (n+4)/8 \rfloor + 1}$，那么，有

$$2M_{\mathfrak{b}((n+2)/2)} > M_{\mathfrak{b}((n+4)/2)}$$

现在假设$\upsilon \geqslant 2^{(n+4)/4-1} - 2^{\lfloor (n+4)/8 \rfloor}$。那么，由式(7.25)可知

$$M_{\mathfrak{b}((n+2)/2)} \leqslant 2^{(n+4)/4-1} + 2^{\lfloor (n+4)/8 \rfloor}$$

根据 Parseval 等式可知

$$M_{\mathfrak{b}((n+2)/2)} > 2^{(n+2)/4}$$

当$n \geqslant 12$时，可以验证$2^{(n+2)/4} > 2^{(n+4)/4-1} + 2^{\lfloor (n+4)/8 \rfloor}$。因此

$$M_{\mathfrak{b}((n+2)/2)} > 2^{(n+2)/4} > 2^{(n+4)/4-1} + 2^{\lfloor (n+4)/8 \rfloor} \geqslant M_{\mathfrak{b}((n+2)/2)}$$

这是个矛盾式。证毕。

文献[17]和[18]分别给出了 13 变元和 15 变元非线性度大于 Bent 级联限的平衡函数。借助直和的方法，当 $N \geqslant 13$ 时，非线性度大于 Bent 级联限的奇变元平衡函数均可以获得。更准确地说，可以获得平衡函数 $f \oplus \mathfrak{b}^{(13)}$（或 $f \oplus \mathfrak{b}^{(15)}$），其中 f 是 Bent 函数。当 $N \geqslant 35$ 时，借助定理 7.5，可以构造出目前非线性度最优的奇变元平衡函数，下面给出具体说明。

注 7.9　注意到，利用直和方法，即 $f \oplus g$，可以构造具有高非线性度平衡函数。如果选择一个目前已知的最高非线性度偶变元平衡函数作为 f（即 $f = f^{(n)}$），选择 g 为 PW 函数，那么在相同变元的前提下，$f^{(n)} \oplus g$ 的非线性度要高于上面说的 $f \oplus \mathfrak{b}^{(15)}$。

设 $f \in \mathcal{B}_n$ 是一个 Bent 函数，$N_{\mathfrak{b}^{(15)}} = 2^{14} - 2^7 + 2^4 = 16272$。可知

$$N_{f \oplus \mathfrak{b}^{(15)}} = 2^{n+14} - 2^{(n+14)/2} + 16 \cdot 2^{n/2}$$

设 $f^{(n)} \in \mathcal{B}_n$ 是一个具有目前已知最高非线性度的平衡函数，g 是一个 PW 函数并且 $N_g = 2^{14} - 2^7 + 2^4 + 2^2 = 16276$。那么，有

$$N_{f^{(n)} \oplus g} \geqslant 2^{n+14} - 2^{(n+14)/2} + 20 \cdot 2^{n/2} - 2^{\lfloor n/4 \rfloor + 8} + 20 \cdot 2^{\lfloor n/4 \rfloor + 1}$$

比较 $N_{f \oplus \mathfrak{b}^{(15)}}$ 和 $N_{f^{(n)} \oplus g}$ 可知，当 $n \geqslant 22$ 时，$N_{f^{(n)} \oplus g} > N_{f \oplus \mathfrak{b}^{(15)}}$。

下面只要证明定理 7.5 中所构造函数的非线性度大于 $N_{f^{(n)} \oplus g}$ 即可。推论 7.6 已确保当 $n \geqslant 8$ 时，$2M_{f^{(n)}} > M_{f^{(n+2)}}$，根据推论 7.5，有 $N_h > N_{f^{(n)} \oplus g} > N_{f \oplus \mathfrak{b}^{(15)}}$。

参考文献

[1] Zhang W, Xiao G. Constructions of almost optimal resilient Boolean functions on large even number of variables. IEEE Transactions on Information Theory, 2009, 55(12): 5822-5831.

[2] Zhang F, Wei Y, Pasalic E, et al. Large sets of disjoint spectra plateaued functions inequivalent to partially linear functions. IEEE Transactions on Information , 2018, 64(4): 2987-2999.

[3] Carlet C. On the secondary constructions of resilient and Bent functions. Cryptography and Combinatorics, 2004, 23: 3-28.

[4] Carlet C. Boolean Functions for Cryptography and Error Correcting Codes. Cambridge: Cambridge University Press, 2010: 257-397.

[5] Carlet C, Gao G, Liu W. A secondary construction and a transformation on rotation symmetric functions, and their action on Bent and semi-Bent functions. Journal of Combinatorial Theory, 2014, 127(1): 161-175.

[6] Zhang F, Wei Y, Pasalic E. Constructions of Bent-negabent functions and their relation to the completed Maiorana-McFarland class. IEEE Transactions on Information Theory, 2015, 61(3): 1496-1506.

[7] Zhang F, Carlet C, Hu Y, et al. New secondary constructions of Bent functions. Applicable Algebra in Engineering Communication & Computing, 2016, 27(5): 413-434.

[8] Fu S, Sun B, Chao L, et al. Construction of odd-variable resilient Boolean functions with optimal degree. IEICE Transactions on Fundamentals of Electronics Communication & Computer Sciences, 2011, 94(6): 1931-1942.

[9] Zheng Y, Zhang X M. Relationships between Bent functions and complementary plateaued functions//Information Security and Cryptology - ICISC'99. Berlin, Heidelberg: Springer, 1999, 1787: 60-75.

[10] Sun L, Fu F W. Constructions of balanced odd-variable rotation symmetric Boolean functions with optimal algebraic immunity and high nonlinearity. Theoretical Computer Science, 2018, 738: 13-24.

[11] Zhang W, Pasalic E. Generalized Maiorana-McFarland construction of resilient Boolean functions with high nonlinearity and good algebraic properties. IEEE Transactions on Information Theory, 2014, 60(10): 6681-6695.

[12] Zhang W, Pasalic E. Improving the lower bound on the maximum nonlinearity of 1-resilient Boolean functions and designing functions satisfying all cryptographic criteria. Information Sciences, 2017, 376(C), 21-30.

[13] Kavut S, Yücel M D. 9-variable Boolean functions with nonlinearity 242 in the generalized rotation symmetric class. Information & Computation, 2010, 208(4): 341-350.

[14] Patterson N J, Wiedemann D H. The covering radius of the $(2^{15}, 16)$ Reed-Muller code is at least 16276. IEEE Transactions on Information Theory, 1983, 29(3): 354-356.

[15] Dobbertin H. Construction of Bent functions and balanced Boolean functions with high nonlinearity//Fast Software Encryption. Berlin, Heidelberg: Springer, 1994, 1008: 61-74.

[16] Seberry J, Zhang X M, Zheng Y. Nonlinearly balanced Boolean functions and their propagation characteristics//Advances in Cryptology-CRYPTO 1993. Berlin, Heidelberg: Springer, 1993, 773: 49-60.

[17] Maitra S, Kavut S, Yücel M D. Balanced Boolean function on 13-variables having nonlinearity greater than the Bent concatenation bound//Proceedings of the 4th International Workshop on

Boolean Functions: Cryptography and Applications, Copenhagen, 2008, 8: 109-118.

[18] Sarkar S, Maitra S. Idempotents in the neighbourhood of patterson-wiedemann functions having walsh spectra zeros. Designs Codes & Cryptography, 2008, 49(1/3): 95-103.

附　录

定理 7.3 的证明　根据定理 7.1 可知，$\{g_0^{(j+1)}, g_1^{(j+1)}, \cdots, g_{l-1}^{(j+1)}\}$ 是一个 $(m+(j+1)n)$ 元谱不相交函数集。

现在证明对任意的 $i \in \{0,1,\cdots,l-1\}$，$g_i^{(m)}$ 均没有非零线性结构。设 $\beta=(\beta_1,\cdots,\beta_m) \in \mathbb{F}_2^m$。从定理 7.2 和推论 7.1 的证明过程可知，只要讨论 $D_{(\underbrace{0_n,\cdots,0_n}_{m},\beta)} g_i^{(m)}$ 的值即可。根据定义，有

$$\begin{aligned} g_i^{(j+1)}(X^{(j)},\cdots,X^{(0)},y) = & f_0^{(j)}(X^{(j)}) \oplus g_i^{(j)}(X^{(j-1)},\cdots,X^{(0)},y) \\ & \oplus (f_0^{(j)} \oplus f_1^{(j)})(X^{(j)})(g_i^{(j)} \oplus g_{\sigma(i)}^{(j)})(X^{(j-1)},\cdots,X^{(0)},y) \end{aligned}$$

$$\begin{aligned} g_i^{(j+1)}(X^{(j)},\cdots,X^{(0)},y\oplus\beta) = & f_0^{(j)}(X^{(j)}) \oplus g_i^{(j)}(X^{(j-1)},\cdots,X^{(0)},y\oplus\beta) \\ & \oplus (f_0^{(j)} \oplus f_1^{(j)})(X^{(j)})(g_i^{(j)} \oplus g_{\sigma(i)}^{(j)})(X^{(j-1)},\cdots,X^{(0)},y\oplus\beta) \end{aligned}$$

其中，$j \in \{0,\cdots,m-1\}$。进一步，有

$$\begin{aligned} D_{(0_{(j+1)n},\beta)} g_i^{(j+1)}(X^{(j)},\cdots,X^{(0)},y) = & D_{(0_{jn},\beta)} g_i^{(j)}(X^{(j-1)},\cdots,X^{(0)},y) \oplus (f_0^{(j)} \oplus f_1^{(j)})(X^{(j)}) \\ & \times D_{(0_{jn},\beta)}(g_i^{(j)} \oplus g_{\sigma(i)}^{(j)})(X^{(j-1)},\cdots,X^{(0)},y) \end{aligned} \tag{7.26}$$

类似地，有

$$\begin{aligned} D_{(0_{(j+1)n},\beta)} g_{\sigma(i)}^{(j+1)}(X^{(j)},\cdots,X^{(0)},y) = & D_{(0_{jn},\beta)} g_{\sigma(i)}^{(j)}(X^{(j-1)},\cdots,X^{(0)},y) \oplus (f_0^{(j)} \oplus f_1^{(j)})(X^{(j)}) \\ & \times D_{(0_{jn},\beta)}(g_{\sigma(i)}^{(j)} \oplus g_{\sigma^2(i)}^{(j)})(X^{(j-1)},\cdots,X^{(0)},y) \end{aligned} \tag{7.27}$$

因此，根据定理 7.2 和式(7.26)，对于 $j=1$，$g_i^{(2)}$ 的线性核等于以下方程的解集：

$$\begin{cases} D_{(0_n,\beta)} g_i^{(1)}(X^{(0)},y) = \varepsilon \\ D_{(0_n,\beta)} g_i^{(1)}(X^{(0)},y) \oplus D_{(0_n,\beta)} g_{\sigma(i)}^{(1)}(X^{(0)},y) = 0 \end{cases} \tag{7.28}$$

其中，$\beta \in \mathbb{F}_2^m$。根据式(7.9)和式(7.27)可知，式(7.28)等价于以下线性方程组：

$$\begin{cases}(c^{(i)} \oplus c^{(\sigma(i))}) \cdot \beta = 0 \\ (c^{(i)} \oplus c^{(\sigma(i))} \oplus c^{(\sigma(i))} \oplus c^{(\sigma^2(i))}) \cdot \beta = 0\end{cases} \tag{7.29}$$

根据式(7.26)和式(7.29)，推断 $g_i^{(3)}$ 的线性核等于以下线性方程组的解集：

$$\begin{cases}(c^{(i)} \oplus c^{(\sigma(i))}) \cdot \beta = 0 \\ (c^{(i)} \oplus c^{(\sigma^2(i))}) \cdot \beta = 0 \\ \left((c^{(i)} \oplus c^{(\sigma^2(i))}) \oplus (c^{(\sigma(i))} \oplus c^{(\sigma^3(i))})\right) \cdot \beta = 0\end{cases} \tag{7.30}$$

设 $g_i^{(m-1)}$ 的线性核等于以下线性方程组的解集：

$$\begin{cases}(c^{(i)} \oplus c^{(\sigma(i))}) \cdot \beta = 0 \\ (c^{(i)} \oplus c^{(\sigma^2(i))}) \cdot \beta = 0 \\ (c^{(i)} \oplus c^{(\sigma(i))} \oplus c^{(\sigma^2(i))} \oplus c^{(\sigma^3(i))}) \cdot \beta = 0 \\ \vdots \\ \left(c^{(i)} \oplus a_1 c^{(\sigma(i))} \oplus a_2 c^{(\sigma^2(i))} \oplus \cdots \oplus a_{m-2} c^{(\sigma^{m-2}(i))} \oplus c^{(\sigma^{m-1}(i))}\right) \cdot \beta = 0\end{cases} \tag{7.31}$$

其中，$(a_1, a_2, \cdots, a_{m-2}) \in \mathbb{F}_2^{m-2}$ 。

结合定理 7.2，式(7.31)和 $g_i^{(m)}$ 的定义，$g_i^{(m)}$ 的线性核等于以下线性方程组的解集：

$$\begin{cases}(c^{(i)} \oplus c^{(\sigma(i))}) \cdot \beta = 0 \\ (c^{(i)} \oplus c^{(\sigma^2(i))}) \cdot \beta = 0 \\ \vdots \\ (c^{(i)} \oplus a_1 c^{(\sigma(i))} \oplus a_2 c^{(\sigma^2(i))} \oplus \cdots \oplus a_{m-2} c^{(\sigma^{m-2}(i))} \oplus c^{(\sigma^{m-1}(i))}) \cdot \beta = 0 \\ \left(c^{(i)} \oplus (a_1 \oplus 1) c^{(\sigma(i))} \oplus (a_2 \oplus a_1) c^{(\sigma^2(i))} \oplus \cdots \oplus (a_{m-2} \oplus a_{m-3}) c^{(\sigma^{m-2}(i))} \oplus (1 \oplus a_{m-2}) c^{(\sigma^{m-1}(i))} \oplus c^{(\sigma^m(i))}\right) \\ \cdot \beta = 0\end{cases} \tag{7.32}$$

其中，$(a_1, a_2, \cdots, a_{m-2}) \in \mathbb{F}_2^{m-2}$ 。另外，$\mathrm{wt}(a_1 \oplus 1, a_2 \oplus a_1, \cdots, a_{m-2} \oplus a_{m-3}, 1 \oplus a_{m-2})$ 肯定是偶数，因为

$$\mathrm{wt}(a_1 \oplus 1, a_2 \oplus a_1, \cdots, a_{m-2} \oplus a_{m-3}, 1 \oplus a_{m-2}) = 2(\mathrm{wt}(a_1, a_2, \cdots, a_{m-2}) + 1) - 2\lambda$$

其中，λ 是整数。

式(7.30)的解集可以表示为以下线性方程组：

$$\begin{cases}(c^{(i)} \oplus c^{(\sigma(i))}) \cdot \beta = 0 \\ (c^{(i)} \oplus c^{(\sigma^2(i))}) \cdot \beta = 0 \\ (c^{(i)} \oplus c^{(\sigma^3(i))}) \cdot \beta = 0\end{cases} \tag{7.33}$$

假设式(7.31)的解集表示为以下线性方程组：

$$\begin{cases}(c^{(i)} \oplus c^{(\sigma(i))}) \cdot \beta = 0 \\ (c^{(i)} \oplus c^{(\sigma^2(i))}) \cdot \beta = 0 \\ (c^{(i)} \oplus c^{(\sigma^3(i))}) \cdot \beta = 0 \\ \qquad\vdots \\ (c^{(i)} \oplus c^{(\sigma^{m-1}(i))}) \cdot \beta = 0\end{cases} \tag{7.34}$$

接下来，证明式(7.32)的解集可以表示为以下线性方程组：

$$\begin{cases}(c^{(i)} \oplus c^{(\sigma(i))}) \cdot \beta = 0 \\ (c^{(i)} \oplus c^{(\sigma^2(i))}) \cdot \beta = 0 \\ (c^{(i)} \oplus c^{(\sigma^3(i))}) \cdot \beta = 0 \\ \qquad\vdots \\ (c^{(i)} \oplus c^{(\sigma^{m-1}(i))}) \cdot \beta = 0 \\ (c^{(i)} \oplus c^{(\sigma^{m}(i))}) \cdot \beta = 0\end{cases} \tag{7.35}$$

因为 $\mathrm{wt}(a_1 \oplus 1, a_2 \oplus a_1, \cdots, a_{m-2} \oplus a_{m-3}, 1 \oplus a_{m-2})$ 是偶数，根据式(7.32)，有

$$\Big(c^{(i)} \oplus (a_1 \oplus 1)(c^{(i)} \oplus c^{(\sigma(i))}) \oplus (a_2 \oplus a_1)(c^{(i)} \oplus c^{(\sigma^2(i))}) \oplus \cdots$$
$$\oplus (a_{m-2} \oplus a_{m-3})(c^{(i)} \oplus c^{(\sigma^{m-2}(i))}) \oplus (1 \oplus a_{m-2})(c^{(i)} \oplus c^{(\sigma^{m-1}(i))}) \oplus c^{(\sigma^m(i))}\Big) \cdot \beta = 0$$

也就是说，向量

$$(a_1 \oplus 1)c^{(\sigma(i))} \oplus (a_2 \oplus a_1)c^{(\sigma^2(i))} \oplus \cdots \oplus (a_{m-2} \oplus a_{m-3})c^{(\sigma^{m-2}(i))} \oplus (1 \oplus a_{m-2})c^{(\sigma^{m-1}(i))}$$

肯定能表示为向量

$$\{c^{(i)} \oplus c^{(\sigma(i))}, c^{(i)} \oplus c^{(\sigma^2(i))}, \cdots, c^{(i)} \oplus c^{(\sigma^{m-1}(i))}\}$$

另外，式(7.32)的解集可以表示为线性方程组(7.35)。

于是，$\{c^{(i)} \oplus c^{(\sigma(i))}, c^{(i)} \oplus c^{(\sigma^2(i))}, \cdots, c^{(i)} \oplus c^{(\sigma^m(i))}\}$ 是 $\mathbb{F}_2^m$ 的一组基当且仅当式(7.34)的解是 0_m（即对 $i = 0, 1, \cdots, l-1$，$g_i^{(m)}$ 没有线性结构）。证毕。

第 8 章　Rothaus 构造的一般化形式

在第 2 章和第 3 章都对 Rothaus 构造进行了介绍，本章对 Rothaus 构造做进一步研究，给出该构造的一般化形式[1]。

令 $x \in \mathbb{F}_2^n$，且 $\sigma_d^n(x)$ 表示代数次数为 d ($1 \leqslant d \leqslant n$) 的二次初等对称 n 元布尔函数，即

$$\sigma_d^n(x) = \bigoplus_{i_1, i_2, \cdots, i_d} x_{i_1} x_{i_2} \cdots x_{i_d}, \forall x = (x_1, \cdots, x_n) \in \mathbb{F}_2^n$$

对称布尔函数 $\sigma_2^{2n}(x)$ 是一个 $2n$ 元 Bent 函数，下面给出 $\sigma_2^{2n}(x)$ 的对偶函数。首先回顾一个已知的简单结果。

引理 8.1[2]　对于任意的 $a, b \in \mathbb{F}_2^n$ 和任意的 Bent 函数 f，函数 $f(x \oplus b) \oplus a \cdot x$ 的对偶函数等于 $\tilde{f}(x \oplus a) \oplus b \cdot (x \oplus a)$。

定理 8.1　设 n 为正整数，$x = (x_1, \cdots, x_{2n}) \in \mathbb{F}_2^{2n}$，且 $x^{(i)} = (x_1, \cdots, x_i) \in \mathbb{F}_2^i$，其中 $i = 1, 2, \cdots, 2n-1$。令 $\sigma_2^{2n}(x)$ 为 $2n$ 元二次初等对称布尔函数，则有

$$\tilde{\sigma}_2^{2n}(x) = \sigma_2^{2n}(x) \oplus \bigoplus_{i=1}^{n-1} 1_{2i} \cdot x^{(2i)}$$

证明　设 $(y_1, y_2) \in \mathbb{F}_2^2$，$\alpha \in \mathbb{F}_2^{2n}$，$(\beta_1, \beta_2) \in \mathbb{F}_2^2$。根据 $\sigma_2^{2n}(x)$ 的定义，有

$$\sigma_2^{2n+2}(x, y_1, y_2) = \sigma_2^{2n}(x) \oplus (1_{2n} \cdot x)(y_1 \oplus y_2) \oplus y_1 y_2 \tag{8.1}$$

因此，有

$$\begin{aligned}
&\hat{W}_{\sigma_2^{2n+2}}(\alpha, \beta_1, \beta_2) \\
&= (-1)^{\tilde{\sigma}_2^{2n+2}(\alpha, \beta_1, \beta_2)} 2^{n+1} \\
&= \sum_{(y_1, y_2)=(0,0), x \in \mathbb{F}_2^{2n}} (-1)^{\sigma_2^{2n}(x) \oplus \alpha \cdot x} + \sum_{(y_1, y_2)=(1,0), x \in \mathbb{F}_2^{2n}} (-1)^{\sigma_2^{2n}(x) \oplus (1_{2n} \oplus \alpha) \cdot x \oplus \beta_1} \\
&\quad + \sum_{(y_1, y_2)=(0,1), x \in \mathbb{F}_2^{2n}} (-1)^{\sigma_2^{2n}(x) \oplus (1_{2n} \oplus \alpha) \cdot x \oplus \beta_2} + \sum_{(y_1, y_2)=(1,1), x \in \mathbb{F}_2^{2n}} (-1)^{\sigma_2^{2n}(x) \oplus \alpha \cdot x \oplus \beta_1 \oplus \beta_2 \oplus 1} \\
&= (-1)^{\tilde{\sigma}_2^{2n}(\alpha)} 2^n + (-1)^{\tilde{\sigma}_2^{2n}(1_{2n} \oplus \alpha) \oplus \beta_1} 2^n + (-1)^{\tilde{\sigma}_2^{2n}(1_{2n} \oplus \alpha) \oplus \beta_2} 2^n + (-1)^{\tilde{\sigma}_2^{2n}(\alpha) \oplus \beta_1 \oplus \beta_2 \oplus 1} 2^n
\end{aligned} \tag{8.2}$$

根据引理 8.1， 可得

$$\tilde{\sigma}_2^{2n}(x \oplus 1_{2n}) = \tilde{\sigma}_2^{2n}(x) \oplus 1_{2n} \cdot x$$

此外由式(8.2)，可得

$$\tilde{\sigma}_2^{2n+2}(\alpha,0,0) = \tilde{\sigma}_2^{2n}(1_{2n} \oplus \alpha)$$

$$\tilde{\sigma}_2^{2n+2}(\alpha,1,0) = \tilde{\sigma}_2^{2n}(\alpha)$$

$$\tilde{\sigma}_2^{2n+2}(\alpha,0,1) = \tilde{\sigma}_2^{2n}(\alpha)$$

$$\tilde{\sigma}_2^{2n+2}(\alpha,1,1) = \tilde{\sigma}_2^{2n}(1_{2n} \oplus \alpha) \oplus 1$$

因此，$\tilde{\sigma}_2^{2n+2}(x,y_1,y_2)$ 可以通过级联 $\tilde{\sigma}_2^{2n+2}(x,0,0)$，$\tilde{\sigma}_2^{2n+2}(x,0,1)$，$\tilde{\sigma}_2^{2n+2}(x,1,0)$ 和 $\tilde{\sigma}_2^{2n+2}(x,1,1)$ 获得，即

$$\begin{aligned}\tilde{\sigma}_2^{2n+2}(x,y_1,y_2) &= (y_1 \oplus 1)(y_2 \oplus 1)\tilde{\sigma}_2^{2n}(x \oplus 1_{2n}) \oplus (y_1 \oplus 1)y_2\tilde{\sigma}_2^{2n}(x) \\ &\quad \oplus y_1(y_2 \oplus 1)\tilde{\sigma}_2^{2n}(x) \oplus y_1y_2\left(\tilde{\sigma}_2^{2n}(x \oplus 1_{2n}) \oplus 1\right) \\ &= \tilde{\sigma}_2^{2n}(x) \oplus (y_1 \oplus y_2)(1_{2n} \cdot x) \oplus y_1y_2 \oplus 1_{2n} \cdot x\end{aligned} \tag{8.3}$$

由式(8.1)和式(8.3)可得

$$\sigma_2^{2n+2}(x,y_1,y_2) \oplus \tilde{\sigma}_2^{2n+2}(x,y_1,y_2) = \sigma_2^{2n}(x) \oplus \tilde{\sigma}_2^{2n}(x) \oplus 1_{2n} \cdot x$$

进一步，有

$$\begin{aligned}\sigma_2^{2n}(x) \oplus \tilde{\sigma}_2^{2n}(x) &= \sigma_2^{2n-2}(x) \oplus \tilde{\sigma}_2^{2n-2}(x) \oplus 1_{2n-2} \cdot x_{2n-2} \\ &= \cdots = \sigma_2^2(x) \oplus \tilde{\sigma}_2^2(x) \oplus \bigoplus_{i=1}^{n-1} 1_{2i} \cdot x^{(2i)}\end{aligned}$$

又知道

$$\tilde{\sigma}_2^2(x_2) = \sigma_2^2(x_2) = x_1x_2$$

证毕。

下面回顾 Rothaus 构造，它利用了三个初始的 n 元 Bent 函数 h_1, h_2 和 h_3 以生成一个 $(n+2)$ 元 Bent 函数 f。该构造方法如定理 8.2 所示。

定理 8.2[3] 设 $y \in \mathbb{F}_2^m$，且 $y_{m+1}, y_{m+2} \in \mathbb{F}_2$；设 h_1, h_2 和 h_3 为 $\mathbb{F}_2^m$ 上的 Bent 函数，且 $h_1 \oplus h_2 \oplus h_3$ 也是 Bent 函数，则定义在 $\mathbb{F}_2^{m+2}$ 上的函数：

$$f(y,y_{m+1},y_{m+2})=h_1(y)h_2(y)\oplus h_1(y)h_3(y)\oplus h_2(y)h_3(y)\\ \oplus[h_1(y)\oplus h_2(y)]y_{m+1}\oplus[h_1(y)\oplus h_3(y)]y_{m+2}\oplus y_{m+1}y_{m+2}$$

是一个$(m+2)$元 Bent 函数。

最近，文献[4]中对 Rothaus 构造进行了一般化，并给出了它的对偶函数。该文的主要结果由定理 8.3 给出。首先回顾 Carlet 给出的广义间接构造[5]。

引理 8.2 设 f 为 $\mathbb{F}_2^r\times\mathbb{F}_2^s$（$r$ 和 s 均为偶数）上的布尔函数，如果 $f_y:x\in\mathbb{F}_2^r\mapsto f(x,y)$ 都是 Bent 函数，则函数 f 是 Bent 函数当且仅当对于 $\mathbb{F}_2^r$ 中的任意元素 u，函数 $t_u:y\mapsto\tilde{f}_y(u)$ 是 $\mathbb{F}_2^s$ 上的 Bent 函数，并且有 f 的对偶函数为 $\tilde{f}(u,v)=\tilde{t}_u(v)$。

定理 8.3[4] 设n和m为两个正整数。设$x\in\mathbb{F}_2^n$且$y\in\mathbb{F}_2^m$。设f_1,f_2和f_3为三个n元 Bent 函数，令g_1,g_2和g_3为三个m元 Bent 函数。用ν_1表示函数$f_1\oplus f_2\oplus f_3$，用ν_2表示函数$g_1\oplus g_2\oplus g_3$。如果ν_1和ν_2都是 Bent 函数，且$\tilde{\nu}_1=\tilde{f}_1\oplus\tilde{f}_2\oplus\tilde{f}_3\oplus1$，则

$$f(x,y)=(f_1\oplus f_2)(x)(g_1\oplus g_2)(y)\oplus(f_2\oplus f_3)(x)(g_2\oplus g_3)(y)\oplus f_1(x)\\ \oplus g_1(y)g_2(y)\oplus g_1(y)g_3(y)\oplus g_2(y)g_3(y)$$

是一个$(n+m)$元 Bent 函数。进一步，如果$\tilde{\nu}_2=\tilde{g}_1\oplus\tilde{g}_2\oplus\tilde{g}_3\oplus\pi$（其中$\pi\in\mathcal{B}_m$），则

$$\tilde{f}(x,y)=(\tilde{f}_1\oplus\tilde{f}_2)(x)(\tilde{g}_1\oplus\tilde{g}_2)(y)\oplus(\tilde{f}_2\oplus\tilde{f}_3)(x)(\tilde{g}_2\oplus\tilde{g}_3)(y)\oplus\tilde{f}_1(x)\\ \oplus\tilde{g}_3(y)\oplus\pi(y)\Big(\big(\tilde{f}_1(x)\oplus\tilde{f}_2(x)\big)\big(\tilde{f}_1(x)\oplus\tilde{f}_3(x)\big)\Big)$$

证明 首先，根据引理 8.2，容易看出对于任意元素 y，$f_y:x\mapsto f(x,y)$ 是 Bent 函数，并且对于任意元素 s，$\vartheta_s:y\mapsto\tilde{f}_y(s)$ 是 Bent 函数。

因为f_1,f_2,f_3和ν_1都是 Bent 函数，很明显对于任意元素s，f_y是一个n元 Bent 函数。进一步有

$$f_y(x)=f_1(x)\oplus g_3(y)$$

或

$$f_2(x)\oplus g_3(y)$$

或

$$f_3(x) \oplus g_3(y)$$

或

$$f_1(x) \oplus f_2(x) \oplus f_3(x) \oplus g_3(y) \oplus 1$$

取决于

$$g_1(y) = g_2(y) = g_3(y)$$

或

$$g_1(y) \neq g_2(y) = g_3(y)$$

或

$$g_1(y) \neq g_2(y) \neq g_3(y)$$

或

$$g_1(y) = g_2(y) \neq g_3(y)$$

在上述的每一种情况下，f_y 的对偶函数可以由 $\vartheta_s(y)$ 的表达式获得：

$$\vartheta_s(y) = (\tilde{f}_1 \oplus \tilde{f}_2)(s)(g_1 \oplus g_2)(y) \oplus (\tilde{f}_2 \oplus \tilde{f}_3)(s)(g_2 \oplus g_3)(y) \oplus \tilde{f}_1(s) \oplus g_3(y)$$

如在 $g_1(y) = g_2(y) \neq g_3(y)$ 的情况下，f_y 的对偶函数等于

$$\widetilde{f_1 \oplus f_2 \oplus f_3}(x) \oplus g_3(y) \oplus 1 = \tilde{f}_1(x) \oplus \tilde{f}_2(x) \oplus \tilde{f}_3(x) \oplus g_3(y)$$

因为函数 $g_1(y), g_2(y), g_3(y)$ 和 ν_2 是 Bent 函数，对于任意元素 s，函数 $\vartheta_s(y)$ 也是一个 m 元 Bent 函数，所以 $f(x, y)$ 也是 Bent 函数。进一步，根据

$$\tilde{f}_1(s) = \tilde{f}_2(s) = \tilde{f}_3(s)$$

或

$$\tilde{f}_1(s) \neq \tilde{f}_2(s) = \tilde{f}_3(s)$$

或

$$\tilde{f}_1(s) \neq \tilde{f}_2(s) \neq \tilde{f}_3(s)$$

或

$$\tilde{f}_1(s) = \tilde{f}_2(s) \neq \tilde{f}_3(s)$$

有

$$\vartheta_s(y)=\tilde{f}_1(s)\oplus g_3(y)$$

或

$$\vartheta_s(y)=\tilde{f}_1(s)\oplus g_1(y)\oplus g_2(y)\oplus g_3(y)$$

或

$$\vartheta_s(y)=\tilde{f}_1(s)\oplus g_1(y)$$

或

$$\vartheta_s(y)=\tilde{f}_1(s)\oplus g_2(y)$$

通过考虑上述情况，有以下结论成立。

(1) 如果 $\tilde{v}_2=\tilde{g}_1\oplus\tilde{g}_2\oplus\tilde{g}_3$，则 $\vartheta_s(y)$ 的对偶函数可以由 $\vartheta_s(y)$ 的表达式获得，通过把 g_1,g_2 和 g_3 替换为它们的对偶函数。

(2) 如果 $\tilde{v}_2=\tilde{g}_1\oplus\tilde{g}_2\oplus\tilde{g}_3\oplus 1$，则 $\vartheta_s(y)$ 的对偶函数可以由式(8.4)得到。

$$\begin{aligned}\tilde{\vartheta}_s(y)=&(\tilde{f}_1\oplus\tilde{f}_2)(s)(\tilde{g}_1\oplus\tilde{g}_2)(y)\oplus(\tilde{f}_2\oplus\tilde{f}_3)(s)(\tilde{g}_2\oplus\tilde{g}_3)(y)\\&\oplus\tilde{f}_1(s)\oplus\tilde{g}_3(y)\oplus\left(\tilde{f}_1(s)\oplus\tilde{f}_2(s)\right)\left(\tilde{f}_1(s)\oplus\tilde{f}_3(s)\right)\end{aligned}\tag{8.4}$$

(3) 如果 $\tilde{v}_2=\tilde{g}_1\oplus\tilde{g}_2\oplus\tilde{g}_3\oplus\pi$，其中 $\pi\in\mathcal{B}_m$，则 $\vartheta_s(y)$ 的对偶函数可以由式(8.5)得到。

$$\begin{aligned}\tilde{\vartheta}_s(y)=&(\tilde{f}_1\oplus\tilde{f}_2)(s)(\tilde{g}_1\oplus\tilde{g}_2)(y)\oplus(\tilde{f}_2\oplus\tilde{f}_3)(s)(\tilde{g}_2\oplus\tilde{g}_3)(y)\\&\oplus\tilde{f}_1(s)\oplus\tilde{g}_3(y)\oplus\pi(y)\left(\tilde{f}_1(s)\oplus\tilde{f}_2(s)\right)\left(\tilde{f}_1(s)\oplus\tilde{f}_3(s)\right)\end{aligned}\tag{8.5}$$

根据引理 8.2，有

$$\tilde{f}(x,y)=\tilde{\vartheta}_s(y)$$

由此完成了该证明。证毕。

接下来，给出 Rothaus 构造的一般形式。该间接构造需要三个 n 元 Bent 函数以生成一个新的 $(n+m)$ 元 Bent 函数。

定理 8.4　设 n 和 m 为两个正偶数。设 $x\in\mathbb{F}_2^n$ 且 $y\in\mathbb{F}_2^m$，令 $u,v\in\mathbb{F}_2^n$。设 g_1,g_2 和 g_3 为三个 m 元 Bent 函数，令 $\sigma_2^n(x)$ 为一个基本对称 n 元布尔函数。如果 g_1,g_2，

g_3, u 和 v 满足：

(1) $g_1 \oplus g_2 \oplus g_3$ 为 Bent 函数；

(2) $\mathrm{wt}(u)$ 或 $\mathrm{wt}(v)$ 为偶数且 $\mathrm{wt}(u \oplus v) \equiv \mathrm{wt}(u) + \mathrm{wt}(v) + 2 \pmod 4$，或 $\mathrm{wt}(u)$ 和 $\mathrm{wt}(v)$ 为奇数且 $\mathrm{wt}(u \oplus v) \equiv \mathrm{wt}(u) + \mathrm{wt}(v) \pmod 4$。

则

$$f(x,y) = \left((p1_n \oplus u) \cdot x \oplus \left\lfloor \frac{\mathrm{wt}(u) \pmod 4}{2} \right\rfloor \right)(g_1 \oplus g_2)(y) \oplus \sigma_2^n(x \oplus u) \oplus g_1(y) g_2(y)$$
$$\oplus g_1(y) g_3(y) \oplus g_2(y) g_3(y) \oplus \left((q1_n \oplus v) \cdot x \oplus \left\lfloor \frac{\mathrm{wt}(v) \pmod 4}{2} \right\rfloor \right)(g_2 \oplus g_3)(y)$$

是 Bent 函数，其中 $p = \mathrm{wt}(u) \pmod 2$，$q = \mathrm{wt}(v) \pmod 2$，$\lfloor s \rfloor$ 表示小于或等于 s 的最大整数。

进一步，如果 $\tilde{v}_2 = \tilde{g}_1 \oplus \tilde{g}_2 \oplus \tilde{g}_3 \oplus \pi$，其中 $\pi \in \mathcal{B}_m$，则

$$\tilde{f}(x,y) = (u \cdot x)(\tilde{g}_1 \oplus \tilde{g}_2)(y) \oplus (v \cdot x)(\tilde{g}_2 \oplus \tilde{g}_3)(y) \oplus \sigma_2^n(x) \oplus \bigoplus_{i=1}^{n/2-1} (1_{2i} \cdot x_{2i})$$
$$\oplus (u \cdot x) \oplus \tilde{g}_3(y) \oplus \pi(y)\big((u \cdot x) \oplus (u \cdot x)(v \cdot x)\big)$$

证明　由 $\sigma_2^n(x)$ 的定义，可得

$$\sigma_2^n(u) = \binom{\mathrm{wt}(u)}{2} \pmod 2$$

即对于 $\mathrm{wt}(u) \equiv 0 \pmod 4$，有

$$\sigma_2^n(u) = 0$$

对于 $\mathrm{wt}(u) \equiv 2 \pmod 4$，有

$$\sigma_2^n(u) = 1$$

或对于 $\mathrm{wt}(u) \equiv 1 \pmod 4$，有

$$\sigma_2^n(u) = 0$$

对于 $\mathrm{wt}(u) \equiv 3 \pmod 4$，有

$$\sigma_2^n(u) = 1$$

接下来考虑两种情况。

(1) 如果 $\mathrm{wt}(u)$ 为偶数，那么有

$$0=u_1\oplus u_2\oplus\cdots\oplus u_{i-1}\oplus u_i\oplus u_{i+1}\oplus\cdots\oplus u_n$$

即

$$u_i=u_1\oplus u_2\oplus\cdots\oplus u_{i-1}\oplus u_{i+1}\oplus\cdots\oplus u_n$$

其中，$i\in\{1,2,\cdots,n\}$。并且有

$$\begin{aligned}\sigma_2^n(x)\oplus\sigma_2^n(x\oplus u)&=\sigma_2^n(x)\oplus(x_1\oplus u_1)(x_2\oplus\cdots\oplus x_n\oplus u_2\oplus\cdots\oplus u_n)\\&\quad\oplus(x_2\oplus u_2)(x_3\oplus\cdots\oplus x_n\oplus u_3\oplus\cdots\oplus u_n)\\&\quad\oplus(x_3\oplus u_3)(x_4\oplus\cdots\oplus x_n\oplus u_4\oplus\cdots\oplus u_n)\\&\qquad\vdots\\&\quad\oplus(x_{n-1}\oplus u_{n-1})(x_n\oplus u_n)\\&=\sigma_2^n(u)\oplus u\cdot x\end{aligned}\tag{8.6}$$

(2) 如果 $\mathrm{wt}(u)$ 为奇数，那么有

$$1=u_1\oplus u_2\oplus\cdots\oplus u_{i-1}\oplus u_i\oplus u_{i+1}\oplus\cdots\oplus u_n$$

即

$$u_i=u_1\oplus u_2\oplus\cdots\oplus u_{i-1}\oplus u_{i+1}\oplus\cdots\oplus u_n\oplus 1$$

其中，$i\in\{1,2,\cdots,n\}$。进一步，有

$$\begin{aligned}\sigma_2^n(x)\oplus\sigma_2^n(x\oplus u)&=\sigma_2^n(x)\oplus(x_1\oplus u_1)(x_2\oplus\cdots\oplus x_n\oplus u_2\oplus\cdots\oplus u_n)\\&\quad\oplus(x_2\oplus u_2)(x_3\oplus\cdots\oplus x_n\oplus u_3\oplus\cdots\oplus u_n)\\&\quad\oplus(x_3\oplus u_3)(x_4\oplus\cdots\oplus x_n\oplus u_4\oplus\cdots\oplus u_n)\\&\qquad\vdots\\&\quad\oplus(x_{n-1}\oplus u_{n-1})(x_n\oplus u_n)\\&=\sigma_2^n(u)\oplus u\cdot x\oplus 1_n\cdot x\end{aligned}\tag{8.7}$$

设置 $f_1(x)=\sigma_2^n(x\oplus u)$，$f_2(x)=\sigma_2^n(x)$，并且 $f_3(x)=\sigma_2^n(x\oplus v)$，根据定理 8.3，很显然

$$\widetilde{(f_1\oplus f_2\oplus f_3)}(x)=(\tilde{f}_1\oplus\tilde{f}_2\oplus\tilde{f}_3)(x)\oplus 1$$

因为 u 和 v 必须满足定理 8.4 条件(2)，所以必须区分以下不同的情况。

①如果 $\mathrm{wt}(u)\equiv 0\pmod 4$， $\mathrm{wt}(v)\equiv 0\pmod 4$，且 $\mathrm{wt}(u\oplus v)\equiv 2\pmod 4$，则根据式(8.6)和引理 8.1，有

$$\begin{aligned}\widetilde{(f_1\oplus f_2\oplus f_3)}(x)&=\tilde{\sigma}_2^n(x\oplus v\oplus u)\oplus 1\\&=\tilde{\sigma}_2^n(x)\oplus(v\oplus u)\cdot x\oplus 1\end{aligned}$$

和

$$(\tilde{f}_1\oplus\tilde{f}_2\oplus\tilde{f}_3)(x)=\tilde{\sigma}_2^n(x)\oplus(v\oplus u)\cdot x$$

因此，根据定理 8.3，可得

$$\begin{aligned}f(x,y)=&\left((p1_n\oplus u)\cdot x\oplus\left\lfloor\frac{\mathrm{wt}(u)\pmod 4}{2}\right\rfloor\right)(g_1\oplus g_2)(y)\oplus\sigma_2^n(x\oplus u)\oplus g_1(y)g_2(y)\\&\oplus g_1(y)g_3(y)\oplus g_2(y)g_3(y)\oplus\left((q1_n\oplus v)\cdot x\oplus\left\lfloor\frac{\mathrm{wt}(v)\pmod 4}{2}\right\rfloor\right)(g_2\oplus g_3)(y)\end{aligned}$$

是 Bent 函数。

② 如 果 $\mathrm{wt}(u)\equiv 0\pmod 4$，$\mathrm{wt}(v)\equiv 1\pmod 4$（或 $\mathrm{wt}(u)\equiv 0\pmod 4$，$\mathrm{wt}(v)\equiv 1\pmod 4$），且 $\mathrm{wt}(u\oplus v)\equiv 3\pmod 4$，则由式(8.6)和式(8.7)以及引理 8.1，可得

$$\begin{aligned}\widetilde{(f_1\oplus f_2\oplus f_3)}(x)&=\tilde{\sigma}_2^n(x\oplus v\oplus u)\oplus 1\\&=\tilde{\sigma}_2^n(x)\oplus(v\oplus u)\cdot x\oplus 1\end{aligned}$$

和

$$(\tilde{f}_1\oplus\tilde{f}_2\oplus\tilde{f}_3)(x)=\tilde{\sigma}_2^n(x)\oplus(v\oplus u)\cdot x$$

因此，根据定理 8.3，有

$$\begin{aligned}f(x,y)=&\left((p1_n\oplus u)\cdot x\oplus\left\lfloor\frac{\mathrm{wt}(u)\pmod 4}{2}\right\rfloor\right)(g_1\oplus g_2)(y)\oplus\sigma_2^n(x\oplus u)\oplus g_1(y)g_2(y)\\&\oplus g_1(y)g_3(y)\oplus g_2(y)g_3(y)\oplus\left((q1_n\oplus v)\cdot x\oplus\left\lfloor\frac{\mathrm{wt}(v)\pmod 4}{2}\right\rfloor\right)(g_2\oplus g_3)(y)\end{aligned}$$

是 Bent 函数。

③同样，可以通过考虑 $\mathrm{wt}(u)$, $\mathrm{wt}(v)$ 和 $\mathrm{wt}(u\oplus v)$ 值的所有其余八种情况来证明 f 是 Bent 函数。进一步，利用引理 8.1 可以从定理 8.1 和定理 8.3 中得到对偶

函数。证毕。

显然，Rothaus 构造是定理 8.4 的一个特例，相当于 $n=2$，$u=(0,1)$，$v=(1,0)$。现在给出一个 $n=4$ 时的构造特例。

推论 8.1　设 m 为正偶数，$x\in\mathbb{F}_2^4$，$y\in\mathbb{F}_2^m$，令 $u=(0,1,0,1), v=(0,1,1,0)\in\mathbb{F}_2^4$。设 g_1,g_2 和 g_3 为三个 m 元 Bent 函数，且 $g_1\oplus g_2\oplus g_3$ 也是 Bent 函数。则

$$\begin{aligned}f(x,y)=&\left(x_2\oplus x_4\oplus 1\right)(g_1\oplus g_2)(y)\oplus g_1(y)g_2(y)\oplus g_1(y)g_3(y)\\&\oplus g_2(y)g_3(y)\oplus\left(x_2\oplus x_3\oplus 1\right)(g_2\oplus g_3)(y)\oplus\sigma_2^n(x)\end{aligned}$$

是 Bent 函数。

参 考 文 献

[1] Zhang F, Mesnager S, Zhou Y. On construction of Bent functions involving symmetric functions and their duals. Advances in Mathematics of Communications, 2017, 11(2): 347-352.

[2] Carlet C. Boolean Functions for Cryptography and Error Correcting Codes. Cambridge Cambridge University Press, 2010: 257-397.

[3] Rothaus O S. On “Bent” functions. Journal of Combinatorial Theory, Series A, 1976, 20(3): 300-305.

[4] Zhang F, Mesnager S. On constructions of Bent and few walsh transform values functions from Bent functions. Advances in Mathematics of Communications, 2017, 11(2): 339-345.

[5] Carlet C. A construction of Bent functions//Proceedings of the 3rd International Conference on Finite Fields and Applications, Glasgow, 1996.

编　后　记

《博士后文库》（以下简称《文库》）是汇集自然科学领域博士后研究人员优秀学术成果的系列丛书。《文库》致力于打造专属于博士后学术创新的旗舰品牌，营造博士后百花齐放的学术氛围，提升博士后优秀成果的学术和社会影响力。

《文库》出版资助工作开展以来，得到了全国博士后管委会办公室、中国博士后科学基金会、中国科学院、科学出版社等有关单位领导的大力支持，众多热心博士后事业的专家学者给予积极的建议，工作人员做了大量艰苦细致的工作。在此，我们一并表示感谢！

《博士后文库》编委会